应用型本科院校“十三五”规划教材/数学

主　编　洪　港　高恒嵩
副主编　于莉琦　顾　贞
主　审　张法勇

高等数学

下 册　（第2版）

Advanced Mathematics

哈爾濱工業大學出版社

内容简介

本书是高等院校应用型本科系列教材，根据编者多年的教学实践，按照新形势教材改革精神，并结合教育部高等院校课程教学指导委员会提出的《高等数学课程教学基本要求》及应用技术大学培养目标编写而成. 下册内容为向量代数与空间解析几何、多元函数微分学、多元函数积分学、无穷级数、上机计算（Ⅱ）五章. 书末附有习题答案与提示，配备了学习指导书，并对全书的习题做了详细解答，同时也配备了多媒体教学课件，方便教学. 本书结构严谨，逻辑清晰，叙述详细，通俗易懂，突出了应用性.

本书可供应用型本科院校各专业学生及工程类、经济管理类院校学生使用，也可供工程技术、科技人员参考.

图书在版编目（CIP）数据

高等数学. 下/洪港，高恒嵩主编. —2 版. —哈尔滨：哈尔滨工业大学出版社，2020.1（2023.1 重印）
应用型本科院校“十三五”规划教材
ISBN 978 - 7 - 5603 - 7224 - 2

Ⅰ.①高…　Ⅱ.①洪… ②高…　Ⅲ.①高等数学-高等学校-教材　Ⅳ.①O13

中国版本图书馆 CIP 数据核字（2017）第 331115 号

策划编辑　杜　燕
责任编辑　李长波
出版发行　哈尔滨工业大学出版社
社　　址　哈尔滨市南岗区复华四道街 10 号　邮编 150006
传　　真　0451 - 86414749
网　　址　http://hitpress.hit.edu.cn
印　　刷　哈尔滨久利印刷有限公司
开　　本　787mm×1092mm　1/16　印张 14　字数 320 千字
版　　次　2016 年 1 月第 1 版　2020 年 1 月第 2 版
　　　　　2023 年 1 月第 2 次印刷
书　　号　ISBN 978 - 7 - 5603 - 7224 - 2
定　　价　30.00 元

序

哈尔滨工业大学出版社策划的《应用型本科院校"十三五"规划教材》即将付梓,诚可贺也。

该系列教材卷帙浩繁,凡百余种,涉及众多学科门类,定位准确,内容新颖,体系完整,实用性强,突出实践能力培养。不仅便于教师教学和学生学习,而且满足就业市场对应用型人才的迫切需求。

应用型本科院校的人才培养目标是面对现代社会生产、建设、管理、服务等一线岗位,培养能直接从事实际工作、解决具体问题、维持工作有效运行的高等应用型人才。应用型本科与研究型本科和高职高专院校在人才培养上有着明显的区别,其培养的人才特征是:①就业导向与社会需求高度吻合;②扎实的理论基础和过硬的实践能力紧密结合;③具备良好的人文素质和科学技术素质;④富于面对职业应用的创新精神。因此,应用型本科院校只有着力培养"进入角色快、业务水平高、动手能力强、综合素质好"的人才,才能在激烈的就业市场竞争中站稳脚跟。

目前国内应用型本科院校所采用的教材往往只是对理论性较强的本科院校教材的简单删减,针对性、应用性不够突出,因材施教的目的难以达到。因此亟须既有一定的理论深度又注重实践能力培养的系列教材,以满足应用型本科院校教学目标、培养方向和办学特色的需要。

哈尔滨工业大学出版社出版的《应用型本科院校"十三五"规划教材》,在选题设计思路上认真贯彻教育部关于培养适应地方、区域经济和社会发展需要的"本科应用型高级专门人才"精神,根据黑龙江省委书记吉炳轩同志提出的关于加强应用型本科院校建设的意见,在应用型本科试点院校成功经验总结的基础上,特邀请黑龙江省9所知名的应用型本科院校的专家、学者联合编写。

本系列教材突出与办学定位、教学目标的一致性和适应性,既严格遵照学科体系的知识构成和教材编写的一般规律,又针对应用型本科人才培养目标及与之相适应的教学特点，精心设计写作体例，科学安排知识内容，围绕应用讲授理论，做到"基础知识够用、实践技能实用、专业理论管用"。同时注意适当融入新理论、新技术、新工艺、新成果，并且制作了与本书配套的PPT多媒体教学课件，形成立体化教材，供教师参考使用。

《应用型本科院校"十三五"规划教材》的编辑出版，是适应"科教兴国"战略对复合型、应用型人才的需求，是推动相对滞后的应用型本科院校教材建设的一种有益尝试，在应用型创新人才培养方面是一件具有开创意义的工作，为应用型人才的培养提供了及时、可靠、坚实的保证。

希望本系列教材在使用过程中，通过编者、作者和读者的共同努力，厚积薄发、推陈出新、细上加细、精益求精，不断丰富、不断完善、不断创新，力争成为同类教材中的精品。

第 2 版前言

为了贯彻国家中长期教育改革与发展规划纲要和落实教育部关于抓好教材建设的指示，为了更好地适应培养高等技术应用型人才的需要，促进和加强应用技术大学“高等数学”的教学改革和教材建设，由黑龙江东方学院、黑龙江大学等院校的部分教师参与编写了本书.

在编写中，我们依据教育部课程教学委员会提出的“高等数学教学基本要求”，结合应用技术大学的培养目标，努力体现以应用为目的，以掌握概念、强化应用为教学重点，以必需够用为度的原则，并根据我们的教改与科研实践，在内容上进行了适当的取舍. 在保证科学性的基础上，注意处理基础与应用、经典与现代、理论与实践、手算与电算的关系. 注意讲清概念，建立数学模型，适当削弱数理论证，注重两算（笔算与上机计算）能力以及分析问题、解决问题能力的培养，重视理论联系实际，叙述通俗易懂，既便于教师教，又便于学生学.

本书是在哈尔滨工业大学出版社出版的《高等数学》（孔繁亮版）的基础上，根据近几年教学改革实践，为进一步适应应用技术大学总体培养目标的需要，进行全面修订而成的. 在修订中，我们保留了原教材的系统与独特风格，既将数学的相关知识与实际应用联系起来，在每一部分数学知识的讲述中引进应用模型等优点，同时注意吸收当前教材改革中一些成功的改革经验及一线教师的反馈意见与建议，摒弃一些陈旧的例子及复杂运算过程，代之计算机数学软件引入.

本书 90 学时可讲完主要部分，加 * 号的部分可根据专业需要选用（另加学时），或供学生自学. 本书除供高等工科院校工程类、经济类、管理类等专业的高等数学教材使用外，也可供成人教育学院等其他院校作为教材，还可作为工程技术人员、企业管理人员的参考书.

本书由洪港、高恒嵩任主编，于莉琦、顾贞任副主编，黑龙江大学张法勇教授审阅了本书书稿，并提出了宝贵意见，在此表示感谢！ 谨此，向支持本书编写和出版的各界同仁表示衷心的感谢.

由于水平所限，本书的不当之处在所难免，恳请读者批评指正，以便进一步修改完善.

编　者

2019 年 12 月

目　录

第 8 章

向量代数与空间解析几何

向量在数学、物理、力学及工程技术中有着广泛的应用,是一种重要的数学工具,空间解析几何是用代数方法来研究空间几何图形的,它在许多学科及工程技术上有着重要应用,尤其是讨论多元函数微积分不可缺少的基础.本章先介绍向量代数的基本知识,然后以向量为工具研究空间解析几何.

8.1 向量代数

1. 向量的概念

在研究物理学和工程应用中遇到的量可以分为两类,一类完全由数值的大小决定,如质量、温度、面积、体积、密度等,将这类量称为数量(或标量);另一类量不仅要研究其数值、大小,还要研究方向,如力、速度、加速度等,将这种既有大小又有方向的量称为向量(或矢量).

在空间中以 A 为起点,B 为终点的线段称为有向线段(图1),记为向量$\overrightarrow{AB}$.

如果不强调起点和终点,向量也用一个黑体字来表示,例如 $\boldsymbol{a}$,$\boldsymbol{r}$,$\boldsymbol{v}$,$\boldsymbol{F}$ 或 $\vec{a}$,$\vec{r}$,$\vec{v}$,$\vec{F}$ 等,将向量$\overrightarrow{AB}$的长度记为 $|\overrightarrow{AB}|$ 或 $|\vec{a}|$,称为向量的模.

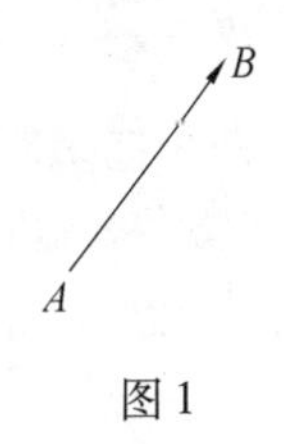

图1

模等于零的向量称为零向量,记为 $\mathbf{0}$ 或 $\vec{0}$,零向量的方向可以看作是任意的;模等于1的向量称为单位向量,记作 $\boldsymbol{a}^0$. 在直角坐标系中,以坐标原点 O 为起点,向一个点 M 引向量$\overrightarrow{OM}$,这个向量称为点 M 对于点 O 的向径,用 $\boldsymbol{r}$ 表示,显然,空间点 M 与向径$\overrightarrow{OM}$ 是一一对应的.

在实际问题中,只研究与起点无关的向量,即只考虑向量的大小与方向,而不论它的起点在什么地方,这样的向量称为自由向量.

定义 1 如果两个向量 $\boldsymbol{a}$ 与 $\boldsymbol{b}$ 的长度相等且方向相同,则称这两个向量是相等向量,记为 $\boldsymbol{a}=\boldsymbol{b}$.

对于若干个向量,将它们的起点平移到同一个点后,如果它们的起点和终点都位于同一条直线上,则称这些向量是共线的;如果它们的起点和终点都位于同一平面上,则称这些向量是共面的. 不论长度大小,只要两个向量 $\boldsymbol{a}$,$\boldsymbol{b}$ 的方向相同或相反,则称 $\boldsymbol{a}$ 与 $\boldsymbol{b}$ 平行,记为 $\boldsymbol{a} /\!/ \boldsymbol{b}$. 显然,向量与任何向量都是共线的;两个向量共线的充分必要条件是这两个向量相互平行.

2. 向量的加法

定义 2　设两个向量 $\boldsymbol{a} \neq \boldsymbol{0}$ 与 $\boldsymbol{b} \neq \boldsymbol{0}$,以 $\boldsymbol{a}$,$\boldsymbol{b}$ 为邻边的平行四边形对角线所表示的向量 $\overrightarrow{AC}$(图 2(a)) 称为向量 $\boldsymbol{a}$ 与 $\boldsymbol{b}$ 的和,记为

$$\boldsymbol{a} + \boldsymbol{b} = \boldsymbol{c}$$

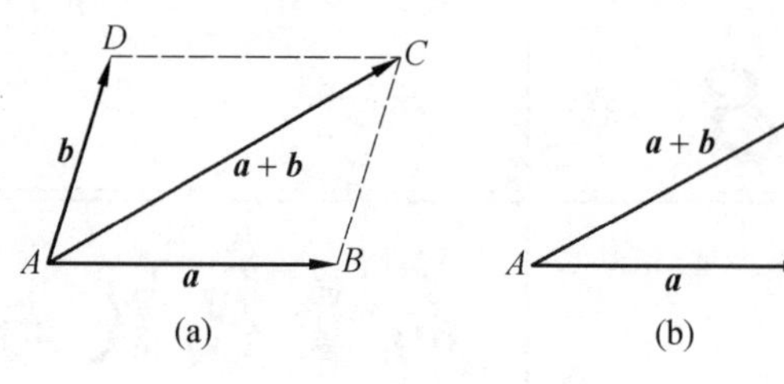

(a)　(b)

图 2

即

$$\overrightarrow{AC} = \overrightarrow{AB} + \overrightarrow{AD}$$

这即为两个向量加法的平行四边形法则(图 2(a)).

若以向量 $\boldsymbol{a}$ 的终点作为向量 $\boldsymbol{b}$ 的起点,则由 $\boldsymbol{a}$ 的起点到 $\boldsymbol{b}$ 的终点的向量也是 $\boldsymbol{a}$ 与 $\boldsymbol{b}$ 的和向量,这即为向量加法的三角形法则(图2(b)).

显然向量的加法符合下列运算规律:

(1) 交换律:$\boldsymbol{a} + \boldsymbol{b} = \boldsymbol{b} + \boldsymbol{a}$(图 3);

(2) 结合律:$(\boldsymbol{a} + \boldsymbol{b}) + \boldsymbol{c} = \boldsymbol{a} + (\boldsymbol{b} + \boldsymbol{c})$(图 4).

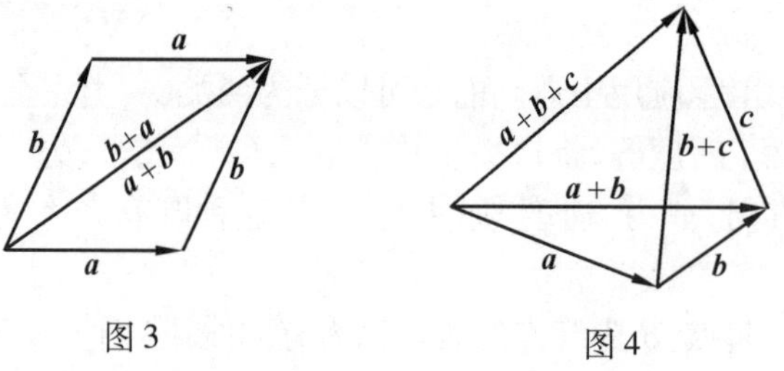

图 3　图 4

两个向量相加的三角形法则可以推广到 n 个向量相加,设有 n 个向量 $\boldsymbol{a}_1, \boldsymbol{a}_2, \cdots, \boldsymbol{a}_n$ 相加,可以将 $\boldsymbol{a}_1$ 的终点与 $\boldsymbol{a}_2$ 的起点相接,$\boldsymbol{a}_2$ 的终点与 $\boldsymbol{a}_3$ 的起点相接……$\boldsymbol{a}_{n-1}$ 的终点与 $\boldsymbol{a}_n$ 的起点相接, 最后从 $\boldsymbol{a}_1$ 的起点到 $\boldsymbol{a}_n$ 的终点的有向线段就是这 n 个向量的和, 即 $\boldsymbol{a}_1 + \boldsymbol{a}_2 + \cdots + \boldsymbol{a}_n$.

3. 向量的减法

定义 3　设 $\boldsymbol{a}$ 为一向量,与 $\boldsymbol{a}$ 的模相同而方向相反的向量称为 $\boldsymbol{a}$ 的负向量,记作 $-\boldsymbol{a}$,由此,规定两个向量 $\boldsymbol{b}$ 与 $\boldsymbol{a}$ 的差 $\boldsymbol{b} - \boldsymbol{a} = \boldsymbol{b} + (-\boldsymbol{a})$, 即把向量 $-\boldsymbol{a}$ 加到向量 $\boldsymbol{b}$ 上,便得 $\boldsymbol{b}$ 与 $\boldsymbol{a}$ 的差 $\boldsymbol{b} - \boldsymbol{a}$(图 5).

特别地,当 $\boldsymbol{b} = \boldsymbol{a}$ 时,有

$$\boldsymbol{a} - \boldsymbol{a} = \boldsymbol{a} + (-\boldsymbol{a}) = \boldsymbol{0}$$

4. 向量与数的乘法

定义 4　规定实数 λ 与向量 $\boldsymbol{a}$ 的数量乘法 $\lambda\boldsymbol{a}$ 是一个向量,它的模规定为 $|\lambda\boldsymbol{a}| = |\lambda||\boldsymbol{a}|$,其方向规定为:当 $\lambda > 0$ 时,$\lambda\boldsymbol{a}$ 的方向与 $\boldsymbol{a}$ 的方向相同;当 $\lambda < 0$ 时,$\lambda\boldsymbol{a}$ 的方向与 $\boldsymbol{a}$ 的方向相反;当 $\lambda = 0$ 或 $\boldsymbol{a} = \boldsymbol{0}$ 时,$\lambda\boldsymbol{a} = \boldsymbol{0}$,此时其方向是任意的.

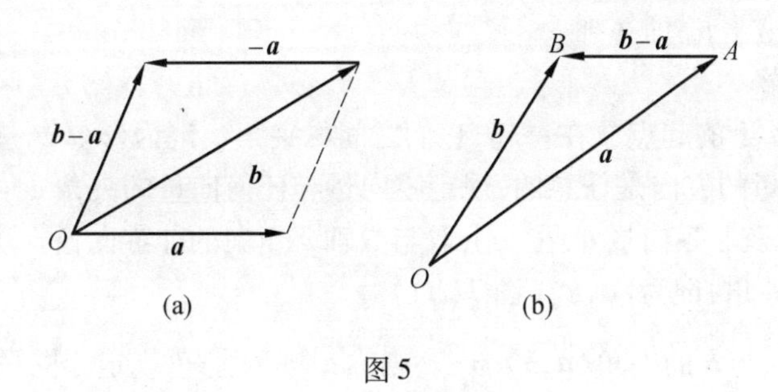

图5

设 $\boldsymbol{a}=\overrightarrow{OA},\lambda\boldsymbol{a}=\overrightarrow{OB}$,数量乘法的几何意义如图6所示.

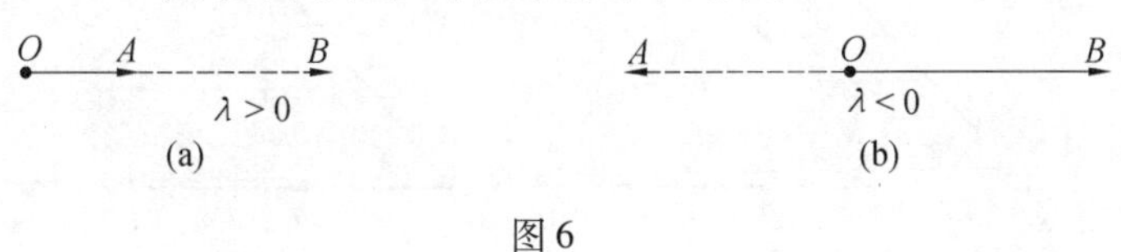

图6

数量乘法有如下运算规律:

(1) 结合律:$\lambda(\mu\boldsymbol{a})=\mu(\lambda\boldsymbol{a})=(\lambda\mu)\boldsymbol{a}$,其中 λ 与 μ 是数量;

(2) 对于数量加法的分配律:$(\lambda+\mu)\boldsymbol{a}=\lambda\boldsymbol{a}+\mu\boldsymbol{a}$;

(3) 对于向量加法的分配律:$\lambda(\boldsymbol{a}+\boldsymbol{b})=\lambda\boldsymbol{a}+\lambda\boldsymbol{b}$.

向量的加法和数量乘法统称为向量的线性运算.

例1　化简 $(3\boldsymbol{a}+\boldsymbol{b})+(2\boldsymbol{a}-\boldsymbol{b})-(4\boldsymbol{a}-3\boldsymbol{b})$.

解　$(3\boldsymbol{a}+\boldsymbol{b})+(2\boldsymbol{a}-\boldsymbol{b})-(4\boldsymbol{a}-3\boldsymbol{b})=$

$3\boldsymbol{a}+\boldsymbol{b}+2\boldsymbol{a}-\boldsymbol{b}-4\boldsymbol{a}+3\boldsymbol{b}=$

$(3+2-4)\boldsymbol{a}+(1-1+3)\boldsymbol{b}=$

$\boldsymbol{a}+3\boldsymbol{b}$

设 $\boldsymbol{a}^0$ 表示与非零向量 $\boldsymbol{a}$ 同方向的单位向量,我们有

$$\frac{\boldsymbol{a}}{|\boldsymbol{a}|}=\boldsymbol{a}^0$$

这表示一个非零向量除以它的模的结果是一个与原向量同方向的单位向量.

定理1　设向量 $\boldsymbol{a}\neq\boldsymbol{0}$,那么,向量 $\boldsymbol{b}$ 平行于 $\boldsymbol{a}$ 的充分必要条件是:存在唯一的实数 λ,使 $\boldsymbol{b}=\lambda\boldsymbol{a}$.

证　**充分性**　设 $\boldsymbol{b}=\lambda\boldsymbol{a}$,当 $\lambda\neq0$ 时,由数量乘法的定义知 $\boldsymbol{b}$ 平行于 $\boldsymbol{a}$;当 $\lambda=0$ 时,必然有 $\boldsymbol{b}=\boldsymbol{0}$,由于零向量的方向可以看作是任意的,因此可以认为零向量与任何向量都平行.

必要性　设 $\boldsymbol{b}$ 与 $\boldsymbol{a}$ 平行,此时 $\boldsymbol{b}$ 与 $\boldsymbol{a}$ 的方向要么相同,要么相反,取 $\lambda=\frac{|\boldsymbol{b}|}{|\boldsymbol{a}|}$,且当 $\boldsymbol{b}$ 与 $\boldsymbol{a}$ 同向时 λ 取正值,反向时 λ 取负值,此时,$\boldsymbol{b}$ 与 $\lambda\boldsymbol{a}$ 同向并且有

$$|\lambda\boldsymbol{a}|=|\lambda||\boldsymbol{a}|=\frac{|\boldsymbol{b}|}{|\boldsymbol{a}|}|\boldsymbol{a}|=|\boldsymbol{b}|$$

因此两个向量 $\boldsymbol{b}$ 与 $\lambda\boldsymbol{a}$ 方向相同,大小相等,根据向量相等的定义知 $\boldsymbol{b}=\lambda\boldsymbol{a}$.

下面证 λ 的唯一性,若存在实数 μ,使得 $\boldsymbol{b}=\mu\boldsymbol{a}$,则 $(\lambda-\mu)\boldsymbol{a}=\boldsymbol{0}$,即 $|\lambda-\mu||\boldsymbol{a}|=0$,

因$|\boldsymbol{a}|\neq 0$,必有$\lambda=\mu$. 即λ唯一.

5. 向量的投影

将非零向量$\boldsymbol{a},\boldsymbol{b}$的起点放在一起,它们之间的夹角$\varphi$记为$\langle\boldsymbol{a},\boldsymbol{b}\rangle$,规定$0\leqslant\varphi\leqslant\pi$(图7(a)). 由于零向量的方向是任意的,规定零向量与任何向量的夹角φ可取$[0,\pi]$中的任何值. 给定数轴u及非零向量$\boldsymbol{a}$,在u上取与数轴u正向的非零向量$\boldsymbol{b}$,规定$\boldsymbol{a}$与数轴u的夹角为$\boldsymbol{a}$与$\boldsymbol{b}$的夹角,记为$\langle\boldsymbol{a},u\rangle$(图7(b)).

若非零向量$\boldsymbol{a}$与$\boldsymbol{b}$的夹角$\langle\boldsymbol{a},\boldsymbol{b}\rangle=\dfrac{\pi}{2}$,则称$\boldsymbol{a}$与$\boldsymbol{b}$垂直,规定零向量与任何向量垂直.

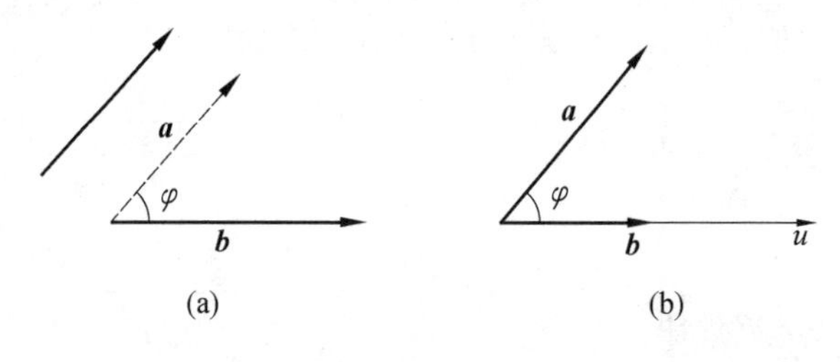

图 7

给定向量$\boldsymbol{a}=\overrightarrow{AB}$及数轴$u$,过点$A$与$B$向数轴$u$作垂线,设垂足分别为$A',B'$,这两个点在数轴$u$上的坐标分别为$u_A$与$u_B$,分别称$A',B'$为点$A,B$在数轴$u$上的投影点;称向量$\overrightarrow{A'B'}$为$\overrightarrow{AB}$在数轴$u$上的投影向量;记$\mathrm{Prj}_u\boldsymbol{a}=u_B-u_A$,称为向量$\overrightarrow{AB}$在数轴$u$上的投影(图8).

如果平移向量$\overrightarrow{AB}$,则它在数轴u上的投影不变,这就是说,向量在数轴u上的投影具有平移不变性,从而相同向量的投影值是唯一的.

显然有下列性质:

(1) 对于任意非零向量$\boldsymbol{a}$,有$\mathrm{Prj}_u\boldsymbol{a}=|\boldsymbol{a}|\cos\varphi$,其中$\varphi$是向量$\boldsymbol{a}$与数轴$u$的夹角(图9);

(2) 投影的线性性质:

① $\mathrm{Prj}_u(\boldsymbol{a}+\boldsymbol{b})=\mathrm{Prj}_u\boldsymbol{a}+\mathrm{Prj}_u\boldsymbol{b}$,

$\mathrm{Prj}_u(\boldsymbol{a}-\boldsymbol{b})=\mathrm{Prj}_u\boldsymbol{a}-\mathrm{Prj}_u\boldsymbol{b}$;

② 设λ是数量,则$\mathrm{Prj}_u(\lambda\boldsymbol{a})=\lambda\mathrm{Prj}_u\boldsymbol{a}$.

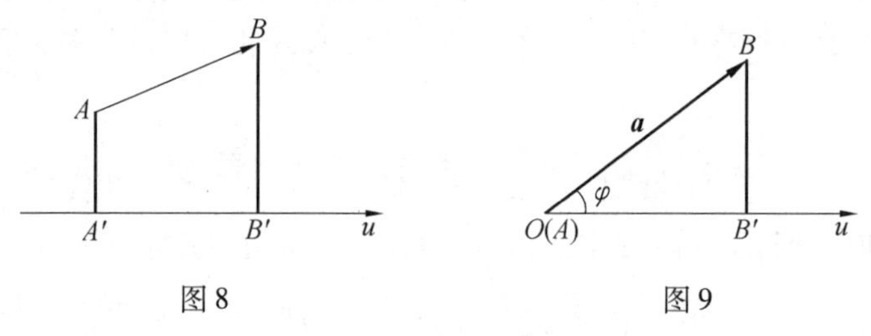

图 8　　　　图 9

例如,设$\boldsymbol{e}$是与数轴u同方向的单位向量,$\overrightarrow{AB}$在数轴u上的投影向量为$\overrightarrow{A'B'}$,$\lambda=\mathrm{Prj}_u\overrightarrow{AB}$,则$\overrightarrow{A'B'}=\lambda\boldsymbol{e}$.

6. 空间直角坐标系

过空间定点 O 作三条互相垂直的数轴，它们都以 O 为原点且取相同的长度单位，由此所得三个数轴分别称为 x 轴（横轴）、y 轴（纵轴）、z 轴（竖轴），统称为坐标轴. 其正向规定为，以右手握住 z 轴，让右手的四指从 x 轴的正向以$90°$ 的角度转向 y 轴的正向，此时大拇指所指的方向即为 z 轴的正向（图 10），称为右手系规则，这就构成了空间直角坐标系. 三条坐标轴中的任意两条都可以确定一个平面，称为坐标面. 由 x 轴及 y 轴所确定的平面称为 xOy 平面；由 y 轴及 z 轴所确定的平面称为 yOz 平面；由 z 轴及 x 轴所确定的平面称为 zOx 平面. 以上三个相互垂直的坐标面把空间分成八个部分，每一部分称为一个卦限（图11），位于 x,y,z 轴的正半轴的卦限称为第 Ⅰ 卦限，从第 Ⅰ 卦限开始，在 xOy 平面上方的卦限按逆时针方向依次称为第 Ⅱ，Ⅲ，Ⅳ 卦限；第 Ⅰ，Ⅱ，Ⅲ，Ⅳ 卦限下方的卦限依次为第 Ⅴ，Ⅵ，Ⅶ，Ⅷ 卦限.

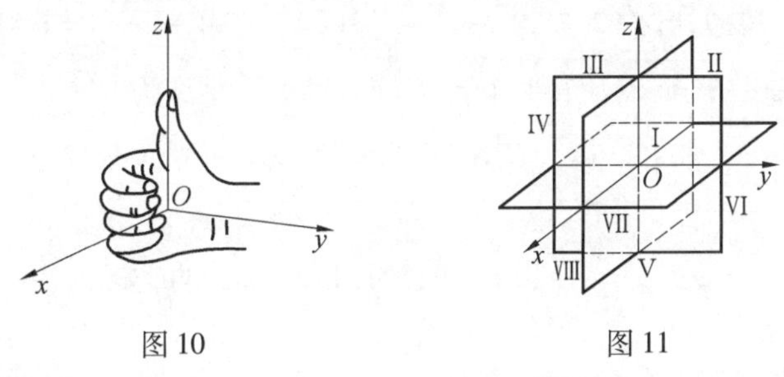

图 10　　　　图 11

7. 空间点的坐标

建立了空间直角坐标系后，空间点 M 可以用坐标系来确定，过 M 分别作垂直于 x 轴、y 轴、z 轴的平面，它们与三条坐标轴分别相交于 P,Q,R 三点（图 12），设三点在 x 轴、y 轴、z 轴上的坐标依次为 x,y,z，则点 M 唯一确定了一组有序数 x,y,z；反之给定一组有序数 x,y,z，设它们在 x 轴、y 轴、z 轴上依次对应的点为 P,Q,R，过这三个点分别作平面垂直于坐标轴，则这三个平面唯一的交点就是点 M，这样，空间中的点 M 就可以与一组有序数 x,y,z 建立一一对应关系，有序数组 x,y,z 称为点 M 的坐标，记为 $M(x,y,z)$，其中 x,y,z 分别称为点 M 的横坐标、纵坐标和竖坐标.

显然，原点 O 的坐标为 $(0,0,0)$；坐标轴上的点至少有两个坐标为 0，以 x 轴为例，x 轴上点的坐标为 $P(x,0,0)$；坐标面上的点至少有一个坐标为 0，以 xOy 平面为例，xOy 面上的点的坐标为 $(x,y,0)$，读者可以自行归纳出其他坐标轴、坐标面上的点的坐标特征.

8. 空间两点间的距离

设空间中两点 $P_1(x_1,y_1,z_1)$，$P_2(x_2,y_2,z_2)$，求它们之间的距离.

过 P_1,P_2 各作三个平面分别垂直于三个坐标面，形成图 13 所示的长方体，这两点之间的距离就是长方体的体对角线长度，由于长方体的三个棱长分别是

$$a=|x_2-x_1|,\quad b=|y_2-y_1|,\quad c=|z_2-z_1|$$

所以

$$|P_1P_2|=\sqrt{a^2+b^2+c^2}=\sqrt{(x_2-x_1)^2+(y_2-y_1)^2+(z_2-z_1)^2} \tag{1}$$

特别地，点 $P(x,y,z)$ 与原点 $O(0,0,0)$ 的距离为

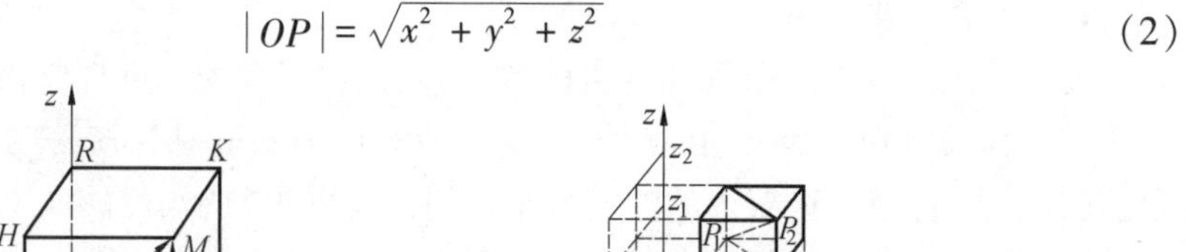

$$|OP| = \sqrt{x^2 + y^2 + z^2} \tag{2}$$

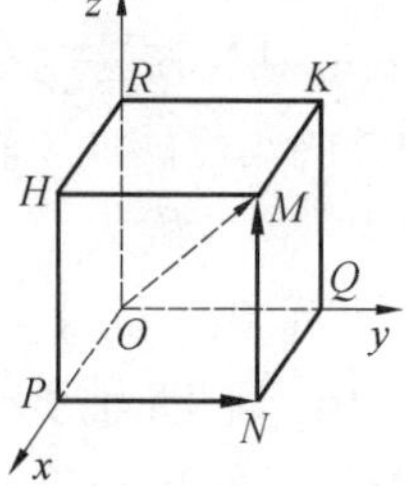

图 12

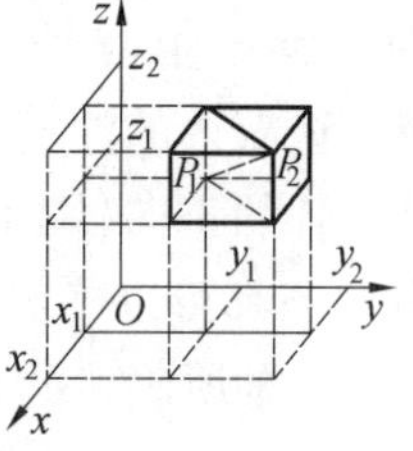

图 13

例 2　求两点 $P(1,2,3)$ 与 $Q(2,-1,4)$ 的距离 $|PQ|$.

解　由公式(1) 得

$$|PQ| = \sqrt{(2-1)^2 + (-1-2)^2 + (4-3)^2} = \sqrt{11}$$

例 3　在 x 轴上求点 P,使得它与点 $Q(4,1,2)$ 的距离为 $\sqrt{30}$.

解　因为 P 在 x 轴上,可设所求的点为 $P(x,0,0)$,则应有 $|PQ| = \sqrt{30}$,即

$$\sqrt{(4-x)^2 + (1-0)^2 + (2-0)^2} = \sqrt{30}$$

$(4-x)^2 = 25$,$4-x = \pm 5$,$x = -1$ 或 $x = 9$,所以所求点 P 的坐标为 $(-1,0,0)$ 或 $(9,0,0)$.

9. 向量的坐标

(1) 向量的分量及向量的坐标.

在空间直角坐标系中与 x 轴、y 轴、z 轴三个坐标轴同方向的单位向量分别记为 $\boldsymbol{i}$,$\boldsymbol{j}$,$\boldsymbol{k}$,称为基本单位向量.

给定空间中的点 $M(x,y,z)$,向量 $\overrightarrow{OM}$ 称为向径,显然,$\overrightarrow{OM}$ 在三个坐标轴上的投影分别为

$$\mathrm{Prj}_x \overrightarrow{OM} = x,\quad \mathrm{Prj}_y \overrightarrow{OM} = y,\quad \mathrm{Prj}_z \overrightarrow{OM} = z$$

如图 14 所示,点 M 在 x 轴、y 轴、z 轴上的投影点分别为点 A、点 B、点 C,则向量

$$\overrightarrow{OA} = x\boldsymbol{i},\quad \overrightarrow{OB} = y\boldsymbol{j},\quad \overrightarrow{OC} = z\boldsymbol{k}$$

称为 $\overrightarrow{OM}$ 在三个坐标轴上的分向量,设点 P 是 M 在 xOy 平面上的投影点,则 $\overrightarrow{OB} = \overrightarrow{AP}$,$\overrightarrow{OC} = \overrightarrow{PM}$,由向量的加法法则有

图 14

$$\overrightarrow{OM} = \overrightarrow{OA} + \overrightarrow{AP} + \overrightarrow{PM}$$

从而有

$$\overrightarrow{OM} = \overrightarrow{OA} + \overrightarrow{OB} + \overrightarrow{OC}$$

即

$$\overrightarrow{OM} = x\boldsymbol{i} + y\boldsymbol{j} + z\boldsymbol{k} \tag{3}$$

称式(3) 为向量 $\overrightarrow{OM}$ 的分解式.

对于空间中的两点 $M_1(x_1,y_1,z_1)$,$M_2(x_2,y_2,z_2)$,则向量 $\overrightarrow{M_1M_2}$ 在 x 轴、y 轴、z 轴三个坐

标轴上的投影分别为 $x_2 - x_1, y_2 - y_1, z_2 - z_1$，可将$\overrightarrow{M_1M_2}$平移为向径$\overrightarrow{OM}$，于是$\overrightarrow{OM} = x\boldsymbol{i} + y\boldsymbol{j} + z\boldsymbol{k}$，其中 x, y, z 为$\overrightarrow{OM}$在 x 轴、y 轴、z 轴三个坐标轴上的投影. 可知

$$\overrightarrow{M_1M_2} = x\boldsymbol{i} + y\boldsymbol{j} + z\boldsymbol{k} = (x_2 - x_1)\boldsymbol{i} + (y_2 - y_1)\boldsymbol{j} + (z_2 - z_1)\boldsymbol{k} \qquad (*)$$

式(*)说明任何向量都可以用 $\boldsymbol{i}, \boldsymbol{j}, \boldsymbol{k}$ 的线性运算表示出来，这种表示法是唯一的.

如果 $\boldsymbol{a} = a_x\boldsymbol{i} + a_y\boldsymbol{j} + a_z\boldsymbol{k}$，也可写为 $\{a_x, a_y, a_z\} = a_x\boldsymbol{i} + a_y\boldsymbol{j} + a_z\boldsymbol{k}$.

(2) 向量的模、方向角、方向余弦.

设有点 $A(x_1, y_1, z_1)$ 和点 $B(x_2, y_2, z_2)$，则点 A 与点 B 间的距离 $|AB|$ 就是$\overrightarrow{AB}$的模，即

$$|\overrightarrow{AB}| = |AB| = \sqrt{(x_2 - x_1)^2 + (y_2 - y_1)^2 + (z_2 - z_1)^2}$$

非零向量 $\boldsymbol{r} = \overrightarrow{OM}$ 与三个坐标轴的夹角 α, β, γ 称为向量 $\boldsymbol{r}$ 的方向角；$\cos\alpha, \cos\beta, \cos\gamma$ 称为 $\boldsymbol{r}$ 的方向余弦. 由投影定理 $\mathrm{Prj}_x\boldsymbol{r} = |\boldsymbol{r}|\cos\alpha, \mathrm{Prj}_y\boldsymbol{r} = |\boldsymbol{r}|\cos\beta, \mathrm{Prj}_z\boldsymbol{r} = |\boldsymbol{r}|\cos\gamma$，再根据向量坐标的定义得

$$\mathrm{Prj}_x\boldsymbol{r} = x, \quad \mathrm{Prj}_y\boldsymbol{r} = y, \quad \mathrm{Prj}_z\boldsymbol{r} = z$$

于是，可得

$$\cos\alpha = \frac{x}{|\boldsymbol{r}|}, \quad \cos\beta = \frac{y}{|\boldsymbol{r}|}, \quad \cos\gamma = \frac{z}{|\boldsymbol{r}|}$$

即

$$\cos\alpha = \frac{x}{\sqrt{x^2 + y^2 + z^2}}, \quad \cos\beta = \frac{y}{\sqrt{x^2 + y^2 + z^2}}, \quad \cos\gamma = \frac{z}{\sqrt{x^2 + y^2 + z^2}} \qquad (4)$$

显然有 $\cos^2\alpha + \cos^2\beta + \cos^2\gamma = 1$.

将非零向量 $\boldsymbol{r}$ 单位化得到

$$\boldsymbol{r}^0 = \frac{1}{|\boldsymbol{r}|}\boldsymbol{r} = \frac{1}{\sqrt{x^2 + y^2 + z^2}}\{x, y, z\} =$$

$$\left\{\frac{x}{\sqrt{x^2 + y^2 + z^2}}, \frac{y}{\sqrt{x^2 + y^2 + z^2}}, \frac{z}{\sqrt{x^2 + y^2 + z^2}}\right\} \qquad (5)$$

由式(5)及坐标表示的唯一性可得 $\boldsymbol{r}^0 = \{\cos\alpha, \cos\beta, \cos\gamma\}$，可见 $\boldsymbol{r}^0$ 的三个坐标就是 $\boldsymbol{r}$ 的方向余弦.

例4　已知两点 $A(4, \sqrt{2}, 1)$，$B(3, 0, 2)$，计算向量$\overrightarrow{AB}$的模、方向余弦及方向角，并将$\overrightarrow{AB}$单位化.

解

$$\overrightarrow{AB} = \{3 - 4, 0 - \sqrt{2}, 2 - 1\} = \{-1, -\sqrt{2}, 1\}$$

$$|\overrightarrow{AB}| = \sqrt{(-1)^2 + (-\sqrt{2})^2 + 1^2} = 2$$

$$\cos\alpha = -\frac{1}{2}, \quad \cos\beta = -\frac{\sqrt{2}}{2}, \quad \cos\gamma = \frac{1}{2}$$

$$\alpha = \frac{2\pi}{3}, \quad \beta = \frac{3\pi}{4}, \quad \gamma = \frac{\pi}{3}$$

$$\overrightarrow{AB}^0 = \{\cos\alpha, \cos\beta, \cos\gamma\} = \left\{-\frac{1}{2}, -\frac{\sqrt{2}}{2}, \frac{1}{2}\right\}$$

例5　小河同侧有两个村庄A,B,计划在河上建一水电站供两个村庄使用,已知A,B两村庄到河边的垂直距离分别为300 m和700 m,且两个村庄相距500 m,问:水电站建在何处,送电到两村电线用料最省?

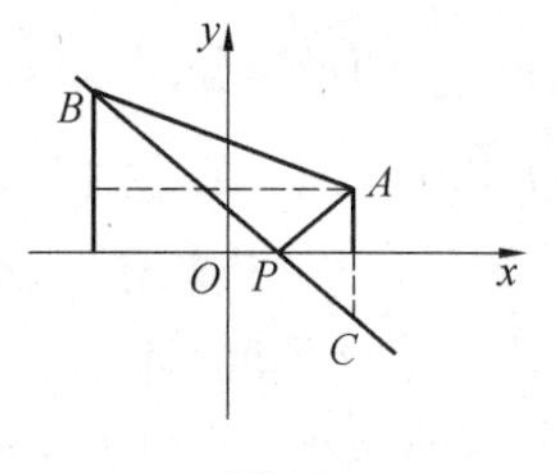

图15

解　如图15建立直角坐标系,以河为x轴,A,B两村到河边的垂足连线的中点为坐标原点建立直角坐标系,则A,B两点的纵坐标分别为300和700,$|AB|=500$,易求得$A(150,300)$,$B(-150,700)$,作点A关于x轴的对称点C,点C坐标为$(150,-300)$,则直线BC与x轴的交点P即为所求(因为$|AP|+|BP|=|CP|+|BP|$,而两点间距离最短),由B,C两点坐标可求得直线BC的方程为$10x+3y-600=0$,从而点P的坐标为$P(60,0)$,即为水电站所建位置.

习题8.1

1. 分别求点$M(-3,4,5)$到原点及三个坐标轴的距离.
2. 在x轴上求一点,使它到点$(-3,2,-2)$的距离为3.
3. 证明以点$A(4,1,9)$,$B(10,-1,6)$,$C(2,4,3)$为顶点的三角形是等腰三角形.
4. 已知向量$\overrightarrow{AB}=\{4,-4,7\}$,它的终点坐标为$B(2,-1,7)$,求它的起点$A$的坐标.
5. 已知点$M(0,-2,5)$和$N(2,2,0)$,求向量$\overrightarrow{MN}$的模、方向余弦及方向角.
6. 已知$\boldsymbol{a}=\{2,2,1\}$,$\boldsymbol{b}=\{1,-1,4\}$,求$\boldsymbol{a}+\boldsymbol{b}$,$\boldsymbol{a}-\boldsymbol{b}$,$3\boldsymbol{a}+2\boldsymbol{b}$.
7. 已知向量$\boldsymbol{a}$与三个坐标轴的夹角相等,求它的方向余弦.
8. 求平行于向量$\boldsymbol{a}=\{6,7,-6\}$的单位向量.
9. 一边长为a的正方体放置在xOy面上,其底面中心在坐标原点,底面的顶点在x轴和y轴上,求其各顶点的坐标.

8.2　向量的数量积、向量积和混合积

8.2.1　向量的数量积

1. 引例

已知力$\boldsymbol{F}$与x轴的夹角为α,其大小为F,在力$\boldsymbol{F}$的作用下,一质点M沿x轴由点A移动到点B处(图1),求力F所做的功.

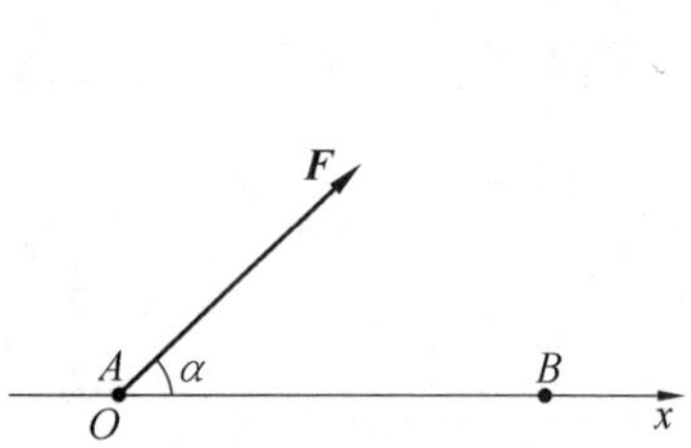

图1

解　力F水平方向的分力大小为$|\boldsymbol{F}_x|=|\boldsymbol{F}|\cos\alpha$,力$F$使质点$M$沿$x$轴方向所做的功可写成

$$W=|\boldsymbol{F}||\overrightarrow{AB}|\cos\alpha \tag{1}$$

现实生活中,还有许多量可以表示成"两向量之模与其夹角余弦之积",为此引入数量积的概念.

2. 数量积的概念与性质

定义1　设向量$\boldsymbol{a}$与$\boldsymbol{b}$之间夹角为$\theta(0\leqslant\theta\leqslant\pi)$,则称$|\boldsymbol{a}||\boldsymbol{b}|\cos\theta$为向量$\boldsymbol{a}$与$\boldsymbol{b}$的数量积(点积),并用记号$\boldsymbol{a}\cdot\boldsymbol{b}$表示,即

$$\boldsymbol{a}\cdot\boldsymbol{b}=|\boldsymbol{a}||\boldsymbol{b}|\cos\theta$$

根据这个定义,引例中力所做的功W为力$\boldsymbol{F}$与位移$\boldsymbol{s}$的数量积,即

$$W=\boldsymbol{F}\cdot\boldsymbol{s}$$

显然,当$\boldsymbol{a}\neq\boldsymbol{0}$时,$\boldsymbol{a}\cdot\boldsymbol{b}=|\boldsymbol{a}|\mathrm{Prj}_a\boldsymbol{b}$;当$\boldsymbol{b}\neq\boldsymbol{0}$时,$\boldsymbol{a}\cdot\boldsymbol{b}=|\boldsymbol{b}|\mathrm{Prj}_b\boldsymbol{a}$.

由数量积的定义可以推得:

①$\boldsymbol{a}\cdot\boldsymbol{a}=|\boldsymbol{a}|^2$;

② 设$\boldsymbol{a},\boldsymbol{b}$是两个非零向量,则$\boldsymbol{a}\perp\boldsymbol{b}$的充分必要条件是$\boldsymbol{a}\cdot\boldsymbol{b}=0$.

3. 数量积的运算律

① 交换律:$\boldsymbol{a}\cdot\boldsymbol{b}=\boldsymbol{b}\cdot\boldsymbol{a}$;

② 结合律:$\lambda(\boldsymbol{a}\cdot\boldsymbol{b})=(\lambda\boldsymbol{a})\cdot\boldsymbol{b}=\boldsymbol{a}(\lambda\boldsymbol{b})$,其中$\lambda$是数量;

③ 分配律:$(\boldsymbol{a}+\boldsymbol{b})\cdot\boldsymbol{c}=\boldsymbol{a}\cdot\boldsymbol{c}+\boldsymbol{b}\cdot\boldsymbol{c}$.

证　根据定义,有

①$\boldsymbol{a}\cdot\boldsymbol{b}=|\boldsymbol{a}||\boldsymbol{b}|\cos\langle\boldsymbol{a},\boldsymbol{b}\rangle$,$\boldsymbol{b}\cdot\boldsymbol{a}=|\boldsymbol{b}||\boldsymbol{a}|\cos\langle\boldsymbol{b},\boldsymbol{a}\rangle$,
而$|\boldsymbol{a}||\boldsymbol{b}|=|\boldsymbol{b}||\boldsymbol{a}|$,且$\cos\langle\boldsymbol{a},\boldsymbol{b}\rangle=\cos\langle\boldsymbol{b},\boldsymbol{a}\rangle$,所以$\boldsymbol{a}\cdot\boldsymbol{b}=\boldsymbol{b}\cdot\boldsymbol{a}$;

② 当$\boldsymbol{b}=\boldsymbol{0}$时,上式显然成立;当$\boldsymbol{b}\neq\boldsymbol{0}$时,由投影定理可得

$$(\lambda\boldsymbol{a})\cdot\boldsymbol{b}=|\boldsymbol{b}|\mathrm{Prj}_b(\lambda\boldsymbol{a})=|\boldsymbol{b}|\lambda\mathrm{Prj}_b\boldsymbol{a}=\lambda|\boldsymbol{b}|\mathrm{Prj}_b\boldsymbol{a}=\lambda(\boldsymbol{a}\cdot\boldsymbol{b})$$

利用交换律,容易推得

$$\boldsymbol{a}\cdot(\lambda\boldsymbol{b})=(\lambda\boldsymbol{b})\cdot\boldsymbol{a}=\lambda(\boldsymbol{b}\cdot\boldsymbol{a})=\lambda(\boldsymbol{a}\cdot\boldsymbol{b})$$

进而更有$(\lambda\boldsymbol{a})\cdot(\mu\boldsymbol{b})=\lambda\mu(\boldsymbol{a}\cdot\boldsymbol{b})$.

③ 当$\boldsymbol{c}=\boldsymbol{0}$时,上式显然成立;

当$\boldsymbol{c}\neq\boldsymbol{0}$时,有

$$(\boldsymbol{a}+\boldsymbol{b})\cdot\boldsymbol{c}=|\boldsymbol{c}|\mathrm{Prj}_c(\boldsymbol{a}+\boldsymbol{b})$$

由投影定理,可知

$$\mathrm{Prj}_c(\boldsymbol{a}+\boldsymbol{b})=\mathrm{Prj}_c\boldsymbol{a}+\mathrm{Prj}_c\boldsymbol{b}$$

所以

$$\begin{aligned}(\boldsymbol{a}+\boldsymbol{b})\cdot\boldsymbol{c}=&|\boldsymbol{c}|(\mathrm{Prj}_c\boldsymbol{a}+\mathrm{Prj}_c\boldsymbol{b})=\\&|\boldsymbol{c}|\mathrm{Prj}_c\boldsymbol{a}+|\boldsymbol{c}|\mathrm{Prj}_c\boldsymbol{b}=\\&\boldsymbol{a}\cdot\boldsymbol{c}+\boldsymbol{b}\cdot\boldsymbol{c}\end{aligned}$$

4. 数量积的坐标表示

设向量$\boldsymbol{a}=a_1\boldsymbol{i}+a_2\boldsymbol{j}+a_3\boldsymbol{k}$,$\boldsymbol{b}=b_1\boldsymbol{i}+b_2\boldsymbol{j}+b_3\boldsymbol{k}$,则

$$\begin{aligned}\boldsymbol{a}\cdot\boldsymbol{b}=&(a_1\boldsymbol{i}+a_2\boldsymbol{j}+a_3\boldsymbol{k})\cdot(b_1\boldsymbol{i}+b_2\boldsymbol{j}+b_3\boldsymbol{k})=\\&(a_1b_1)\boldsymbol{i}\cdot\boldsymbol{i}+(a_2b_1)\boldsymbol{j}\cdot\boldsymbol{i}+(a_3b_1)\boldsymbol{k}\cdot\boldsymbol{i}+(a_1b_2)\boldsymbol{i}\cdot\boldsymbol{j}+(a_2b_2)\boldsymbol{j}\cdot\boldsymbol{j}+\\&(a_3b_2)\boldsymbol{k}\cdot\boldsymbol{j}+(a_1b_3)\boldsymbol{i}\cdot\boldsymbol{k}+(a_2b_3)\boldsymbol{j}\cdot\boldsymbol{k}+(a_3b_3)\boldsymbol{k}\cdot\boldsymbol{k}\end{aligned}$$

由于$\boldsymbol{j}\cdot\boldsymbol{i}=\boldsymbol{k}\cdot\boldsymbol{i}=\boldsymbol{i}\cdot\boldsymbol{j}=\boldsymbol{k}\cdot\boldsymbol{j}=\boldsymbol{i}\cdot\boldsymbol{k}=\boldsymbol{j}\cdot\boldsymbol{k}=0$,$\boldsymbol{i}\cdot\boldsymbol{i}=\boldsymbol{j}\cdot\boldsymbol{j}=\boldsymbol{k}\cdot\boldsymbol{k}=1$,因而得

$$\boldsymbol{a}\cdot\boldsymbol{b}=a_1b_1+a_2b_2+a_3b_3$$

向量 $\boldsymbol{a}$ 与 $\boldsymbol{b}$ 相互垂直的充分必要条件是 $a_1b_1+a_2b_2+a_3b_3=0$.

通过数量积的坐标表示,可以给出两个向量夹角余弦的坐标表示. 设两个非零向量 $\boldsymbol{a}=\{a_1,a_2,a_3\}$ 和 $\boldsymbol{b}=\{b_1,b_2,b_3\}$,它们之间的夹角为 φ,则有

$$\cos\varphi=\frac{\boldsymbol{a}\cdot\boldsymbol{b}}{|\boldsymbol{a}||\boldsymbol{b}|}=\frac{a_1b_1+a_2b_2+a_3b_3}{\sqrt{a_1^2+a_2^2+a_3^3}\sqrt{b_1^2+b_2^2+b_3^2}}$$

例 1　已知向量 $\boldsymbol{a}=\{3,-2,-5\}$,$\boldsymbol{b}=\{5,2,3\}$,求:(1)$\boldsymbol{a}\cdot\boldsymbol{b}$;(2) 向量 $\boldsymbol{a}$ 与 $\boldsymbol{b}$ 的夹角 φ.

解　(1)$\boldsymbol{a}\cdot\boldsymbol{b}=3\times5+(-2)\times2+(-5)\times3=-4$;

(2)$\cos\varphi=\frac{\boldsymbol{a}\cdot\boldsymbol{b}}{|\boldsymbol{a}||\boldsymbol{b}|}=\frac{-4}{\sqrt{3^2+(-2)^2+(-5)^2}\sqrt{5^2+2^2+3^2}}=-\frac{2}{19}$,

故向量 $\boldsymbol{a}$ 与 $\boldsymbol{b}$ 的夹角 $\varphi=\arccos(-\frac{2}{19})$.

8.2.2　向量的向量积

1. 引例

设点 O 为一杠杆的支点,力 $\boldsymbol{F}$ 作用于杠杆上点 P 处(图 2),求力 $\boldsymbol{F}$ 对支点 O 的力矩.

解　根据力学知,力 $\boldsymbol{F}$ 对点 O 的力矩是向量 $\boldsymbol{M}$,其大小为

$$|\boldsymbol{M}|=|\boldsymbol{F}||d|=|\boldsymbol{F}||\overrightarrow{OP}|\sin\theta$$

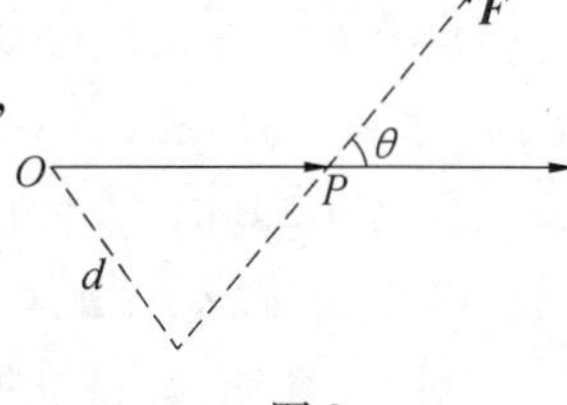

图 2

其中 d 为支点 O 到力 $\boldsymbol{F}$ 的作用线的距离,θ 为向量 $\boldsymbol{F}$ 与 $\overrightarrow{OP}$ 的夹角.

力矩 $\boldsymbol{M}$ 的方向规定为:伸出右手,让四指与大拇指垂直,并使四指指向 $\overrightarrow{OP}$ 方向,并沿小于 π 的方向握拳转向力 $\boldsymbol{F}$ 的方向,这时拇指的方向就是力矩 $\boldsymbol{M}$ 的方向,符合右手法则.

在工程技术领域,有许多向量具有上述特征,可抽象出下列概念.

2. 向量积的定义

定义 2　两个向量 $\boldsymbol{a}$ 和 $\boldsymbol{b}$ 的向量积是一个向量,记作 $\boldsymbol{a}\times\boldsymbol{b}$,并由下述规则确定:

① $|\boldsymbol{a}\times\boldsymbol{b}|=|\boldsymbol{a}||\boldsymbol{b}|\sin\langle\boldsymbol{a},\boldsymbol{b}\rangle$;

② $\boldsymbol{a}\times\boldsymbol{b}$ 的方向规定为(图 3):$\boldsymbol{a}\times\boldsymbol{b}$ 垂直于 $\boldsymbol{a}$ 与 $\boldsymbol{b}$ 所决定的平面,其指向按右手规则从 $\boldsymbol{a}$ 转向 $\boldsymbol{b}$ 确定.

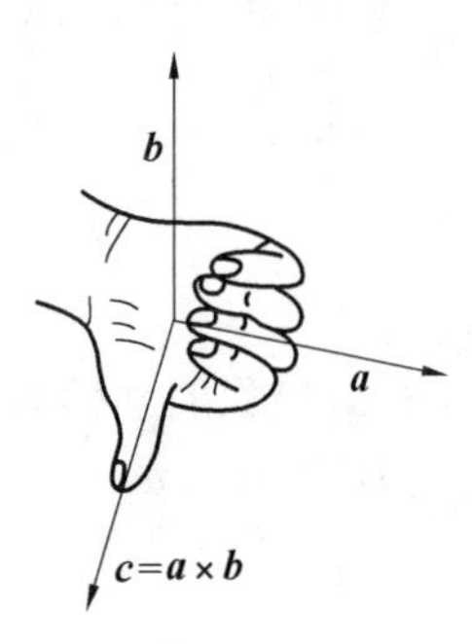

图 3

因此,引例中力矩可表为

$$\boldsymbol{M}=\overrightarrow{OP}\times\boldsymbol{F}$$

向量积的模的几何意义如下:

设 $\boldsymbol{a}=\overrightarrow{OA}$,$\boldsymbol{b}=\overrightarrow{OB}$,则模 $|\boldsymbol{a}\times\boldsymbol{b}|$ 表示以 $\boldsymbol{a}$ 和 $\boldsymbol{b}$ 为边的平行四边形 $OBCA$ 的面积(图 4).

3. 向量积的运算律

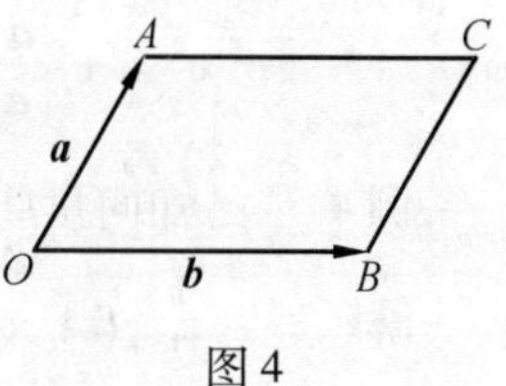

图4

① $\boldsymbol{a}\times\boldsymbol{b}=-(\boldsymbol{b}\times\boldsymbol{a})$；

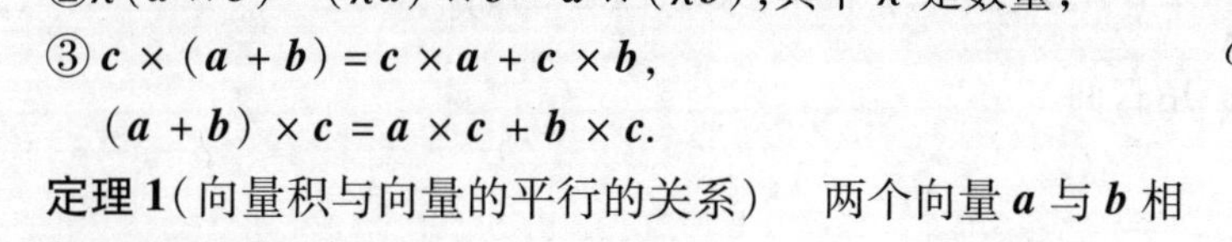

② $\lambda(\boldsymbol{a}\times\boldsymbol{b})=(\lambda\boldsymbol{a})\times\boldsymbol{b}=\boldsymbol{a}\times(\lambda\boldsymbol{b})$，其中 λ 是数量；

③ $\boldsymbol{c}\times(\boldsymbol{a}+\boldsymbol{b})=\boldsymbol{c}\times\boldsymbol{a}+\boldsymbol{c}\times\boldsymbol{b}$，

$(\boldsymbol{a}+\boldsymbol{b})\times\boldsymbol{c}=\boldsymbol{a}\times\boldsymbol{c}+\boldsymbol{b}\times\boldsymbol{c}$.

定理1（向量积与向量的平行的关系）　两个向量 $\boldsymbol{a}$ 与 $\boldsymbol{b}$ 相互平行的充分必要条件是

$$\boldsymbol{a}\times\boldsymbol{b}=\boldsymbol{0}$$

证　必要性　设 $\boldsymbol{a}$ 与 $\boldsymbol{b}$ 相互平行，如果 $\boldsymbol{a}=\boldsymbol{0}$ 或 $\boldsymbol{b}=\boldsymbol{0}$，则 $|\boldsymbol{a}|=0$ 或 $|\boldsymbol{b}|=0$，由向量积的定义可得 $|\boldsymbol{a}\times\boldsymbol{b}|=0$，从而 $\boldsymbol{a}\times\boldsymbol{b}=\boldsymbol{0}$，结论成立；如果 $\boldsymbol{a}$ 与 $\boldsymbol{b}$ 都是非零向量，平行时它们的夹角 $\varphi=0$ 或 π，有

$$|\boldsymbol{a}\times\boldsymbol{b}|=|\boldsymbol{a}||\boldsymbol{b}|\sin\varphi=0$$

从而 $\boldsymbol{a}\times\boldsymbol{b}=\boldsymbol{0}$，结论成立.

充分性　设 $\boldsymbol{a}\times\boldsymbol{b}=\boldsymbol{0}$，则 $|\boldsymbol{a}\times\boldsymbol{b}|=|\boldsymbol{a}||\boldsymbol{b}|\sin\varphi=0$.

如果 $\boldsymbol{a},\boldsymbol{b}$ 中有一个是零向量，则 $\boldsymbol{a}$ 与 $\boldsymbol{b}$ 平行（零向量与任何向量平行），如果 $\boldsymbol{a}$ 与 $\boldsymbol{b}$ 都是非零向量，则 $|\boldsymbol{a}|$ 和 $|\boldsymbol{b}|$ 都不为零，只有 $\sin\varphi=0$，这时 $\varphi=0$ 或 π，$\boldsymbol{a}$ 与 $\boldsymbol{b}$ 也看作是平行的.

4. 向量积的坐标表示

设 $\boldsymbol{a}=a_1\boldsymbol{i}+a_2\boldsymbol{j}+a_3\boldsymbol{k}$，$\boldsymbol{b}=b_1\boldsymbol{i}+b_2\boldsymbol{j}+b_3\boldsymbol{k}$，注意到 $\boldsymbol{i}\times\boldsymbol{i}=\boldsymbol{j}\times\boldsymbol{j}=\boldsymbol{k}\times\boldsymbol{k}=\boldsymbol{0}$ 及 $\boldsymbol{i}\times\boldsymbol{j}=\boldsymbol{k}$，$\boldsymbol{j}\times\boldsymbol{k}=\boldsymbol{i}$，$\boldsymbol{k}\times\boldsymbol{i}=\boldsymbol{j}$，有

$$\begin{aligned}\boldsymbol{a}\times\boldsymbol{b}=&(a_1\boldsymbol{i}+a_2\boldsymbol{j}+a_3\boldsymbol{k})\times(b_1\boldsymbol{i}+b_2\boldsymbol{j}+b_3\boldsymbol{k})=\\&a_1b_1\boldsymbol{i}\times\boldsymbol{i}+a_1b_2\boldsymbol{i}\times\boldsymbol{j}+a_1b_3\boldsymbol{i}\times\boldsymbol{k}+\\&a_2b_1\boldsymbol{j}\times\boldsymbol{i}+a_2b_2\boldsymbol{j}\times\boldsymbol{j}+a_2b_3\boldsymbol{j}\times\boldsymbol{k}+\\&a_3b_1\boldsymbol{k}\times\boldsymbol{i}+a_3b_2\boldsymbol{k}\times\boldsymbol{j}+a_3b_3\boldsymbol{k}\times\boldsymbol{k}=\\&\boldsymbol{i}(a_2b_3-a_3b_2)+\boldsymbol{j}(a_3b_1-a_1b_3)+\boldsymbol{k}(a_1b_2-a_2b_1)\end{aligned}$$

为了便于记忆，可将 $\boldsymbol{a}\times\boldsymbol{b}$ 表示成一个三阶行列式，即

$$\boldsymbol{a}\times\boldsymbol{b}=\begin{vmatrix}\boldsymbol{i}&\boldsymbol{j}&\boldsymbol{k}\\a_1&a_2&a_3\\b_1&b_2&b_3\end{vmatrix}$$

例2　设 $\boldsymbol{a}=\boldsymbol{i}+2\boldsymbol{j}-\boldsymbol{k}$，$\boldsymbol{b}=2\boldsymbol{j}+3\boldsymbol{k}$，求 $\boldsymbol{a}\times\boldsymbol{b}$.

解　$\boldsymbol{a}\times\boldsymbol{b}=\begin{vmatrix}\boldsymbol{i}&\boldsymbol{j}&\boldsymbol{k}\\1&2&-1\\0&2&3\end{vmatrix}=$

$$\boldsymbol{i}\times(-1)^{1+1}\begin{vmatrix}2&-1\\2&3\end{vmatrix}+\boldsymbol{j}\times(-1)^{1+2}\begin{vmatrix}1&-1\\0&3\end{vmatrix}+\boldsymbol{k}\times(-1)^{1+3}\begin{vmatrix}1&2\\0&2\end{vmatrix}=$$

$8\boldsymbol{i}-3\boldsymbol{j}+2\boldsymbol{k}$

例3　求同时垂直于向量 $\boldsymbol{a}=3\boldsymbol{i}+6\boldsymbol{j}+8\boldsymbol{k}$ 及 x 轴的单位向量.

解　因为 $\boldsymbol{a}=3\boldsymbol{i}+6\boldsymbol{j}+8\boldsymbol{k}$，$\boldsymbol{i}=1\boldsymbol{i}+0\boldsymbol{j}+0\boldsymbol{k}$，所以同时垂直于 $\boldsymbol{a}$ 和 x 轴的单位向量为

$$c^0=\pm\frac{\boldsymbol{a}\times\boldsymbol{i}}{|\boldsymbol{a}\times\boldsymbol{i}|}=\pm\frac{8\boldsymbol{j}-6\boldsymbol{k}}{|8\boldsymbol{j}-6\boldsymbol{k}|}=\pm\frac{1}{10}(8\boldsymbol{j}-6\boldsymbol{k})=\pm(\frac{4}{5}\boldsymbol{j}-\frac{3}{5}\boldsymbol{k})$$

例 4　已知向量$\overrightarrow{OA}=\boldsymbol{i}+3\boldsymbol{k},\overrightarrow{OB}=\boldsymbol{j}+3\boldsymbol{k}$,求 $\triangle OAB$ 的面积.

解　$S=\frac{1}{2}|\overrightarrow{OA}\times\overrightarrow{OB}|$,而

$$\overrightarrow{OA}\times\overrightarrow{OB}=\begin{vmatrix}\boldsymbol{i}&\boldsymbol{j}&\boldsymbol{k}\\1&0&3\\0&1&3\end{vmatrix}=-3\boldsymbol{i}-3\boldsymbol{j}+\boldsymbol{k}$$

所以

$$S=\frac{1}{2}|\overrightarrow{OA}\times\overrightarrow{OB}|=\frac{1}{2}\sqrt{(-3)^2+(-3)^2+1^2}=\frac{1}{2}\sqrt{19}$$

例 5　已知 $a^2+b^2=1,c^2+d^2=1$,求证:$|ac+bd|\leqslant 1$.

证明　设 $\boldsymbol{m}=\{a,b\},\boldsymbol{n}=\{c,d\},\langle\boldsymbol{m},\boldsymbol{n}\rangle=\theta$,则 $|\boldsymbol{m}|^2=a^2+b^2=1,|\boldsymbol{n}|^2=c^2+d^2=1$,所以 $|\boldsymbol{m}\cdot\boldsymbol{n}|=|ac+bd|=||\boldsymbol{m}||\boldsymbol{n}|\cos\theta|\leqslant 1$.

*8.2.3　向量的混合积

已知三个向量 $\boldsymbol{a},\boldsymbol{b},\boldsymbol{c}$,先作两个向量 $\boldsymbol{a},\boldsymbol{b}$ 的向量积 $\boldsymbol{a}\times\boldsymbol{b}$,把所得到的向量与第三个向量 $\boldsymbol{c}$ 再作数量积 $(\boldsymbol{a}\times\boldsymbol{b})\cdot\boldsymbol{c}$,这样得到的结果是一个数量,称此数量为 $\boldsymbol{a},\boldsymbol{b},\boldsymbol{c}$ 的混合积,记作 $[\boldsymbol{a}\ \boldsymbol{b}\ \boldsymbol{c}]$.

已知向量 $\boldsymbol{a}=\{a_x,a_y,a_z\},\boldsymbol{b}=\{b_x,b_y,b_z\},\boldsymbol{c}=\{c_x,c_y,c_z\}$,由数量积和向量积的定义,可得

$$[\boldsymbol{a}\ \boldsymbol{b}\ \boldsymbol{c}]=\begin{vmatrix}a_x&a_y&a_z\\b_x&b_y&b_z\\c_x&c_y&c_z\end{vmatrix}$$

向量的混合积有下述几何意义:

向量的混合积 $[\boldsymbol{a}\ \boldsymbol{b}\ \boldsymbol{c}]$ 是这样一个数,它的绝对值表示以向量 $\boldsymbol{a},\boldsymbol{b},\boldsymbol{c}$ 为棱的平行六面体的体积,如果向量 $\boldsymbol{a},\boldsymbol{b},\boldsymbol{c}$ 组成右手系,那么混合积的符号是正的,如果向量 $\boldsymbol{a},\boldsymbol{b},\boldsymbol{c}$ 组成左手系,那么混合积的符号是负的(图 5).

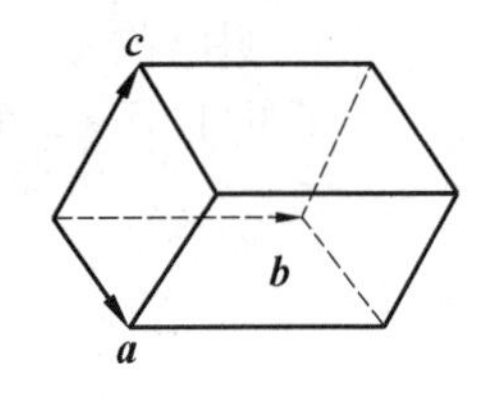

图 5

由上述混合积的几何意义可知,若混合积 $[\boldsymbol{a}\ \boldsymbol{b}\ \boldsymbol{c}]\neq 0$,则能以向量 $\boldsymbol{a},\boldsymbol{b},\boldsymbol{c}$ 为棱构成平行六面体,即向量 $\boldsymbol{a},\boldsymbol{b},\boldsymbol{c}$ 不共面;反之,若向量 $\boldsymbol{a},\boldsymbol{b},\boldsymbol{c}$ 不共面,一定有 $[\boldsymbol{a}\ \boldsymbol{b}\ \boldsymbol{c}]\neq 0$,于是有下面定理.

定理 2　三个向量 $\boldsymbol{a},\boldsymbol{b},\boldsymbol{c}$ 共面的充分必要条件是 $[\boldsymbol{a}\ \boldsymbol{b}\ \boldsymbol{c}]=0$.

例 6　已知不在一平面上的四个点:$A(x_1,y_1,z_1),B(x_2,y_2,z_2),C(x_3,y_3,z_3),D(x_4,y_4,z_4)$,求四面体 $ABCD$ 的体积.

解　由立体几何可知,四面体的体积等于以向量 $\overrightarrow{AB},\overrightarrow{AC},\overrightarrow{AD}$ 为棱的平行六面体体积的 1/6,因而有

$$V=\frac{1}{6}|[\overrightarrow{AB}\quad\overrightarrow{AC}\quad\overrightarrow{AD}]|$$

其中

$$\overrightarrow{AB}=\{x_2-x_1,y_2-y_1,z_2-z_1\}$$
$$\overrightarrow{AC}=\{x_3-x_1,y_3-y_1,z_3-z_1\}$$
$$\overrightarrow{AD}=\{x_4-x_1,y_4-y_1,z_4-z_1\}$$

所以

$$V=\pm\frac{1}{6}\begin{vmatrix}x_2-x_1 & y_2-y_1 & z_2-z_1\\x_3-x_1 & y_3-y_1 & z_3-z_1\\x_4-x_1 & y_4-y_1 & z_4-z_1\end{vmatrix}$$

上式中符号的选择和行列式的符号一致.

例7　已知点 $A(1,2,0)$,$B(2,3,1)$,$C(4,2,2)$,$M(x,y,z)$ 共面,求点 M 的坐标所满足的关系式.

解　A,B,C,M 共面相当于向量$\overrightarrow{AB}$,$\overrightarrow{AC}$,$\overrightarrow{AM}$共面,故混合积为0,即

$$\begin{vmatrix}x-1 & y-2 & z\\1 & 1 & 1\\3 & 0 & 2\end{vmatrix}=0$$

因此有

$$2x+y-3z-4=0$$

这就是 M 的坐标所满足的关系式.

习题8.2

1. 设向量 $\boldsymbol{a}=3\boldsymbol{i}-\boldsymbol{j}-2\boldsymbol{k}$,$\boldsymbol{b}=\boldsymbol{i}+2\boldsymbol{j}-\boldsymbol{k}$,求:(1)$\boldsymbol{a}\cdot\boldsymbol{b}$;(2)$\boldsymbol{b}\cdot\boldsymbol{b}$.

2. 证明向量 $2\boldsymbol{i}-\boldsymbol{j}+\boldsymbol{k}$ 与向量 $3\boldsymbol{i}+2\boldsymbol{j}-4\boldsymbol{k}$ 垂直.

3. 求向量 $\boldsymbol{a}=\{1,1,4\}$ 和 $\boldsymbol{b}=\{1,1,-1\}$ 的夹角.

4. 已知点 P 的向径$\overrightarrow{OP}$为单位向量,且与 z 轴的夹角为$\frac{\pi}{6}$,另外两个方向角相等,求点 P 的坐标.

5. 已知向量 $\boldsymbol{a}=\{2,0,-1\}$ 和 $\boldsymbol{b}=\{3,1,4\}$,求:(1)$\boldsymbol{a}\cdot\boldsymbol{b}$;(2)$\boldsymbol{a}\cdot\boldsymbol{a}$;(3)$(3\boldsymbol{a}-2\boldsymbol{b})\cdot(\boldsymbol{a}+5\boldsymbol{b})$.

6. 已知向量 $\boldsymbol{a}=\{1,5,m\}$ 和 $\boldsymbol{b}=\{2,n,-6\}$ 平行,试求 m,n 的值.

7. 设 $\boldsymbol{a}=\{3,2,-1\}$,$\boldsymbol{b}=\{1,-1,2\}$,求:

(1)$\boldsymbol{a}\times\boldsymbol{b}$;　　(2)$2\boldsymbol{a}\times7\boldsymbol{b}$;　　(3)$\boldsymbol{a}\times\boldsymbol{i}$.

8. 设 $\boldsymbol{a}=\{2,-3,1\}$,$\boldsymbol{b}=\{1,-1,3\}$,$\boldsymbol{c}=\{1,-2,0\}$,计算下列各式:

(1)$(\boldsymbol{a}\cdot\boldsymbol{b})\boldsymbol{c}-(\boldsymbol{a}\cdot\boldsymbol{c})\boldsymbol{b}$;　　(2)$(\boldsymbol{a}+\boldsymbol{b})\times(\boldsymbol{b}+\boldsymbol{c})$;

(3)$(\boldsymbol{a}\times\boldsymbol{b})\cdot\boldsymbol{c}$;　　(4)$(\boldsymbol{a}\times\boldsymbol{b})\times\boldsymbol{c}$.

9. 设 $\boldsymbol{a}=\{3,-1,-2\}$,$\boldsymbol{b}=\{1,2,-1\}$,求:

(1) $\mathrm{Prj}_a\boldsymbol{b}$;　　(2) $\mathrm{Prj}_b\boldsymbol{a}$;　　(3) $\cos\langle\boldsymbol{a},\boldsymbol{b}\rangle$.

10. 已知$A(1,-1,2)$,$B(5,-6,2)$,$C(1,3,-1)$,求:

(1) 同时与$\overrightarrow{AB}$及$\overrightarrow{AC}$垂直的单位向量;

(2) $\triangle ABC$的面积.

11. 已知向量$\boldsymbol{a}=\{a_x,a_y,a_z\}$,$\boldsymbol{b}=\{b_x,b_y,b_z\}$,$\boldsymbol{c}=\{c_x,c_y,c_z\}$,利用混合积的定义证明:$(\boldsymbol{a}\times\boldsymbol{b})\cdot\boldsymbol{c}=(\boldsymbol{b}\times\boldsymbol{c})\cdot\boldsymbol{a}=(\boldsymbol{c}\times\boldsymbol{a})\cdot\boldsymbol{b}$.

8.3　空间平面与直线

从本节开始介绍空间解析几何的有关内容.现在以向量为工具介绍空间解析几何中最基本的几何图形——空间平面与直线.

8.3.1　平面的方程

1. 平面方程的三种形式

(1) 平面的点法式方程.

如果一非零向量垂直于一平面,这个向量就称为该平面的法向量(图1).易知,平面上的任一向量均与该平面的法向量垂直.

设点$P_0(x_0,y_0,z_0)$及平面的法向量$\boldsymbol{n}=\{A,B,C\}$,求经过点P_0以$\boldsymbol{n}$为法向量的平面方程.

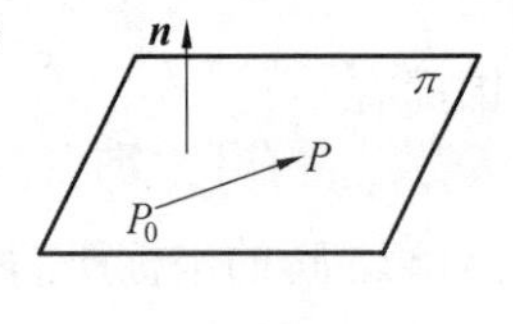

图1

设点$P(x,y,z)$是平面π上一点,则

$$\boldsymbol{n}\cdot\overrightarrow{P_0P}=0$$

由于$\overrightarrow{P_0P}=\{x-x_0,y-y_0,z-z_0\}$,再根据数量积的坐标表示,得到

$$A(x-x_0)+B(y-y_0)+C(z-z_0)=0 \tag{1}$$

这就是所求平面上任一点P的坐标x,y,z所满足的方程.

反过来,如果点$P(x,y,z)$不在平面π上,那么向量$\overrightarrow{P_0P}$与法向量$\boldsymbol{n}$不垂直,从而$\boldsymbol{n}\cdot\overrightarrow{P_0P}\neq 0$,即不在平面上的点$P$的坐标$x,y,z$不满足方程(1).称方程(1)为平面的点法式方程.

例1　求下列平面的方程.

(1) 已知平面经过点$A(0,1,-1)$,法向量$\boldsymbol{n}=\{4,-2,-2\}$;

(2) 已知平面经过点$B(1,1,1)$,法向量为$\boldsymbol{n}=\{-2,1,1\}$.

解　(1) 由点法式方程(1)有

$$4\cdot(x-0)+(-2)\cdot(y-1)+(-2)\cdot(z+1)=0$$

化简得

$$2x-y-z=0$$

(2) 由点法式方程(1)有

$$(-2)\cdot(x-1)+1\cdot(y-1)+1\cdot(z-1)=0$$

化简得

$$2x - y - z = 0$$

从这个例题可以看到,所求平面的法向量不同,经过的点也不同,但所得到平面仍然是同一平面,这从几何意义上是容易理解的,法向量的作用是表示平面的朝向,因此同一平面的法向量不是唯一的,任何与给定的法向量 $\boldsymbol{n}$ 平行的非零向量都可以作为法向量,本例题中的两个法向量就是相互平行的.

(2) 平面的一般式方程.

将平面的点法式方程(1) 展开得

$$Ax + By + Cz + (-Ax_0 - By_0 - Cz_0) = 0$$

令 $-Ax_0 - By_0 - Cz_0 = D$,则方程(1) 可变为

$$Ax + By + Cz + D = 0 \tag{2}$$

称方程(2) 为平面的一般式方程,它是三元一次方程.

反之,任给三元一次方程(2),其中 A,B,C 不全为零,则它必是某个平面的方程.

事实上,取方程(2) 的一个解 x_0,y_0,z_0,则它满足 $Ax_0 + By_0 + Cz_0 + D = 0$,将这个式子与式(2) 相减,可得

$$A(x - x_0) + B(y - y_0) + C(z - z_0) = 0$$

它恰是方程(1) 所表示的经过点 $P_0(x_0,y_0,z_0)$,法向量为 $\boldsymbol{n} = \{A,B,C\}$ 的平面方程,其中由于 A,B,C 不全为零,则 $\boldsymbol{n} = \{A,B,C\} \neq \boldsymbol{0}$.

一些特殊的三元一次方程表示平面如下:

① 当 $D = 0$ 时,方程(2) 成为 $Ax + By + Cz = 0$,它表示一个通过原点的平面;

② 当 $A = 0$ 时,方程(2) 成为 $By + Cz + D = 0$,法向量 $\boldsymbol{n} = \{0,B,C\}$ 垂直于 x 轴,方程表示一个平行于 x 轴的平面;同样,方程 $Ax + Cz + D = 0$ 和 $Ax + By + D = 0$ 分别表示一个平行于 y 轴和 z 轴的平面;

③ 当 $A = B = 0$ 时,方程(2) 成为 $Cz + D = 0$ 或 $z = -\dfrac{D}{C}$,法向量 $\boldsymbol{n} = \{0,0,C\}$ 同时垂直于 x 轴和 y 轴,方程表示一个平行于 xOy 面的平面;同样,方程 $Ax + D = 0$ 和 $By + D = 0$ 分别表示一个平行于 yOz 和 xOz 面的平面.

例 2　已知平面 π 经过三个点 $P_1(1,1,1)$,$P_2(-2,1,2)$,$P_3(-3,3,1)$,求 π 的方程.

解法 1　用点法式方程:空间中不共线的三个点可确定一个平面,向量 $\overrightarrow{P_1P_2}$,$\overrightarrow{P_1P_3}$ 都在 π 上,因此,取法向量 $\boldsymbol{n} = \overrightarrow{P_1P_2} \times \overrightarrow{P_1P_3}$(图2),由 $\overrightarrow{P_1P_2} = \{-3,0,1\}$,$\overrightarrow{P_1P_3} = \{-4,2,0\}$ 可得

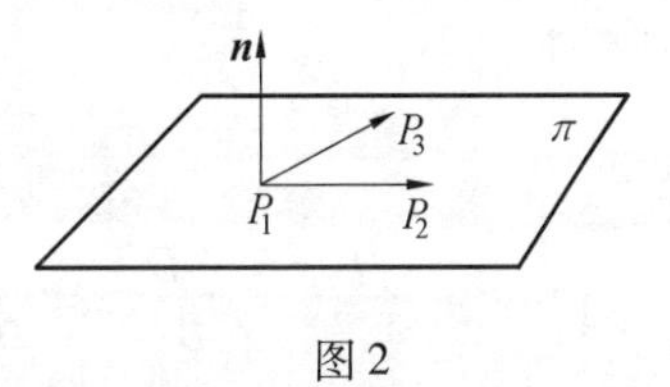

图2

$$\boldsymbol{n} = \overrightarrow{P_1P_2} \times \overrightarrow{P_1P_3} = \begin{vmatrix} \boldsymbol{i} & \boldsymbol{j} & \boldsymbol{k} \\ -3 & 0 & 1 \\ -4 & 2 & 0 \end{vmatrix} = \{-2,\ -4,\ -6\}$$

取 P_1 为 π 经过的点,则由点法式方程得

$$-2(x - 1) - 4(y - 1) - 6(z - 1) = 0$$

化简得

$$x+2y+3z-6=0$$

解法 2　用待定系数法:设 π 的一般式方程为 $Ax+By+Cz+D=0$,只需确定系数 A, B,C,D. 将 P_1,P_2,P_3 的坐标代入一般式方程,可得到方程组

$$\begin{cases}A+B+C+D=0\\-2A+B+2C+D=0\\-3A+3B+C+D=0\end{cases}$$

得

$$\begin{cases}B=2A\\C=3A\\D=-6A\end{cases}$$

由于 A,B,C 不能同时为零,因此取 $A=1$,得

$$C=3,B=2,D=-6$$

所以所求方程为

$$x+2y+3z-6=0$$

在解法 2 中,求待定系数需要解三个方程四个未知数的方程组,一般来讲它的解是不唯一的,我们只需求出一个解即可. 在求解中应注意 A,B,C 不能同时为零.

例 3　求通过 x 轴和定点$(4,-3,-1)$的平面方程.

解　由于平面过 x 轴,则它的方程为

$$By+Cz=0$$

又因平面过点$(4,-3,-1)$,故将此点的坐标代入到方程中,得到

$$-3B-C=0$$

即

$$C=-3B$$

取 $B=1$,则 $C=-3$,所求平面方程为

$$y-3z=0$$

(3) 平面的截距式方程.

由平面 π 的一般式 $Ax+By+Cz+D=0$ 知,如果平面 π 不过原点,并且不与任何坐标轴平行,则 A,B,C,D 都不为零,且平面 π 必与三个坐标轴各有一个交点,平面 π 的方程可化为

$$\frac{A}{-D}x+\frac{B}{-D}y+\frac{C}{-D}z=1$$

令 $a=\frac{-D}{A}$,$b=\frac{-D}{B}$,$c=\frac{-D}{C}$,则平面 π 的方程可化为

$$\frac{x}{a}+\frac{y}{b}+\frac{z}{c}=1 \tag{3}$$

称方程(3) 为平面 π 的截距式方程,显然点$(a,0,0)$,$(0,b,0)$,$(0,0,c)$ 都在平面 π 上,称 a,b,c 是平面 π 分别在 x 轴、y 轴、z 轴上的截距(图 3).

2. 两个平面的夹角

两个平面的法向量的夹角(通常指锐角) 称为两平面的夹角.

设平面 π_1 和 π_2 的法向量依次为 $\boldsymbol{n}_1=\{A_1,B_1,C_1\}$ 和 $\boldsymbol{n}_2=\{A_2,B_2,C_2\}$，那么平面 π_1 和 π_2 的夹角 θ(图4)，应是 $\langle\boldsymbol{n}_1,\boldsymbol{n}_2\rangle$ 和 $\langle-\boldsymbol{n}_1,\boldsymbol{n}_2\rangle=\pi-\langle\boldsymbol{n}_1,\boldsymbol{n}_2\rangle$ 两者中的锐角，因此，$\cos\theta=|\cos\langle\boldsymbol{n}_1,\boldsymbol{n}_2\rangle|$，平面 π_1 和 π_2 的夹角 θ 可由

$$\cos\theta=\frac{|A_1A_2+B_1B_2+C_1C_2|}{\sqrt{A_1^2+B_1^2+C_1^2}\sqrt{A_2^2+B_2^2+C_2^2}}\tag{4}$$

来确定.

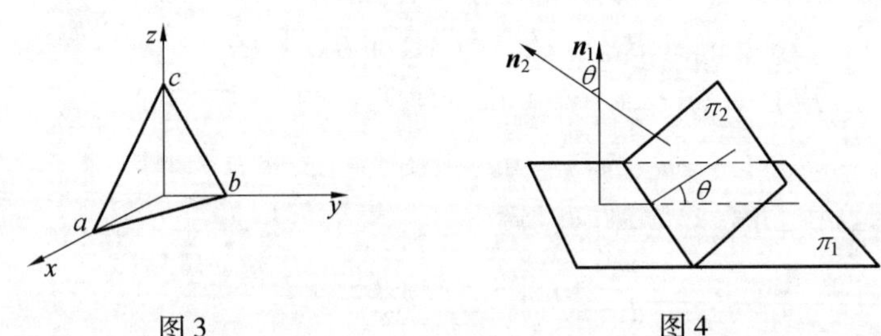

图3　　　　图4

由于两个平面垂直就是它们的法向量垂直，两个平面平行就是它们的法向量平行，于是容易得到下列结论：

(1) 平面 π_1 与 π_2 垂直的充分必要条件为 $A_1A_2+B_1B_2+C_1C_2=0$；

(2) 平面 π_1 与 π_2 平行的充分必要条件为 $\dfrac{A_1}{A_2}=\dfrac{B_1}{B_2}=\dfrac{C_1}{C_2}$.

例4　求平面 $x+y+z+1=0$ 和平面 $x-2y-z+3=0$ 的夹角.

解　由公式(4)得

$$\cos\theta=\frac{|1\times1+1\times(-2)+1\times(-1)|}{\sqrt{1^2+1^2+1^2}\sqrt{1^2+(-2)^2+(-1)^2}}=\frac{\sqrt{2}}{3}$$

则 $\theta=\arccos\dfrac{\sqrt{2}}{3}$.

例5　已知平面 π 经过点 $(1,1,-1)$ 并且与给定的平面 $3x-2y+z-2=0$ 平行，求平面 π 的方程.

解　由于平面 π 与已知平面平行，所以平面 π 的法向量可取 $\boldsymbol{n}=\{3,-2,1\}$，于是，平面 π 的方程为

$$3(x-1)-2(y-1)+(z+1)=0$$

即

$$3x-2y+z=0$$

3. 点到平面的距离

给定平面 π：$Ax+By+Cz+D=0$ 及点 $P_0(x_0,y_0,z_0)$，求点 P_0 到平面的距离 d.

解　π 的法向量 $\boldsymbol{n}=\{A,B,C\}$，过 P_0 向 π 作垂线，垂足为 $M(x_1,y_1,z_1)$(图5)，此时，法向量 $\boldsymbol{n}$ 必与向量 $\overrightarrow{MP_0}=\{x_0-x_1,y_0-y_1,z_0-z_1\}$ 平行，则它们的夹角 $\theta=0$ 或 π，于是

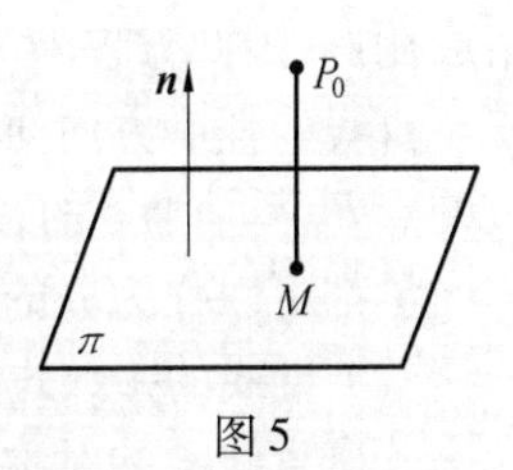

图5

$$\boldsymbol{n}\cdot\overrightarrow{MP_0}=|\boldsymbol{n}|\cdot|\overrightarrow{MP_0}|\cos\theta=\pm|\boldsymbol{n}|\cdot|\overrightarrow{MP_0}|$$

从而

$$d=|\overrightarrow{MP_0}|=\left|\pm\frac{\boldsymbol{n}\cdot\overrightarrow{MP_0}}{|\boldsymbol{n}|}\right|=\frac{|\boldsymbol{n}\cdot\overrightarrow{MP_0}|}{|\boldsymbol{n}|}\tag{5}$$

由于

$$\boldsymbol{n}\cdot\overrightarrow{MP_0}=A(x_0-x_1)+B(y_0-y_1)+C(z_0-z_1)=Ax_0+By_0+Cz_0-(Ax_1+By_1+Cz_1)$$

而 M 在平面 π 上,应有 $-(Ax_1+By_1+Cz_1)=D$,于是

$$\boldsymbol{n}\cdot\overrightarrow{MP_0}=Ax_0+By_0+Cz_0+D$$

又由 $|\boldsymbol{n}|=\sqrt{A^2+B^2+C^2}$,代入式(5)得

$$d=\frac{|Ax_0+By_0+Cz_0+D|}{\sqrt{A^2+B^2+C^2}}\tag{6}$$

式(6)就是点到平面的距离公式.

例6　求 $P(1,2,3)$ 到平面 $2x-2y+z-3=0$ 的距离 d.

解　由公式(6),得

$$d=\frac{|2\cdot1-2\cdot2+1\cdot3-3|}{\sqrt{2^2+(-2)^2+1^2}}=\frac{2}{3}$$

8.3.2　直线方程

1. 直线方程的三种形式

(1) 直线的对称式方程.

如果一个非零向量平行于一条已知直线,这个向量就称为这条直线的方向向量,显然,直线上的任一向量都平行于该直线的方向向量.

设点 $P=(x,y,z)$ 是直线 L 上的任一点,那么向量 $\overrightarrow{P_0P}$ 与 L 的方向向量 $\boldsymbol{T}$ 平行(图6),所以两向量的对应坐标成比例.

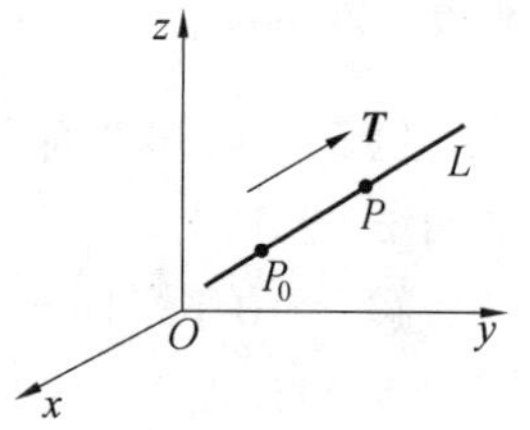

图6

由于 $\overrightarrow{P_0P}=\{x-x_0,y-y_0,z-z_0\}$,设 $\boldsymbol{T}=\{m,n,p\}$,从而有

$$\frac{x-x_0}{m}=\frac{y-y_0}{n}=\frac{z-z_0}{p}\tag{7}$$

反过来,如果点 P 不在直线上,那么由于 $\overrightarrow{P_0P}$ 与 $\boldsymbol{T}$ 不平行,这两个向量的对应坐标就不成比例,因此方程(7)就是直线 L 的方程,称为直线的对称式或点向式方程.

直线的任一方向向量 $\boldsymbol{T}$ 的坐标 m,n,p 称为这直线的一组方向数,而向量 $\boldsymbol{T}$ 及其所经过的点 P_0 不是唯一的,从而同一直线的对称式方程(7)也不是唯一的,任何平行于 L 的非零向量都可以作为 L 的方向向量.

(2) 直线的参数式方程

若令直线 L 的对称式方程(7)为

$$\frac{x-x_0}{m}=\frac{y-y_0}{n}=\frac{z-z_0}{p}=t$$

则分别有

$$\begin{cases}x=x_0+mt\\y=y_0+nt\\z=z_0+pt\end{cases}\quad(-\infty<t<+\infty)\tag{8}$$

因此方程组(8) 称为直线的参数式方程.

例 7　求经过点$(-1,0,2)$,方向向量为$\{-1,-3,1\}$的直线L的对称式方程和参数式方程.

解　对称式方程:$\frac{x+1}{-1}=\frac{y}{-3}=\frac{z-2}{1}$;

参数式方程:$\begin{cases}x=-1+(-1)t\\y=0+(-3)t\\z=2+1t\end{cases}$

即

$$\begin{cases}x=-1-t\\y=-3t\\z=2+t\end{cases}$$

(3) 直线的一般式方程

给定空间中两个平面

$$\pi_1:A_1x+B_1y+C_1z+D_1=0;\quad \pi_2:A_2x+B_2y+C_2z+D_2=0$$

如果它们不相互平行,则它们的交线就是空间中的一条直线L,于是直线L的方程可表示为

$$\begin{cases}A_1x+B_1y+C_1z+D_1=0\\A_2x+B_2y+C_2z+D_2=0\end{cases}\tag{9}$$

称方程组(9) 为直线L的一般式方程.

根据直线L的一般式方程的几何意义可知,同一条直线L可以由很多平面相交而成,因此直线L的一般式方程也不是唯一的.

当m,n,p中有一个为零时,例如$m=0$,而$n,p\neq0$时,对称式方程(7) 应理解为

$$\begin{cases}x-x_0=0\\\frac{y-y_0}{n}=\frac{z-z_0}{p}\end{cases}$$

当m,n,p中有两个为零时,例如$m=n=0$,而$p\neq0$时,对称式方程(7) 应理解为

$$\begin{cases}x-x_0=0\\y-y_0=0\end{cases}$$

例 8　已知直线L经过点$P_1(2,2,4)$,$P_2(3,2,5)$,求直线L的对称式方程和一般式方程.

解　L 经过点 P_1，方向向量可取为 $\overrightarrow{P_1P_2}=\{1,0,1\}$，故其对称式方程为

$$\frac{x-2}{1}=\frac{y-2}{0}=\frac{z-4}{1}$$

一般式方程为

$$\begin{cases}x-z+2=0\\y=2\end{cases}$$

例 9　求直线

$$\begin{cases}x+2y+3z-6=0\\2x+3y-4z-1=0\end{cases}\tag{$*$}$$

的参数式和对称式方程.

解　先找到这直线上的一点 (x_0,y_0,z_0)，可以取 $z_0=0$ 代入方程组（$*$），得

$$\begin{cases}x+2y=6\\2x+3y=1\end{cases}$$

解这个方程组得 $x_0=-16$，$y_0=11$，于是点 $P(-16,11,0)$ 在直线上.

下面再找出这直线的方向向量 $\boldsymbol{T}$，由于两平面的交线与这两平面的法向量 $\boldsymbol{n}_1=\{1,2,3\}$，$\boldsymbol{n}_2=\{2,3,-4\}$ 都垂直，所以可取

$$\boldsymbol{T}=\boldsymbol{n}_1\times\boldsymbol{n}_2=\begin{vmatrix}\boldsymbol{i}&\boldsymbol{j}&\boldsymbol{k}\\1&2&3\\2&3&-4\end{vmatrix}=\{-17,10,-1\}$$

对称式方程为

$$\frac{x+16}{-17}=\frac{y-11}{10}=\frac{z}{-1}$$

令 $\dfrac{x+16}{-17}=\dfrac{y-11}{10}=\dfrac{z}{-1}=t$，得所给直线的参数方程为

$$\begin{cases}x=-16-17t\\y=11+10t\\z=-t\end{cases}$$

（4）两条直线的夹角.

两直线的方向向量的夹角（通常指锐角）称为两直线的夹角（图 7）. 设直线 L_1 和 L_2 的方向向量依次为 $\boldsymbol{T}_1=\{m_1,n_1,p_1\}$ 和 $\boldsymbol{T}_2=\{m_2,n_2,p_2\}$，那么 L_1 和 L_2 的夹角 φ 应是 $\langle\boldsymbol{T}_1,\boldsymbol{T}_2\rangle$ 和 $\langle-\boldsymbol{T}_1,\boldsymbol{T}_2\rangle=\pi-\langle\boldsymbol{T}_1,\boldsymbol{T}_2\rangle$ 两者中的锐角，因此 $\cos\varphi=|\cos\langle\boldsymbol{T}_1,\boldsymbol{T}_2\rangle|$. 直线 L_1 和直线 L_2 的夹角 φ 可由

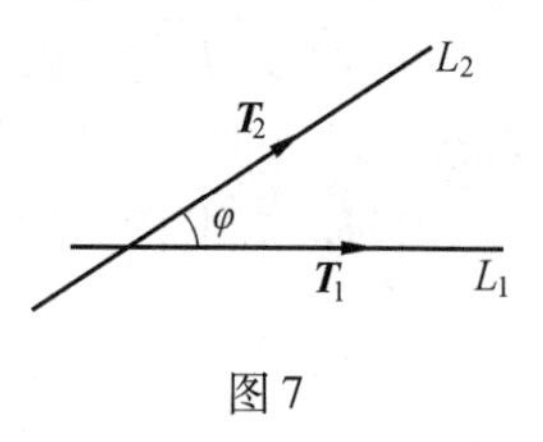

图 7

$$\cos\varphi=\frac{|m_1m_2+n_1n_2+p_1p_2|}{\sqrt{m_1^2+n_1^2+p_1^2}\sqrt{m_2^2+n_2^2+p_2^2}}\tag{10}$$

来确定.

从两向量垂直、平行的充分必要条件立即推得下列结论：

① 两直线 L_1，L_2 互相垂直的充分必要条件是 $m_1m_2+n_1n_2+p_1p_2=0$；

② 两直线 L_1,L_2 互相平行的充分必要条件是$\dfrac{m_1}{m_2}=\dfrac{n_1}{n_2}=\dfrac{p_1}{p_2}$.

例 10　求直线 $L_1:\begin{cases}x+2y+z-1=0\\x-2y+z+1=0\end{cases}$与 $L_2:\begin{cases}x-y-z-1=0\\x-y+2z+1=0\end{cases}$的夹角 φ.

解　在 L_1 的方程中,平面 $x+2y+z-1=0$ 的法向量为 $\boldsymbol{n}_1=\{1,2,1\}$;平面 $x-2y+z+1=0$ 的法向量为 $\boldsymbol{n}_2=\{1,-2,1\}$,故可取直线 L_1 的方向向量为

$$\boldsymbol{T}_1=\begin{vmatrix}\boldsymbol{i}&\boldsymbol{j}&\boldsymbol{k}\\1&2&1\\1&-2&1\end{vmatrix}=\{4,0,-4\}$$

同理可得直线 L_2 的方向向量为 $\boldsymbol{T}_2=\{-3,-3,0\}$,由公式(10),得

$$\cos\varphi=\frac{|4\cdot(-3)+0\cdot(-3)+(-4)\cdot 0|}{\sqrt{4^2+0^2+(-4)^2}\sqrt{(-3)^2+(-3)^2+0^2}}=\frac{1}{2}$$

故 $\varphi=\dfrac{\pi}{3}$.

2. 直线与平面的夹角

当直线与平面不垂直时,直线和它在平面上的投影直线的夹角 $\varphi\left(0\leqslant\varphi\leqslant\dfrac{\pi}{2}\right)$ 称为直线与平面的夹角(图8),当直线与平面垂直时,规定直线与平面的夹角为$\dfrac{\pi}{2}$.

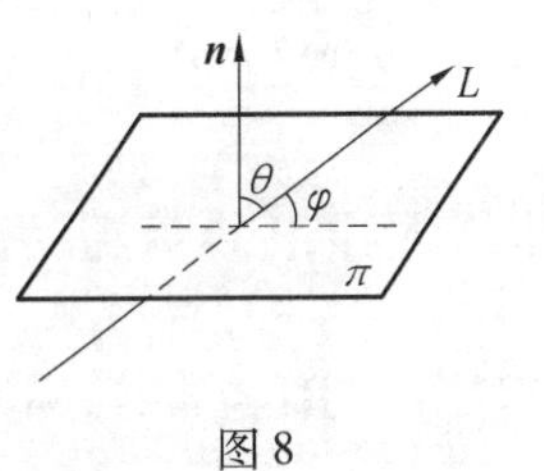

图 8

设直线的方向向量为 $\boldsymbol{T}=\{m,n,p\}$,平面的法向量为 $\boldsymbol{n}=\{A,B,C\}$,直线与平面的夹角为 φ,那么 $\varphi=\left|\dfrac{\pi}{2}-\langle\boldsymbol{T},\boldsymbol{n}\rangle\right|$,因此 $\sin\varphi=|\cos\langle\boldsymbol{T},\boldsymbol{n}\rangle|$,有

$$\sin\varphi=\frac{|Am+Bn+Cp|}{\sqrt{A^2+B^2+C^2}\sqrt{m^2+n^2+p^2}}\tag{11}$$

从两向量垂直、平行的充分必要条件立即推得下列结论:

① 直线 L 与平面 π 垂直的充分必要条件是$\dfrac{m}{A}=\dfrac{n}{B}=\dfrac{p}{C}$;

② 直线 L 与平面 π 平行的充分必要条件是 $Am+Bn+Cp=0$.

例 11　求直线 $L:\dfrac{x-1}{2}=\dfrac{y-2}{-1}=\dfrac{z-3}{1}$与平面 $\pi:x+y+2z-3=0$ 的夹角 φ 及交点.

解　直线 L 的方向向量为 $\boldsymbol{T}=\{2,-1,1\}$,平面 π 的法向量为 $\boldsymbol{n}=\{1,1,2\}$,由公式(11)有

$$\sin\varphi=\frac{|\boldsymbol{T}\cdot\boldsymbol{n}|}{|\boldsymbol{T}||\boldsymbol{n}|}=\frac{1}{2}$$

故 $\varphi=\dfrac{\pi}{6}$.

所给直线 L 的参数方程为

$$\begin{cases} x = 1 + 2t \\ y = 2 - t \\ z = 3 + t \end{cases}$$

代入平面方程,得

$$(1 + 2t) + (2 - t) + 2(3 + t) - 3 = 0$$

解方程,得 $t = -2$,再代入参数方程

$$\begin{cases} x = 1 + 2 \cdot (-2) \\ y = 2 - (-2) \\ z = 3 + (-2) \end{cases}$$

即 $\begin{cases} x = -3 \\ y = 4 \\ z = 1 \end{cases}$,于是点 $P(-3,4,1)$ 就是所求的交点.

3. 直线的平面束方程

设直线由方程组

$$\begin{cases} A_1x + B_1y + C_1z + D_1 = 0 \\ A_2x + B_2y + C_2z + D_2 = 0 \end{cases} \tag{12}$$

所确定,其中系数 A_1,B_1,C_1 与 A_2,B_2,C_2 不成比例,三元一次方程为

$$A_1x + B_1y + C_1z + D_1 + \lambda(A_2x + B_2y + C_2z + D_2) = 0 \tag{13}$$

其中 λ 为任意常数,称方程(13)为通过直线 L 的平面束方程.

例 12　求直线 $\begin{cases} x + y - z - 1 = 0 \\ x - y + z + 1 = 0 \end{cases}$ 在平面 $x + y + z = 0$ 上的投影直线的方程.

解　过直线 $\begin{cases} x + y - z - 1 = 0 \\ x - y + z + 1 = 0 \end{cases}$ 的平面束的方程为

$$(x + y - z - 1) + \lambda(x - y + z + 1) = 0$$

即

$$(1 + \lambda)x + (1 - \lambda)y + (-1 + \lambda)z + (-1 + \lambda) = 0 \tag{*}$$

其中 λ 为待定常数,该平面与平面 $x + y + z = 0$ 垂直的条件是

$$(1 + \lambda) \cdot 1 + (1 - \lambda) \cdot 1 + (-1 + \lambda) \cdot 1 = 0$$

即 $\lambda + 1 = 0$,由此得 $\lambda = -1$. 代入式(*),得投影平面的方程为

$$y - z - 1 = 0$$

所以投影直线的方程为

$$\begin{cases} y - z - 1 = 0 \\ x + y + z = 0 \end{cases}$$

习题 8.3

1. 求下列平面方程:

(1) 经过点$(-1,2,1)$,法向量为 $\boldsymbol{n} = \{1, -1, 2\}$;

(2) 经过三个点 $P_1(2,3,0)$,$P_2(-2,-3,4)$,$P_3(0,6,0)$.

2. 指出下列各平面的特殊位置(对坐标轴、坐标面的垂直或平行,是否经过原点).

(1)$x=0$;　(2)$3y-1=0$;　(3)$2x-y-6=0$;

(4)$x-\sqrt{3}y=0$;　(5)$y+z=1$;　(6)$6x+5y-z=0$.

3. 求平面 $2x-2y+z+5=0$ 的法向量的方向余弦.

4. 给定平面 $\pi_0:2x-8y+z-2=0$ 及点 $P(3,0,-5)$,求平面 π 的方程,使得平面 π 经过点 P 且与平面 π_0 平行.

5. 设平面 π 经过两点 $P_1(1,1,1)$ 和 $P_2(2,2,2)$,且与平面 $\pi_0:x+y-z=0$ 垂直,求平面 π 的方程.

6. 设平面 π 经过点 $P(1,1,-1)$,且垂直于两个平面 $\pi_1:x-y+z-1=0$ 和 $\pi_2:2x+y+z+1=0$,求平面 π 的方程.

7. 写出平面 $3x-2y-4z+12=0$ 的截距式方程,并求该平面在各个坐标轴上的截距.

8. 求平面 $x-y+2z-6=0$ 和平面 $2x+y+z-5=0$ 之间的夹角.

9. 求点 $A(1,-1,1)$ 到平面 $x+2y+2z=10$ 的距离.

10. 写出下列直线方程:

(1) 过点 $A(1,-2,3)$ 和 $B(3,2,1)$;

(2) 过点 $(4,-1,3)$ 且平行于直线 $\dfrac{x-3}{2}=\dfrac{y}{1}=\dfrac{z-1}{5}$;

(3) 过点 $P(2,-8,3)$ 且垂直于平面 $\pi:x+2y-3z-2=0$.

11. 改变下列直线方程的形式:

(1) 将 $\dfrac{x-2}{1}=\dfrac{y-3}{1}=\dfrac{z-4}{2}$ 变为参数式和一般式方程;

(2) 将 $\begin{cases}x=2-2t\\y=3-4t\\z=1+2t\end{cases}$ 变为对称式和一般式方程;

(3) 将 $\begin{cases}3x+2y+z-2=0\\x+2y+3z+2=0\end{cases}$ 变为对称式和参数式方程.

12. 求直线 $L_1:\begin{cases}5x-3y+3z-9=0\\3x-2y+z-1=0\end{cases}$ 与直线 $L_2:\begin{cases}2x+2y-z+23=0\\3x+8y+z-18=0\end{cases}$ 的夹角.

13. 求直线 $\begin{cases}x+y+3z=0\\x-y-z=0\end{cases}$ 与平面 $x-y-z+1=0$ 的夹角 φ.

14. 求直线 $\dfrac{x-2}{1}=\dfrac{y-3}{1}=\dfrac{z-4}{2}$ 与平面 $2x+y+z-6=0$ 的交点.

15. 求直线 $\begin{cases}2x-4y+z=0\\3x-y-2z-9=0\end{cases}$ 在平面 $4x-y+z=1$ 上的投影直线的方程.

8.4　空间曲面与曲线

前面讨论了空间平面和空间直线,建立了它们的一些常见的方程,这一节,将讨论空间曲面和空间曲线的方程,并介绍几种特殊类型的曲面.

8.4.1　空间曲面的概念

定义 1　给定曲面 S 与三元方程

$$F(x,y,z)=0 \tag{1}$$

且已知方程(1) 的解集非空,若曲面 S 与方程(1) 有下述关系:

(1) 曲面 S 上的点都满足方程(1),即 S 上任何点的坐标都是方程(1) 的解;

(2) 方程(1) 的解都在 S 上,即方程(1) 的任何解 x,y,z 所对应的点 $P(x,y,z)$ 都在 S 上. 则称方程(1) 为曲面 S 的方程,S 称为方程(1) 所表示的曲面.

平面是曲面的特殊情形,从前面学习知道,关于 x,y,z 的一次方程 $Ax+By+Cz=0$ 的图形是平面的,下面讨论一些常见的用 x,y,z 的二次方程所表示的曲面,这类曲面称为二次曲面.

8.4.2　常见的二次曲面

1. 球面方程

下面建立球心在点 $P_0(x_0,y_0,z_0)$,半径为 R 的球面方程. 设 $P(x,y,z)$ 是球面上的任意一点,则点 P 到球心 P_0 的距离应为 R(图 1),于是 $|P_0P|=R$,即

$$\sqrt{(x-x_0)^2+(y-y_0)^2+(z-z_0)^2}=R$$

从而得球面方程为

$$(x-x_0)^2+(y-y_0)^2+(z-z_0)^2=R^2 \tag{2}$$

式(2) 称为球面的标准方程.

特别地,当 $x_0=0,y_0=0,z_0=0$ 时,得到球心在原点(0,0,0)、半径为 R 的球面方程为

$$x^2+y^2+z^2=R^2$$

从几何图形看(图 2),球心在原点的球面关于三个坐标面都是对称的,这种对称的特征可以表现在它的方程 $x^2+y^2+z^2=R^2$ 上.

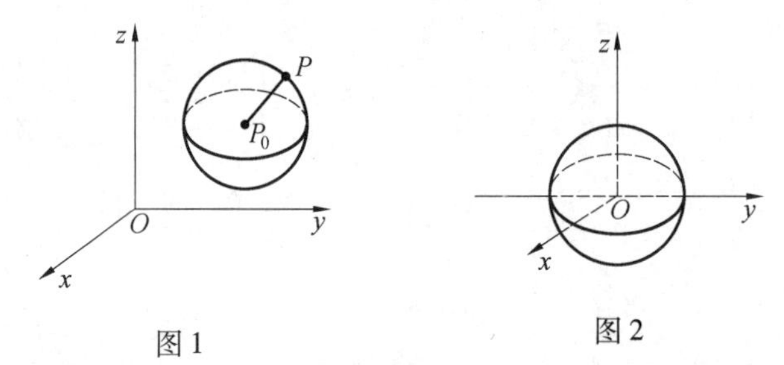

图 1　　　图 2

设曲面 S 的方程是 $F(x,y,z)=0$,则曲面 S 关于 xOy 平面对称的充分必要条件是:只要点 $P(x,y,z)$ 的坐标满足方程,即 $F(x,y,z)=0$,那么必有点 $P'(x,y,-z)$ 的坐标也满足方程,即 $F(x,y,-z)=0$. 从而有:

(1) 若 $F(x,y,z)=F(x,y,-z)$,即方程 $F(x,y,z)=0$ 与方程 $F(x,y,-z)=0$ 形式相同,则曲面 S 关于 xOy 坐标面对称;

(2) 若 $F(x,y,z)=F(-x,y,z)$,即方程 $F(x,y,z)=0$ 与方程 $F(-x,y,z)=0$ 形式相

同,则曲面 S 关于 yOz 坐标面对称;

(3) 若 $F(x,y,z)=F(x,-y,z)$,即方程 $F(x,y,z)=0$ 与方程 $F(x,-y,z)=0$ 形式相同,则曲面 S 关于 zOx 坐标面对称.

2. 旋转曲面

定义2　一平面曲线 C 绕着它所在平面的一条直线 L 旋转一周所生成的曲面称为旋转曲面(简称旋转面),其中曲线 C 称为旋转曲面的母线,直线 L 称为旋转曲面的旋转轴.

这里只研究母线在坐标面上,且以坐标轴为旋转轴的旋转面方程.

设曲线 C 的方程为 $f(y,z)=0$,以下建立曲线 C 绕 z 轴旋转一周所生成的旋转曲面的方程.

设 $M(x,y,z)$ 是旋转曲面上任一点,过点 M 作垂直于 z 轴的平面,则该平面交 z 轴于点 $O_1(0,0,z)$,交曲线 C 于点 $M_1(0,y_1,z_1)$(图3). 由于点 M 是由点 M_1 绕 z 轴旋转得到的,则它们到 z 轴的距离相等,即 $|O_1M|=|O_1M_1|$,从而 $\sqrt{x^2+y^2}=|y_1|$. 又由于 M_1 在曲线 C 上,因此 y_1,z_1 应满足方程 $f(y_1,z_1)=0$.

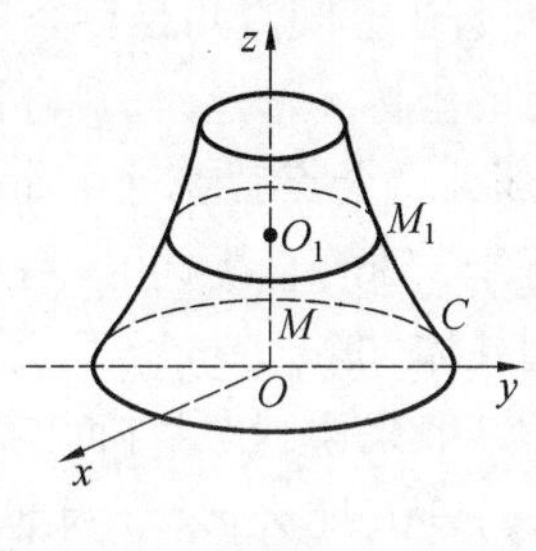

图3

将 $y_1=\pm\sqrt{x^2+y^2}$,$z_1=z$ 代入这个方程即得旋转曲面应满足关系式

$$f(\pm\sqrt{x^2+y^2},z)=0 \tag{3}$$

旋转曲面上的点都满足方程 $f(\pm\sqrt{x^2+y^2},z)=0$,而不在旋转曲面上的点都不满足该方程,故此方程是母线为 C、旋转轴为 z 轴的旋转曲面的方程,可见,只需在 yOz 坐标面上曲线 C 的方程 $f(y,z)=0$ 中,将 y 换成 $\pm\sqrt{x^2+y^2}$,就得到曲线 C 绕 z 轴旋转的旋转曲面方程.

同理,曲线 C 绕 y 轴旋转的旋转曲面方程为 $f(y,\pm\sqrt{x^2+z^2})=0$.

对于其他坐标面上的曲线,绕该坐标面上任何一条坐标轴旋转所生成的旋转曲面,它们的方程均可以用上述类似方法求得.

例1　求 yOz 平面上的直线 $z=ay(a>0)$ 绕 z 轴旋转的旋转曲面方程.

解　根据式(3),此时 z 保持不变,而将 y 换成 $\pm\sqrt{x^2+y^2}$,得 $z=\pm a\sqrt{x^2+y^2}$,两端平方得到

$$z^2=a^2(x^2+y^2)$$

该曲面称为顶点在原点的圆锥面(图4),其中 $\varphi=\operatorname{arccot} a$ 称为它的半顶角,它是 yOz 平面上的直线 $z=ay$ 与 z 轴的夹角.

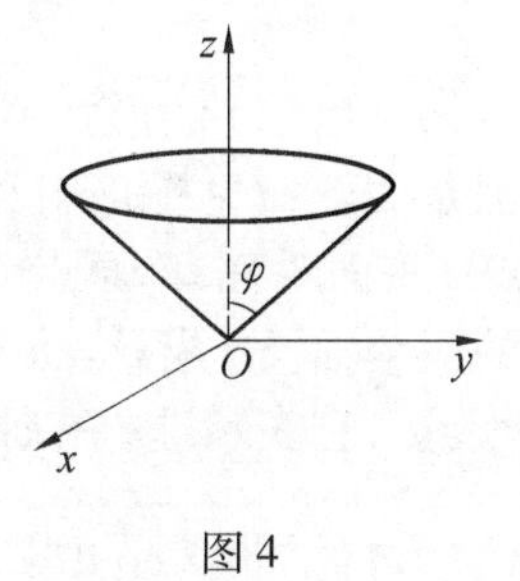

图4

例2　求 yOz 平面上的抛物线 $z=ay^2(a>0)$ 绕 z 轴旋转的旋转面方程.

解　根据式(3),此时 z 保持不变,将 y 换为 $\pm\sqrt{x^2+y^2}$,得所求旋转面方程为

$$z = a(x^2 + y^2)$$

该旋转面称为旋转抛物面(图5).

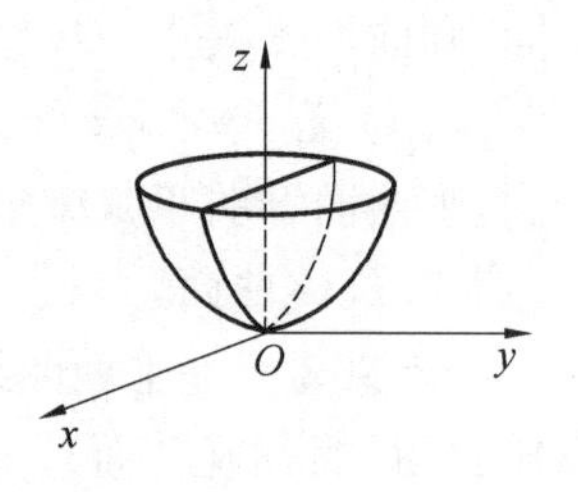

图5

3. 母线平行于坐标轴的柱面方程

定义3　平行于定直线 L 并沿定曲线 C 移动的直线 l 所生成的曲面称为柱面. 动直线 l 在移动中的每一个位置称为柱面的母线,曲线 C 称为柱面的准线(图6).

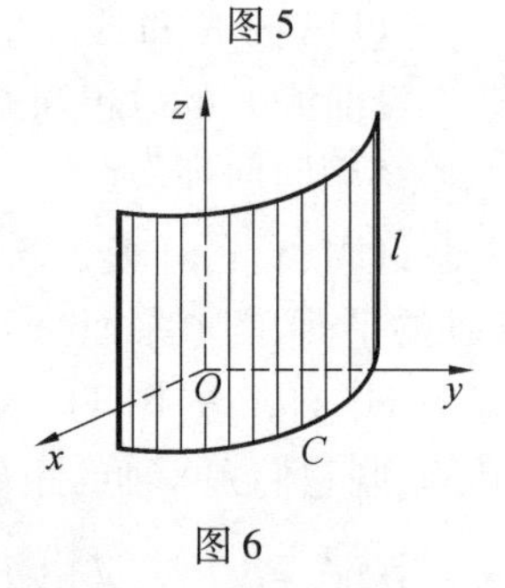

图6

先看一个例子.

方程 $x^2 + y^2 = R^2$ 表示怎样的曲面?

方程 $x^2 + y^2 = R^2$ 在 xOy 面上表示圆心在原点 O、半径为 R 的圆,在空间直角坐标系中,这个方程不含坐标 z,即不论空间点的坐标 z 怎样,只要它的横坐标 x 和纵坐标 y 能满足方程,那么这个点就在这个曲面上,因此,这个曲面可以看作由平行于 z 轴的直线 l 沿 xOy 面上的圆$x^2 + y^2 = R^2$ 移动而形成的圆柱体,即 $x^2 + y^2 = R^2$ 表示母线平行于 z 轴的圆柱面.

一般来说,如果柱面的准线是 xOy 面上的曲线 C,它在平面直角坐标系中的方程为 $f(x,y) = 0$,那么,以 C 为准线、母线平行于 z 轴的柱面方程就是$f(x,y) = 0$.

类似地,方程 $g(y,z) = 0$ 表示以 yOz 面上的曲线 $g(y,z) = 0$ 为准线、母线平行于 x 轴的柱面;方程 $h(x,z) = 0$ 表示以 zOx 面上的曲线 $h(x,z) = 0$ 为准线、母线平行于 y 轴的柱面.

4. 其他常见二次曲面

(1) 椭球面.

由方程

$$\frac{x^2}{a^2} + \frac{y^2}{b^2} + \frac{z^2}{c^2} = 1 \quad (a > 0, b > 0, c > 0) \tag{4}$$

所表示的曲面称为椭球面,称原点 O 为它的中心.

显然,若使方程(4) 有解,应有 $|x| \leqslant a$, $|y| \leqslant b$, $|z| \leqslant c$.

椭球面具有对称性,将方程(4) 中的 z 换为 $-z$,由

$$\frac{x^2}{a^2} + \frac{y^2}{b^2} + \frac{(-z)^2}{c^2} = \frac{x^2}{a^2} + \frac{y^2}{b^2} + \frac{z^2}{c^2}$$

可知方程(4) 的形式不变,从而方程(4) 所表示的椭球面是关于 xOy 平面对称的,同理椭球面也关于 yOz 及 xOz 平面对称. 称原点 O 为它的中心,$2a$,$2b$,$2c$ 称为它的三个轴长. 当 $a = b = c$ 时,方程(4) 变为 $x^2 + y^2 + z^2 = a^2$,它表示球心在原点、半径为 a 的球面.

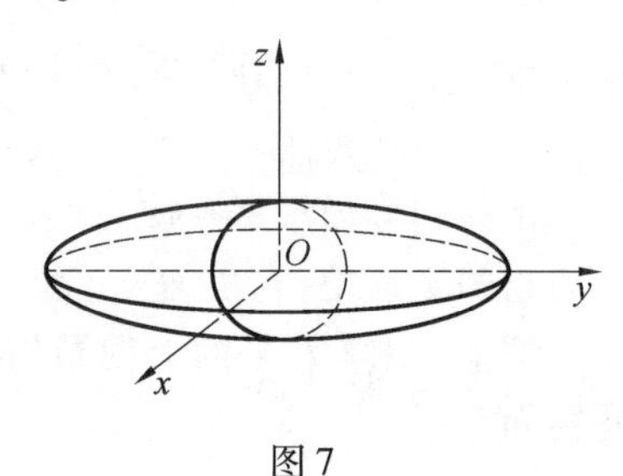

图7

当 $a = b$ 时,方程(4) 变为$\frac{x^2 + y^2}{a^2} + \frac{z^2}{c^2} = 1$,它表示 yOz 平面上的椭圆$\frac{y^2}{a^2} + \frac{z^2}{c^2} = 1$ 绕 z 轴旋转的旋转面,称为旋转椭球面(图7).

方程$\frac{(x-x_0)^2}{a^2}+\frac{(y-y_0)^2}{b^2}+\frac{(z-z_0)^2}{c^2}=1$所表示的曲面也称为椭球面,其形状与方程(4)的相同,只是将椭球面的中心平移到点$P_0(x_0,y_0,z_0)$,称方程(4)为椭球面的标准方程.

(2)椭圆抛物面.

由方程

$$z=\frac{x^2}{a^2}+\frac{y^2}{b^2}\quad(a>0,b>0)\tag{5}$$

所表示的曲面称为椭圆抛物面(图8).

显然,若方程(5)有解,应$z\geqslant 0$.

方程(5)所表示的椭圆抛物面关于zOx平面及yOz平面均对称.

(3)椭圆锥面.

由方程

$$z^2=\frac{x^2}{a^2}+\frac{y^2}{b^2}\quad(a>0,b>0)\tag{6}$$

所表示的曲面称为椭圆锥面,其图形关于三个坐标面对称(图9),此时的椭圆锥面称为是上下开口的,原点O称为椭圆锥面的顶点.

当$a=b$时,椭圆锥面变为圆锥面.

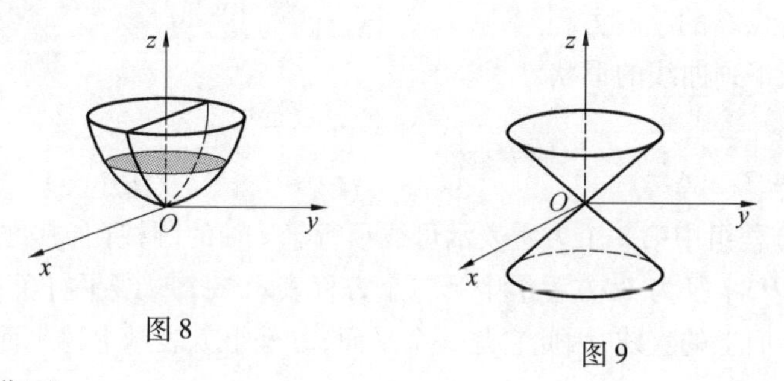

图8　　　图9

(4)单叶双曲面.

由方程

$$\frac{x^2}{a^2}+\frac{y^2}{b^2}-\frac{z^2}{c^2}=1\quad(a>0,b>0,c>0)\tag{7}$$

所表示的曲面称为单叶双曲面,其图形关于三个坐标面对称(图10).

(5)双叶双曲面.

由方程

$$\frac{x^2}{a^2}+\frac{y^2}{b^2}-\frac{z^2}{c^2}=-1\quad(a>0,b>0,c>0)\tag{8}$$

所表示的曲面称为双叶双曲面,其图形关于三个坐标面对称(图11).

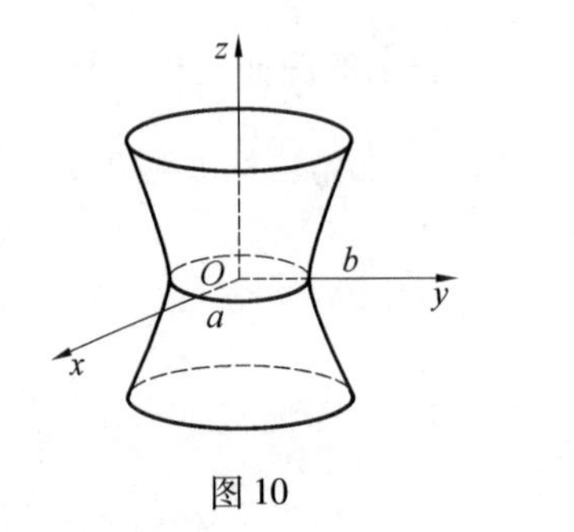

图 10

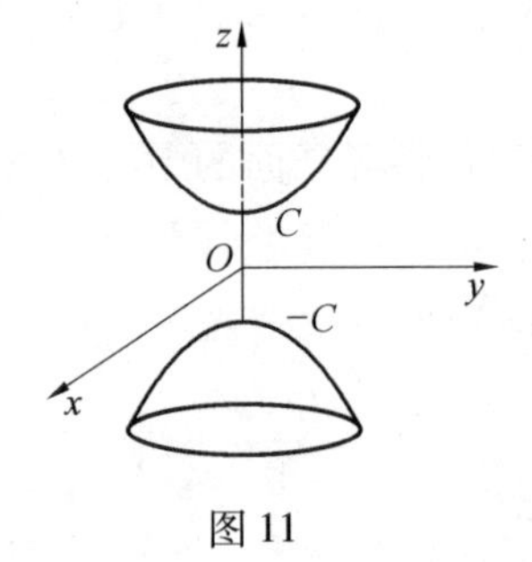

图 11

8.4.3　空间曲线

1. 空间曲线的一般式方程

空间曲线可以看作两个曲面的交线，设 $F(x,y,z)=0$ 和 $G(x,y,z)=0$ 是两个曲面的方程，它的交线为 C（图 12），满足方程组

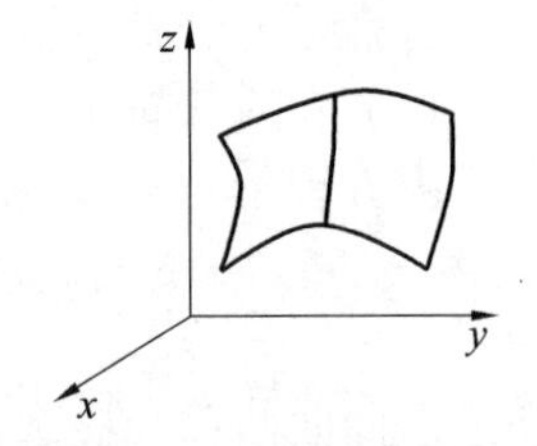

图 12

$$\begin{cases}F(x,y,z)=0\\G(x,y,z)=0\end{cases}\tag{9}$$

反过来，如果点 M 不在曲线 C 上，那么它不可能同时在两个曲面上，所以它的坐标不满足方程组(9)，因此，曲线 C 可以用方程组(9) 来表示，方程组(9) 称为空间曲线 C 的一般方程.

例 3　判断下列曲线的形状

(1)$C:\begin{cases}x^2+y^2=1\\2x+3z=6\end{cases}$;　　(2)$C:\begin{cases}x^2+y^2+z^2=1\\x^2+(y-1)^2+(z-1)^2=1\end{cases}$.

解　(1) 方程组中第一个方程表示母线平行于 z 轴的圆柱面，其准线是 xOy 面上的圆，圆心在原点 O，半径为 1，方程组中第二个方程表示一个母线平行于 y 轴的柱面，由于它的准线是 zOx 面上的直线，因此它是一个平面，方程组就表示上述平面与圆柱面的交线（图 13）.

(2) C 中的第一个方程表示球心在原点、半径是 1 的球面，第二个方程表示球心在点 (0,1,1)、半径也是 1 的球面，因此它们的交线 C 是空间的一个圆（图 14）.

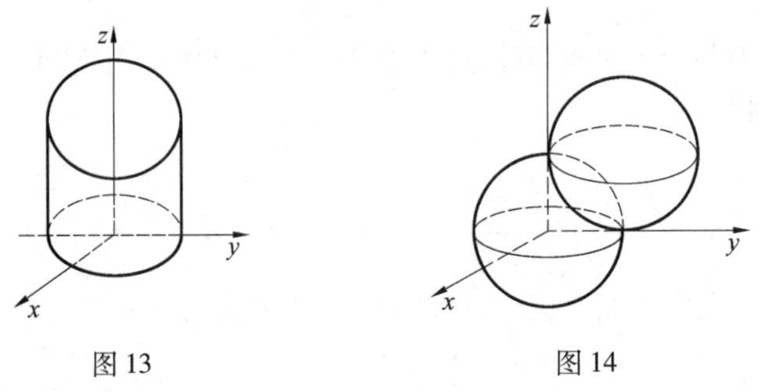

图 13　　图 14

2. 空间曲线的参数方程

平面曲线可以用参数方程来表示，同样对于空间曲线 C 也有其参数方程表达式

$$C:\begin{cases}x=x(t)\\y=y(t)\\z=z(t)\end{cases}\quad(a\leqslant t\leqslant b)$$

其中$x(t)$,$y(t)$,$z(t)$都是t的函数,对于每一个$t\in[a,b]$,当t在$[a,b]$区间上变化时,点P也在空间上变化,其变化的轨迹就是曲线.

例4　讨论参数方程$\begin{cases}x=a\cos\theta\\y=a\sin\theta\\z=k\theta\end{cases}$表示的曲线$C$. 其中$a$,$k$是正的常数,参数$\theta\in(-\infty,+\infty)$.

解　先看$z=k\theta$的变化,它表明曲线上的动点$P(x,y,z)$随着参数θ的增大而升高,升高的幅度与θ成正比,设点$P'(x,y,0)$是点P在xOy平面上的投影,由参数方程可知

$$x^2+y^2=a^2\cos^2\theta+a^2\sin^2\theta=a^2$$

这说明OP'的长度是a,也表明点P到z轴的距离是a,OP'与x轴的夹角为θ(图15),点P的三个坐标x,y,z都随θ的变化而变化,随着θ的增大动点P在升高的同时还围绕z轴逆时针旋转,并保持与z轴的距离为a,这条曲线C称为螺旋线.

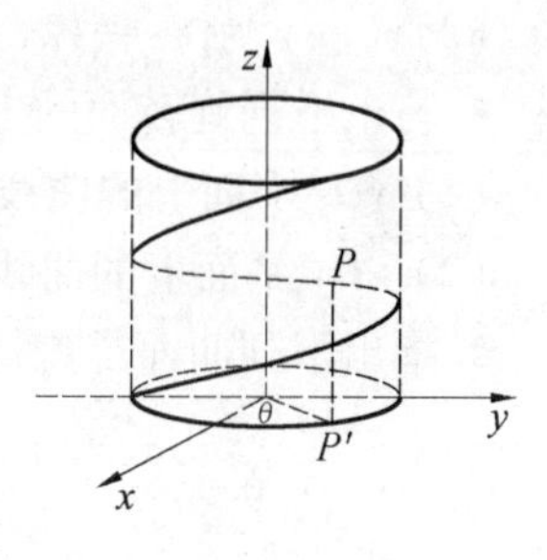

图15

3. 空间曲线在坐标面上的投影

设Γ为已知空间曲线,则以Γ为准线,平行于z轴的直线为母线的柱面,称为空间曲线Γ关于xOy坐标面的投影柱面,而投影柱面与xOy的交线C称为曲线Γ在xOy上的投影曲线. 类似地,可以定义曲线Γ关于yOz,zOx坐标面的投影柱面和投影曲线.

设空间曲线Γ的方程为

$$\begin{cases}F(x,y,z)=0\\G(x,y,z)=0\end{cases}\tag{10}$$

在方程组(10)中消去变量z得方程

$$H(x,y)=0\tag{11}$$

上述方程中缺变量z,所以它是一个母线平行于z轴的柱面,即投影柱面,于是联立式

$$\begin{cases}H(x,y)=0\\z=0\end{cases}$$

则是Γ关于xOy面的投影曲线的方程.

同样,可类似地由曲线C的方程(10)通过消去x(或y)的方法依次求C在yOz面(或zOx面)上的投影.

例5　求曲线$C:\begin{cases}z=\sqrt{x^2+y^2}\\x^2+y^2+z^2=1\end{cases}$在$xOy$面的投影方程,并指出它在$xOy$面上是怎样的一条曲线.

解　消去z得

$$x^2+y^2=\frac{1}{2}$$

这是曲线 C 关于 xOy 坐标面的投影柱面方程，所以曲线 C 在 xOy 坐标面上的投影方程为

$$\begin{cases} x^2+y^2=\dfrac{1}{2} \\ z=0 \end{cases}$$

它是 xOy 坐标面上的一个圆(图 16).

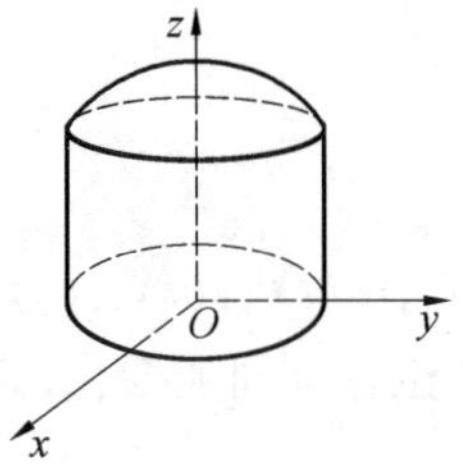

图 16

习题 8.4

1. 求与点$(3,2,-1)$和$(4,-3,0)$等距离的点的轨迹方程.

2. 写出球心在点$(-1,-3,2)$且通过$(1,-1,1)$的球面方程.

3. 写出下列球面的半径和球心：

(1)$x^2+y^2+z^2-6z-7=0$；

(2)$x^2+y^2+z^2-12x+4y-6z=0$.

4. 写出下列旋转面的方程，并画出它们的图形：

(1) yOz 平面上的曲线 $z=y^2$ 绕 z 轴旋转所得的旋转面；

(2) xOy 平面上的曲线 $4x^2-9y^2=36$ 分别绕 x 轴和 y 轴旋转所得的旋转面.

5. 指出下列曲面是怎样旋转而生成的：

(1) $\dfrac{x^2}{4}+\dfrac{y^2}{9}+\dfrac{z^2}{9}=1$；　　(2)$x^2-\dfrac{y^2}{4}+z^2=1$；

(3)$x^2-y^2-z^2=1$；　　(4) $(z-a)^2=x^2+y^2$.

6. 指出下列方程组在平面解析几何与空间解析几何中分别表示什么图形：

(1)$\begin{cases} y=5x+1 \\ y=2x-3 \end{cases}$；　　(2)$\begin{cases} \dfrac{x^2}{4}+\dfrac{y^2}{9}=1 \\ y=3 \end{cases}$.

7. 分别求母线平行于 x 轴及 y 轴而且通过曲线$\begin{cases} 2x^2+y^2+z^2=16 \\ x^2-y^2+z^2=0 \end{cases}$的柱面方程.

8. 将下列曲线的一般式方程化为参数式方程：

(1)$\begin{cases} x^2+y^2+z^2=9 \\ y=x \end{cases}$；　　(2)$\begin{cases} (x-1)^2+y^2+(z-1)^2=4 \\ z=0 \end{cases}$.

9. 求下列曲线在指定坐标面的投影曲线方程：

(1)$\begin{cases} x^2+y^2-z=0 \\ z=x+1 \end{cases}$在 xOy 坐标面；

(2)$\begin{cases} 2x^2+y^2+z^2=16 \\ x^2-y^2+z^2=0 \end{cases}$在 yOz,zOx 坐标面.

第 9 章 多元函数微分学

在《高等数学》上册中已讨论了一元函数的微分学,而在自然科学与工程技术中所遇到的实际问题往往是依赖两个或更多个自变量的函数,即多元函数的情形. 本章将在一元函数微分学的基础上主要讨论二元函数的微分学,然后将其结果适当推广到多元函数上去.

9.1 多元函数

9.1.1 多元函数的概念

1. 多元函数的概念

无论在理论上还是实践中,经常会看到,许多量的变化、计算与测定并不是由单个因素决定的,而常常是受到多个因素的影响. 例如,圆柱体的体积 V 与底面半径 r 及高度 h 的关系是

$$V = \pi r^2 h$$

这里当 r,h 在一定范围($r>0,h>0$)内取定一对值(r,h)时,V 就有唯一确定的值与之对应. 又如,三角形的面积 S 可以由三角形的两边之长 b,c 及这两边的夹角 A 来确定:

$$S = \frac{1}{2}bc\sin A$$

这里当 A,b,c 在一定范围($0<A<\pi,b>0,c>0$)内取定一组值(A,b,c)时,S 就有唯一确定的值与之对应.

由此,以二元函数为例给出如下定义.

定义 1 设 x,y 和 z 是变量,如果当 x,y 在一定范围内取定一对值(x,y)时,按一定对应法则 f,有唯一确定的值 z 与(x,y)相对应,那么称这个对应法则 f 是 x,y 的二元函数,x,y 称为 f 的自变量,变量 z 称为 f 的因变量,自变量 x,y 的变化范围称为 f 的定义域. 与自变量取定一对值(x,y)对应的因变量 z 的值称为函数 f 在(x,y)处的函数值,记作 $f(x,y)$.

与一元函数的情形相仿,通常也用函数值的记号 $z=f(x,y)$ 或 $f(x,y)$ 来表示二元函数 f.

类似地,可以定义三元函数 $u=f(x,y,z)$ 以及三元以上的函数,把具有两个或两个以

上任意自变量的函数统称为多元函数. 在定义 1 中,由于自变量构成的有序数组(x,y)和xOy面上的点$P(x,y)$一一对应,因此f又可以看作是点P的函数,并简记为$z=f(P)$. 类似地,三元函数$u=f(x,y,z)$可以看作$Oxyz$空间中点$P(x,y,z)$的函数,并简记为$u=f(P)$.

与一元函数相仿,当用某个算式表达多元函数时,凡是使算式有意义的自变量所组成的点集称为这个多元函数的自然定义域(简称定义域). 例如,二元函数$z=\ln(x+y)$的定义域为

$$\{(x,y)\mid x+y>0\}$$

又如,二元函数$z=\arcsin(x^2+y^2)$的定义域为

$$\{(x,y)\mid x^2+y^2\leqslant 1\}$$

2. 二元函数的几何意义

我们知道,一元函数$y=f(x)$的图形是xOy面上的一条曲线. 类似地,如果二元函数$z=f(x,y)$的定义域是xOy面上的集合D_f,那么$z=f(x,y)$的图形是$xOyz$空间中的集合$G\{(x,y,z)\mid z=f(x,y),(x,y)\in D_f\}$,即对于$D_f$上的每一点$P(x,y)$,在空间可以作出一点$M(x,y,f(x,y))$与之对应,当点$P(x,y)$取遍定义域$D_f$时,对应点$M$的轨迹就是二元函数$z=f(x,y)$的图形,一般而言,二元函数的图形是$xOyz$空间的一张曲面(图 1).

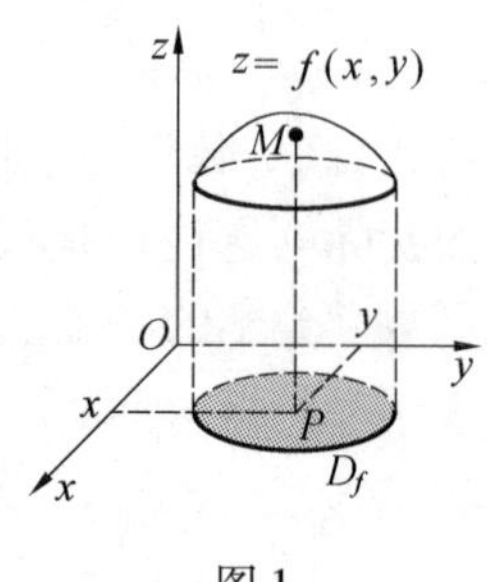

图 1

例 1　求下列函数的定义域:

(1)$F(x,y)=\ln(y-x)-\ln x$;

(2)$G(x,y)=\dfrac{\sqrt{4-x^2-y^2}}{\sqrt{x^2+y^2-1}}$;

(3)$z=f(x,y)=\sqrt{a^2-x^2-y^2}$.

解　(1) 显然$y-x>0$(图 2(a)),$x>0$(图 2(b)),则定义域为$y-x>0$且$x>0$(图 2(c)),这是一个无界开区域.

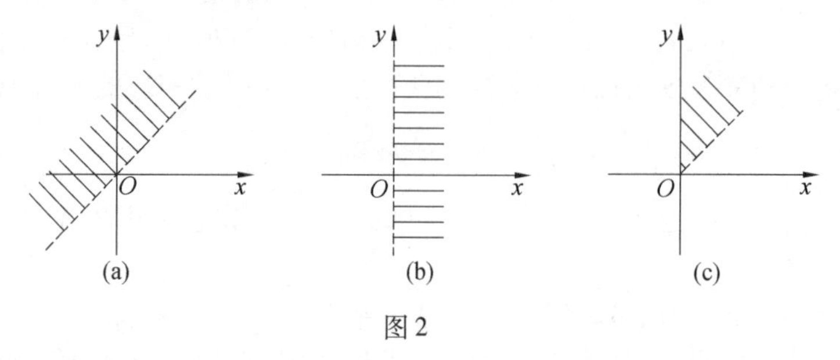

图 2

(2) 定义域为

$$4-x^2-y^2\geqslant 0\quad 且\quad x^2+y^2-1>0$$

即$1<x^2+y^2\leqslant 4$(图 3),这时,既不是开区域也不是闭区域,而是有界区域.

(3) 若使得函数有意义,必有

$$a^2-x^2-y^2\geqslant 0\quad 即\quad x^2+y^2\leqslant a^2$$

即该函数的定义域D_f. 函数的图形是上半球面(图 4).

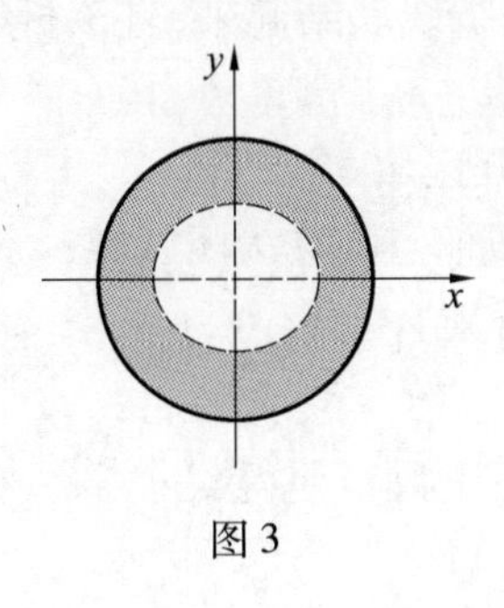

图3

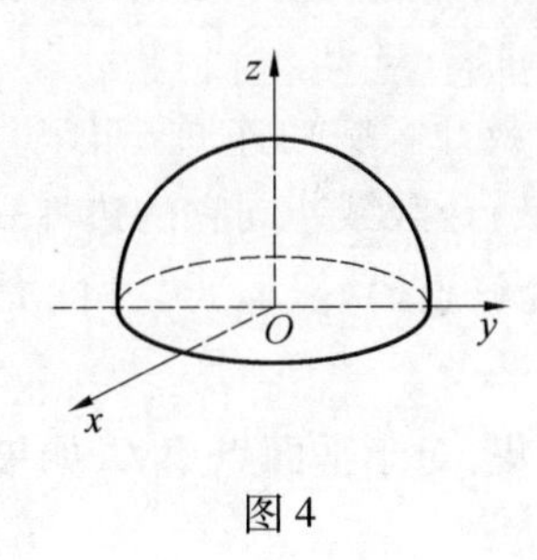

图4

3. 区域

我们知道,研究一元函数 $f(x)$ 的性质,离不开对自变量 x 所处邻域与区间的描述. 为了能够对多个自变量进行类似的描述,需要引入邻域与区域的概念.

定义2　坐标平面上具有某种性质 P 的点的集合,称为平面点集,记作

$$E=\{(x,y)\mid(x,y)\text{具有性质}P\}$$

定义3　设 $P_0(x_0,y_0)$ 是平面上一点,与点 P_0 的距离小于 δ 的点 $P(x,y)$ 的全体,称为点 P_0 的 δ 邻域,记作 $U(P_0,\delta)$,即

$$U(P_0,\delta)=\{P\in\mathbf{R}^2\mid |PP_0|<\delta\}$$

或
$$U(P_0,\delta)=\{(x,y)\mid\sqrt{(x-x_0)^2+(y-y_0)^2}<\delta\}$$

在几何上,$U(P_0,\delta)$ 就是平面上以点 $P_0(x_0,y_0)$ 为中心,以 δ 为半径的圆盘(不包括圆周).

如果 $U(P_0,\delta)$ 中除去点 $P_0(x_0,y_0)$ 后就得到 P_0 的去心 δ 邻域,记作 $\overset{0}{U}(P_0,\delta)$。如果不需要强调邻域的半径,通常就用 $U(P_0)$ 或 $\overset{0}{U}(P_0)$ 分别表示点 P_0 的某个邻域或某去心邻域.

下面介绍一些集合术语.

(1) 内点:如果存在点 P 的某个邻域 $U(P)$,使得 $U(P)\subset E$,则称 P 为 E 的内点(如图5中,A 为 E 的内点);

(2) 外点:如果存在点 P 的某个邻域 $U(P)$,使得 $U(P)\cap E=\varnothing$, 则称 P 为 E 的外点(如图5中,B 为 E 的外点);

(3) 边界点:如果点 P 的任一邻域内既含有属于 E 的点,又含有不属于 E 的点,则称 P 为 E 的边界点(如图5中,C 为 E 的边界点);

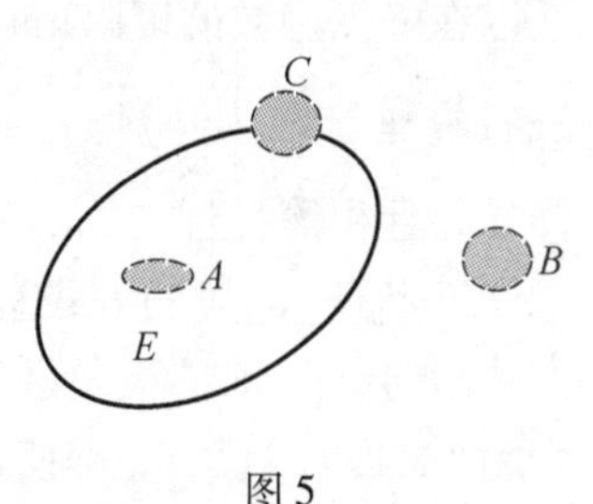

图5

(4) 如果对于任意给定的 $\delta>0$,点 P 的去心邻域 $\overset{0}{U}(P)$ 内总有 E 中的点,则称 P 为 E 的聚点;

(5) 开集:如果点集 E 的点都是 E 的内点,则称 E 为开集;

(6) 闭集:如果点集 E 的余集 E^C 为开集,则称 E 为闭集;

例如,集合$\{(x,y)\mid x^2+y^2<4\}$是开集,集合$\{(x,y)\mid 1\leqslant x^2+y^2\leqslant 4\}$是闭集;而集合$\{(x,y)\mid 1<x^2+y^2\leqslant 4\}$既非开集,也非闭集.

(7) 连通集:如果点集 E 内任何两点,都可用折线联结起来,且该折线上的点都属于 E,则称 E 为连通集;

(8) 区域(或开区域):连通开集称为区域或开区域;

(9) 闭区域:开区域连同它的边界一起所构成的点集称为闭区域;

例如,集合$\{(x,y)\mid x^2+y^2<4\}$是区域;而集合$\{(x,y)\mid 1\leqslant x^2+y^2\leqslant 4\}$是闭区域.

(10) 有界集:对于平面点集 E,如果存在某一正数 r,使得

$$E\subset U(O,r)$$

其中 O 是坐标原点,则称 E 为有界集;

(11) 无界集:如果一个集合不是有界集,就称这个集合为无界集.

例如,集合$\{(x,y)\mid 1\leqslant x^2+y^2\leqslant 4\}$是有界闭区域;集合$\{(x,y)\mid x+y>0\}$是无界开区域;集合$\{(x,y)\mid x+y\geqslant 0\}$是无界闭区域.

9.1.2　二元函数的极限

定义 4　设点 $P_0(x_0,y_0)$ 是二元函数 $z=f(x,y)$ 定义域 D_f 的内点或边界点,当动点 $P(x,y)\in D(P\neq P_0)$ 并且无限接近于 $P_0(x_0,y_0)$ 时,对应的函数值无限趋近于一个确定的常数 A,那么称常数 A 是二元函数 $f(x,y)$ 当 $P(x,y)$ 趋近 $P_0(x_0,y_0)$ 时的极限,记作

$$\lim_{(x,y)\to(x_0,y_0)} f(x,y)=A$$

或者

$$f(x,y)\to A\quad((x,y)\to(x_0,y_0))$$

为了区别于一元函数的极限,把二元函数的极限叫作二重极限.

二重极限的性质与一元函数极限的性质类似,如极限的加、减、乘、除四则运算公式,极限的保号性,夹逼准则等,在下面的讨论中将直接使用有关性质和公式.

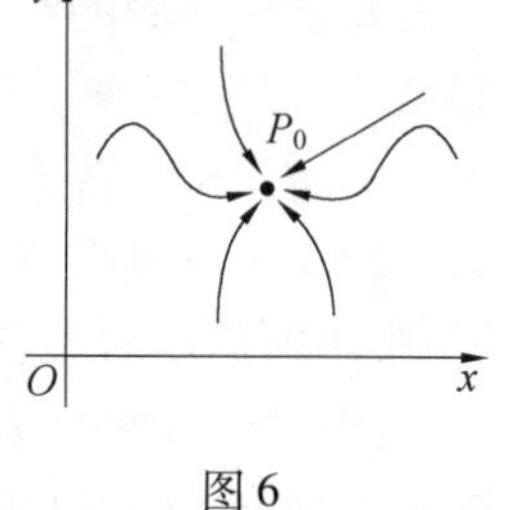

图 6

在一元函数的极限 $\lim\limits_{x\to x_0} f(x)$ 中,自变量沿 x 轴趋向于 x_0 只有左右两种方式,$\lim\limits_{x\to x_0} f(x)$ 存在的充分必要条件是它的左右极限都存在并且相等,但在二元函数的极限中,由于平面上的点 $P(x,y)$ 趋于点 $P_0(x_0,y_0)$ 的方式有无穷多种(图 6),所以要求点 P 以任意方式趋向于 P_0 时的极限必须是同一数值 A,如果点 P 只以某些特殊方式趋于 P_0,比如沿某 n 条曲线趋向于点 P_0,即使这时极限值都是同一数值 A,还不能断定二重极限就一定存在.反之,若当点 P 以不同方式趋于点 P_0 时,$f(x,y)$ 趋于不同值,则此函数极限一定不存在.

对于二元函数极限的概念,可相应地推广到多元函数 $u=f(x_1,x_2,\cdots,x_n)$ 上去.

例 2　设 $\lim\limits_{(x,y)\to(0,0)}\dfrac{xy}{x^2+y^2}$,证明:当 $(x,y)\to(0,0)$ 时 $f(x,y)$ 的极限不存在.

证　考查点 $P(x,y)$ 沿下列不同的路径趋向于原点的情况.

当点 $P(x,y)$ 沿 x 轴趋于原点 $(0,0)$ 时,

$$\lim_{\substack{(x,y)\to(0,0)\\ y=0}} f(x,y)=\lim_{x\to0} f(x,0)=\lim_{x\to0} 0=0$$

当点 $P(x,y)$ 沿直线 $y=kx$ 趋于原点 $(0,0)$ 时,

$$\lim_{\substack{(x,y)\to(0,0)\\ y=kx}}\frac{xy}{x^2+y^2}=\lim_{x\to 0}\frac{kx^2}{x^2+k^2x^2}=\frac{k}{1+k^2}\neq 0$$

由于当 $P(x,y)$ 以两种不同的方式趋于 $(0,0)$ 时, $f(x,y)$ 趋于不同的值,故当 $(x,y)\to(0,0)$ 时, $f(x,y)$ 的极限不存在.

例3 求 $\lim\limits_{(x,y)\to(1,0)}\dfrac{\ln(1+xy)}{y}$.

解 令 $f(x,y)=\dfrac{\ln(1+xy)}{y}$,则函数 $f(x,y)$ 的定义域为

$$D=\{(x,y)\mid y\neq 0,xy>-1\},P_0(1,0)\text{ 为 }D\text{ 的边界点}$$

由乘积的极限运算法则得

$$\lim_{(x,y)\to(1,0)}\frac{\ln(1+xy)}{y}=\lim_{(x,y)\to(1,0)}\left[\frac{\ln(1+xy)}{xy}\cdot x\right]=$$

$$\lim_{xy\to 0}\frac{\ln(1+xy)}{xy}\cdot\lim_{x\to 1}x=1\times 1=1$$

例4 求 $\lim\limits_{(x,y)\to(0,2)}\dfrac{\sin(xy)}{x}$.

解 这里函数 $\dfrac{\sin(xy)}{x}$ 的定义域为 $D=\{(x,y)\mid x\neq 0,y\in\mathbf{R}\}$,由积的极限运算法则,得

$$\lim_{(x,y)\to(0,2)}\frac{\sin(xy)}{x}=\lim_{(x,y)\to(0,2)}\left[\frac{\sin(xy)}{xy}\cdot y\right]=\lim_{xy\to 0}\frac{\sin(xy)}{xy}\cdot\lim_{y\to 2}y=1\cdot 2=2$$

有了多元函数的极限概念,就可以定义多元函数的连续性.

9.1.3 二元函数的连续性

定义5 设二元函数 $f(P)=f(x,y)$ 的定义域为 D_f, $P_0(x_0,y_0)$ 为 D_f 的聚点,如果 $P_0\in D_f$,有

$$\lim_{(x,y)\to(x_0,y_0)}f(x,y)=f(x_0,y_0)$$

则称函数 $f(x,y)$ 在点 $P_0(x_0,y_0)$ 连续,此时又称 $P_0(x_0,y_0)$ 为函数 $f(x,y)$ 的连续点;否则,称函数 $f(x,y)$ 在点 $P_0(x_0,y_0)$ 间断,此时又称 $P_0(x_0,y_0)$ 为函数 $f(x,y)$ 的间断点.

与一元函数类似,若函数在点 $P_0(x_0,y_0)$ 无定义,或虽有定义但极限不存在,或极限存在但极限值不等于函数在该点的函数值, $P_0(x_0,y_0)$ 均为函数的间断点,如例2中函数在原点处是间断的,又如 $z=\dfrac{1}{\sqrt{x^2+y^2-1}}$ 在圆周 $x^2+y^2=1$ 上每一点都无定义,圆周上点皆为函数的间断点,可见二元函数间断点还可以形成间断线,这时对应的曲面有一条裂缝.

如果函数 $f(x,y)$ 在 D 的每一点都连续,那么就称函数 $f(x,y)$ 在 D 上连续,或者称 $f(x,y)$ 是 D 上的连续函数.

一元函数中关于连续函数的运算法则可以推广到多元函数上去,即多元函数的和、

差、积、商仍为连续函数(在有定义的情况下),多元函数的复合函数也是连续函数.

与一元函数相类似,多元函数如果可用一个式子表示,并且这个式子是由常数及具有不同自变量的一元基本初等函数经过有限次四则运算和复合运算而得到的,则称该多元函数为多元初等函数. 例如$\frac{x^2+y^2}{1+x^2}$,$\cos(x^2+y^2)$ 等都是多元初等函数.

由连续函数的和、差、积、商的连续性以及连续函数的复合函数的连续性,再利用基本初等函数在其定义域内是连续的,可得出如下结论:一切多元初等函数在其定义区域内是连续的.

由多元初等函数的连续性,如果求它在点 P_0 处的极限,而该点又在此函数的定义区域内,则极限值就是函数在该点的函数值,即

$$\lim_{P\to P_0} f(P)=f(P_0)$$

例 5　求 $\lim\limits_{(x,y)\to(0,0)}\frac{e^{xy}\cos y}{1+x+y}$.

解　函数$f(x)=\frac{e^{xy}\cos y}{1+x+y}$是初等函数,它的定义域为

$$D=\{(x,y)\mid 1+x+y\neq 0\}$$

$P_0(0,0)$ 为 D 的内点,所以

$$\lim_{(x,y)\to(0,0)}\frac{e^{xy}\cos y}{1+x+y}=f(0,0)=1$$

例 6　求 $\lim\limits_{(x,y)\to(0,0)}\frac{x^2+y^2}{\sqrt{x^2+y^2+1}-1}$.

解　$\lim\limits_{(x,y)\to(0,0)}\frac{x^2+y^2}{\sqrt{x^2+y^2+1}-1}=\lim\limits_{(x,y)\to(0,0)}\frac{(x^2+y^2)(\sqrt{x^2+y^2+1}+1)}{x^2+y^2}=$

$$\lim_{(x,y)\to(0,0)}(\sqrt{x^2+y^2+1}+1)=2$$

以上运算的最后一步用到了二元函数$\sqrt{1+x^2+y^2}+1$ 在$(0,0)$ 的连续性.

与一元连续函数相类似,在有界闭区域上连续的多元函数有如下结论:

定理 1(最值定理)　如多元函数在有界闭区域 D 上连续,则该函数在 D 上有界且一定有最大值和最小值.

定理 2(介值定理)　若多元函数在有界闭区域 D 上连续,则该函数必取得介于最大值和最小值之间的任何值.

习题 9.1

1. 求下列函数的定义域 D,并作出 D 的图形:

(1)$z=\ln(y^2-2x+1)$;　　(2)$z=\ln(y-x)+\frac{\sqrt{x}}{\sqrt{1-x^2-y^2}}$;

(3)$z=\frac{\sqrt{x+y}}{\sqrt{x-y}}$;　　(4)$z=\frac{x^2-y^2}{x^2+y^2}$.

2. 已知函数 $f(x,y)=x^2+y^2-xy\tan\frac{x}{y}$，试求 $f(tx,ty)$.

3. 求下列函数的极限：

(1) $\lim\limits_{(x,y)\to(0,1)}\frac{1-xy}{x^2-y^2}$；　　(2) $\lim\limits_{(x,y)\to(0,0)}\frac{\sin(x^2+y^2)}{x^2+y^2}$；

(3) $\lim\limits_{(x,y)\to(0,0)}\frac{1-\cos(x^2+y^2)}{x^2+y^2}$；　　(4) $\lim\limits_{(x,y)\to(0,0)}\frac{3-\sqrt{xy+9}}{xy}$.

4. 证明函数 $f(x,y)=\frac{x+y}{x-y}$ 在点(0,0)处的二重极限不存在.

5. 指出下列函数在何处间断：

(1) $z=\frac{1}{x^2+y^2}$；　　(2) $z=\frac{y^2+2x}{y^2-x}$.

9.2　偏导数

9.2.1　偏导数

我们知道，一元函数导数刻画了函数对于自变量的变化率. 对于多元函数来说，由于自变量不止一个，函数关系就更为复杂，但是仍然可以考虑函数对于某一个自变量的变化率，也就是在其中一个自变量发生变化，而在其余自变量都保持不变的情形下，考虑函数对于该自变量的变化率，多元函数对于某一个自变量的变化率引出了多元函数的偏导数概念.

1. 偏导数的概念

定义1　设函数 $z=f(x,y)$ 在点 (x_0,y_0) 的某个邻域内有定义，当 y 固定在 y_0，而 x 在 x_0 处取得增量 Δx 时，函数相应地取得增量 $f(x_0+\Delta x,y_0)-f(x_0,y_0)$（称作函数对 x 的偏增量，记为 Δz_x），如果极限

$$\lim_{\Delta x\to 0}\frac{\Delta z_x}{\Delta x}=\lim_{\Delta x\to 0}\frac{f(x_0+\Delta x,y_0)-f(x_0,y_0)}{\Delta x}$$

存在，则称极限值为函数 $z=f(x,y)$ 在点 (x_0,y_0) 处对 x 的偏导数，记为

$$\left.\frac{\partial z}{\partial x}\right|_{\substack{x=x_0\\y=y_0}},\quad \left.\frac{\partial f}{\partial x}\right|_{\substack{x=x_0\\y=y_0}},\quad f_x(x_0,y_0),\quad z_x(x_0,y_0),\quad \left.z_x\right|_{\substack{x=x_0\\y=y_0}},\cdots$$

同样 $z=f(x,y)$ 在点 (x_0,y_0) 处对 y 的偏导数定义为极限

$$\lim_{\Delta y\to 0}\frac{\Delta z_y}{\Delta y}=\lim_{\Delta y\to 0}\frac{f(x_0,y_0+\Delta y)-f(x_0,y_0)}{\Delta y}$$

其中 $\Delta z_y=f(x_0,y_0+\Delta y)-f(x_0,y_0)$ 称为 z 对 y 的偏增量，记为

$$\left.\frac{\partial z}{\partial y}\right|_{\substack{x=x_0\\y=y_0}},\quad \left.\frac{\partial f}{\partial y}\right|_{\substack{x=x_0\\y=y_0}},\quad f_y(x_0,y_0),\quad z_y(x_0,y_0),\quad \left.z_y\right|_{\substack{x=x_0\\y=y_0}},\cdots$$

如果 $f(x,y)$ 在区域 D 内每一点 (x,y) 处对 x 偏导数都存在，那么这些偏导数就是 x，

y 的二元函数，称为 $z=f(x,y)$ 对自变量 x 的偏导函数；记为$\frac{\partial z}{\partial x},\frac{\partial f}{\partial x},f_x(x,y),z_x$ 等；类似地，可以定义 $z=f(x,y)$ 在区域 D 内对自变量 y 的偏导函数，记为$\frac{\partial z}{\partial y},\frac{\partial f}{\partial y},f_y(x,y),z_y$.

在不至于混淆的情况下，偏导函数简称为偏导数，偏导函数的概念可以类似地推广到二元以上的多元函数，例如三元函数 $u=f(x,y,z)$ 在点 (x,y,z) 处对 x 的偏导数定义为

$$f_x(x,y,z)=\lim_{\Delta x\to 0}\frac{f(x+\Delta x,y,z)-f(x,y,z)}{\Delta x}$$

其中 (x,y,z) 是函数 $u=f(x,y,z)$ 的定义域的内点.

对于 $z=f(x,y)$ 的偏导数，并不需要用新的方法，仍旧是一元函数的微分法问题，求$\frac{\partial f}{\partial x}$时，只要把 y 暂时看作常量而对 x 求导数；求$\frac{\partial f}{\partial y}$时，则只要把 x 暂时看作常量而对 y 求导数，一元函数的求导法则仍然适用.

例 1　求函数 $z=x^3-2xy^2+3y$ 在点 $(1,1)$ 处的两个偏导数.

解　对 x 求偏导数，把 y 看作常数，于是得

$$\frac{\partial z}{\partial x}=3x^2-2y^2$$

$$\left.\frac{\partial z}{\partial x}\right|_{\substack{x=1\\y=1}}=3-2=1$$

对 y 求偏导数，把 x 看作常数，于是得

$$\frac{\partial z}{\partial y}=3-4xy$$

$$\left.\frac{\partial z}{\partial y}\right|_{\substack{x=1\\y=1}}=3-4=-1$$

例 2　设 $z=x^y(x>0,x\neq 1)$，求$\frac{\partial z}{\partial x},\frac{\partial z}{\partial y}$.

解　$\frac{\partial z}{\partial x}=yx^{y-1},\frac{\partial z}{\partial y}=x^y\ln x$.

例 3　设 $r=\sqrt{x^2+y^2+z^2}$，求证 $x\frac{\partial r}{\partial x}+y\frac{\partial r}{\partial y}+z\frac{\partial r}{\partial z}=r$.

证　$\frac{\partial r}{\partial x}=\frac{x}{\sqrt{x^2+y^2+y^2}}=\frac{x}{r}$，同理可证$\frac{\partial r}{\partial y}=\frac{y}{r},\frac{\partial r}{\partial z}=\frac{z}{r}$，所以

$$x\frac{\partial r}{\partial x}+y\frac{\partial r}{\partial y}+z\frac{\partial r}{\partial z}=\frac{x^2+y^2+z^2}{r}=r$$

注意，一元函数的导数记号$\frac{\mathrm{d}y}{\mathrm{d}x}$可以视为微分 $\mathrm{d}y$ 与 $\mathrm{d}x$ 的商. 但是偏导数的记号$\frac{\partial z}{\partial x}$或$\frac{\partial z}{\partial y}$应当作为整体记号来看待，其中的横线没有相除的意义，横线上下的 ∂z 与 ∂x 并没有被赋予独立的含义.

2. 偏导数的几何意义

设$M_0(x_0,y_0,z_0)$为曲面$z=f(x,y)$上的一点，过M_0作平面$y=y_0$，截此曲面得一曲线，此曲线在平面$y=y_0$上的方程为$z=f(x,y_0)$，偏导数$f_x(x_0,y_0)$就是曲线在点M_0处的切线M_0T_x对x轴的斜率(图1)，同样，偏导数$f_y(x_0,y_0)$的几何意义是曲面被平面$x=x_0$所截得的曲线在点M_0处的切线M_0T_y对y轴的斜率.

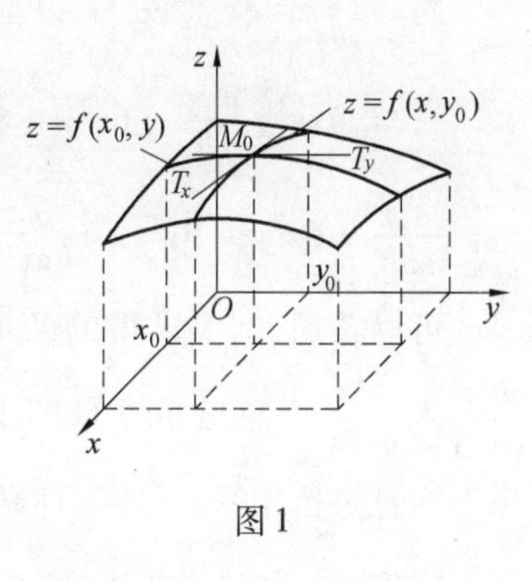

图 1

例 4　设 $f(x,y)=\begin{cases}\dfrac{xy}{x^2+y^2} & (x^2+y^2\neq 0)\\ 0 & (x^2+y^2=0)\end{cases}$，求$f(x,y)$在点$(0,0)$处的两个偏导数.

解　由偏导数定义，可知

$$f_x(0,0)=\lim_{\Delta x\to 0}\frac{f(0+\Delta x,0)-f(0,0)}{\Delta x}=\lim_{\Delta x\to 0}\frac{\dfrac{\Delta x\cdot 0}{(\Delta x)^2+0}-0}{\Delta x}=0$$

同理

$$f_y(0,0)=0$$

在9.1节例2中的函数在原点处的二重极限$\lim\limits_{(x,y)\to(0,0)}\dfrac{xy}{x^2+y^2}$不存在，从而在点$(0,0)$处不连续，本例说明了，尽管$f(x,y)$在$(0,0)$处的两个偏导数都存在(简称可导)，但函数$f(x,y)$在此点不连续，从中可以看到，如果一元函数在某一点可导，那么函数在该点一定连续. 但是，对于多元函数来说不再成立，即多元函数在一点处的可偏导性并不能保证函数在该点处连续，这是因为各偏导数存在只能保证点P沿着平行于坐标轴的方向趋于点P_0时，函数值$f(P)$趋于$f(P_0)$，但不能保证点P按任何方式趋于P_0时，函数值$f(P)$都趋于$f(P_0)$，这也是多元函数与一元函数在性质上的不同之处.

9.2.2　高阶偏导数

设函数$z=f(x,y)$在区域D内有偏导数，$\dfrac{\partial z}{\partial x}=f_x(x,y)$，$\dfrac{\partial z}{\partial y}=f_y(x,y)$，如果这两个偏导数在$D$内仍有偏导数，则称它们的偏导数为$f(x,y)$的二阶偏导数. 有下列四个二阶偏导数

$$\frac{\partial}{\partial x}\left(\frac{\partial z}{\partial x}\right)=\frac{\partial^2 z}{\partial x^2}=f_{xx}(x,y),\quad \frac{\partial}{\partial y}\left(\frac{\partial z}{\partial x}\right)=\frac{\partial^2 z}{\partial x\partial y}=f_{xy}(x,y)$$

$$\frac{\partial}{\partial x}\left(\frac{\partial z}{\partial y}\right)=\frac{\partial^2 z}{\partial y\partial x}=f_{yx}(x,y),\quad \frac{\partial}{\partial y}\left(\frac{\partial z}{\partial y}\right)=\frac{\partial^2 z}{\partial y^2}=f_{yy}(x,y)$$

类似地，可以定义三阶、四阶 …… 直至n阶偏导数，二阶及二阶以上的偏导数统称为高阶偏导数.

例 5　设$z=x^3y^2-3xy^3-xy+7$，求$\dfrac{\partial^2 z}{\partial x^2},\dfrac{\partial^2 z}{\partial x\partial y},\dfrac{\partial^2 z}{\partial y\partial x},\dfrac{\partial^2 z}{\partial y^2}$.

解　$\frac{\partial z}{\partial x}=3x^2y^2-3y^3-y$；$\frac{\partial z}{\partial y}=2x^3y-9xy^2-x$；

$\frac{\partial^2 z}{\partial x^2}=6xy^2$，$\frac{\partial^2 z}{\partial y\partial x}=6x^2y-9y^2-1$；

$\frac{\partial^2 z}{\partial x\partial y}=6x^2y-9y^2-1$；$\frac{\partial^2 z}{\partial y^2}=2x^3-18xy$.

可以看到，例5求得的两个二阶混合偏导数正好相等，不过请注意，在一般情形下$\frac{\partial^2 z}{\partial x\partial y}$与$\frac{\partial^2 z}{\partial y\partial x}$不总是相等的，二阶混合偏导数的值与求偏导数的次序有关. 至于在什么情形下两者必然相等，下述定理做出了回答.

定理1　如果函数$z=f(x,y)$的两个混合偏导数$\frac{\partial^2 z}{\partial y\partial x}$，$\frac{\partial^2 z}{\partial x\partial y}$在区域$D$内连续，则在该区域内这两个混合偏导数必相等，即$\frac{\partial^2 z}{\partial y\partial x}=\frac{\partial^2 z}{\partial x\partial y}$.

例6　证明函数$z=\ln\sqrt{x^2+y^2}$满足方程

$$\frac{\partial^2 z}{\partial x^2}+\frac{\partial^2 z}{\partial y^2}=0$$

证　因为$z=\ln\sqrt{x^2+y^2}=\frac{1}{2}\ln(x^2+y^2)$，所以

$$\frac{\partial z}{\partial x}=\frac{x}{x^2+y^2};\quad \frac{\partial z}{\partial y}=\frac{y}{x^2+y^2}$$

$$\frac{\partial^2 z}{\partial x^2}=\frac{(x^2+y^2)-x\cdot 2x}{(x^2+y^2)^2}=\frac{y^2-x^2}{(x^2+y^2)^2}$$

$$\frac{\partial^2 z}{\partial y^2}=\frac{(x^2+y^2)-y\cdot 2y}{(x^2+y^2)^2}=\frac{x^2-y^2}{(x^2+y^2)^2}$$

因此

$$\frac{\partial^2 z}{\partial x^2}+\frac{\partial^2 z}{\partial y^2}=\frac{y^2-x^2}{(x^2+y^2)^2}+\frac{x^2-y^2}{(x^2+y^2)^2}=0$$

例7　证明函数$u=\frac{1}{r}$满足方程$\frac{\partial^2 u}{\partial x^2}+\frac{\partial^2 u}{\partial y^2}+\frac{\partial^2 u}{\partial z^2}=0$，其中$r=\sqrt{x^2+y^2+z^2}$.

证

$$\frac{\partial u}{\partial x}=-\frac{1}{r^2}\frac{\partial r}{\partial x}=-\frac{x}{r^3}$$

$$\frac{\partial^2 u}{\partial x^2}=-\frac{1}{r^3}+\frac{3x}{r^4}\frac{\partial r}{\partial x}=-\frac{1}{r^3}+\frac{3x^2}{r^5}$$

由于函数关于自变量的对称性，所以

$$\frac{\partial^2 u}{\partial y^2}=-\frac{1}{r^3}+\frac{3y^2}{r^5};\quad \frac{\partial^2 u}{\partial z^2}=-\frac{1}{r^3}+\frac{3z^2}{r^5}$$

因此

$$\frac{\partial^2 u}{\partial x^2}+\frac{\partial^2 u}{\partial y^2}+\frac{\partial^2 u}{\partial z^2}=-\frac{3}{r^3}+\frac{3(x^2+y^2+z^2)}{r^5}=-\frac{3}{r^3}+\frac{3r^2}{r^5}=0$$

例 6、例 7 中的两个方程都称为拉普拉斯方程,它是数学物理方程中一种很重要的方程.

习题 9.2

1. 求下列函数的偏导数:

(1) $z = x^3y - y^3x$;　　(2) $z = \dfrac{u^2 + v^2}{uv}$;

(3) $z = \sqrt{\ln(xy)}$;　　(4) $z = \sin(xy) + \cos^2(xy)$;

(5) $z = \ln\tan\dfrac{x}{y}$;　　(6) $z = (1 + xy)^y$;

(7) $u = x^{\frac{y}{z}}$;　　(8) $u = \arctan(x - y)^z$.

2. 设 $f(x,y) = x + (y - 2)\arcsin\sqrt{\dfrac{y}{x}}$,求 $f_x(x,2)$.

3. 求下列函数的所有二阶偏导数:

(1) $z = x^3 + y^3 - 2x^2y^2$;　　(2) $z = \arctan\dfrac{x}{y}$;

(3) $z = x^y$;　　(4) $z = e^y\cos(x - y)$.

9.3　全 微 分

对于一元函数,如果函数 $y = f(x)$ 在 x_0 处可导,那么函数增量 $\Delta y = f(x_0 + \Delta x) - f(x_0)$ 与自变量增量 Δx 的线性函数 $f'(x_0)\Delta x$ 之差是 Δx 的高阶无穷小 $o(\Delta x)$. 现在对二元函数 $z = f(x,y)$ 也要研究类似问题,即当自变量在 x_0, y_0 分别获得增量 $\Delta x, \Delta y$ 时,函数 $z = f(x,y)$ 的全增量

$$\Delta z = f(x_0 + \Delta x, y_0 + \Delta y) - f(x_0, y_0)$$

是否与 $\Delta x, \Delta y$ 的某个线性式也有类似的关系? 下面先看一个例子.

设有一块特殊材质的矩形薄片,它的长和宽分别是 x_0 和 y_0. 在受热的情况下,长和宽各自获得增量 Δx 和 Δy,由此引起的矩形薄片面积 $A = xy$ 的改变量就是如下的全增量

$$\Delta A = (x_0 + \Delta x)(y_0 + \Delta y) - x_0y_0 = y_0\Delta x + x_0\Delta y + \Delta x\Delta y$$

等式右端的前两项 $y_0\Delta x + x_0\Delta y$ 是 Δx 与 Δy 的线性式,恰好等于

$$A_x(x_0, y_0)\Delta x + A_y(x_0, y_0)\Delta y$$

余下部分 $\Delta x\Delta y$,当 $(\Delta x, \Delta y) \to (0,0)$ 时,由于

$$\left|\frac{\Delta x\Delta y}{\sqrt{(\Delta x)^2 + (\Delta y)^2}}\right| \leqslant \frac{\sqrt{(\Delta x)^2 + (\Delta y)^2}}{2} \to 0$$

故 $\Delta x\Delta y$ 是 $\sqrt{(\Delta x)^2 + (\Delta y)^2}$ 的高阶无穷小,因此 ΔA 可以写成

$$\Delta A = A_x(x_0, y_0)\Delta x + A_y(x_0, y_0)\Delta y + o\left[\sqrt{(\Delta x)^2 + (\Delta y)^2}\right]$$

可以看到,当 $|\Delta x|$ 和 $|\Delta y|$ 很小时,矩形薄片面积的全增量 ΔA 可以用自变量增量 Δx

与 Δy 的线性式 $A_x(x_0,y_0)\Delta x + A_y(x_0,y_0)\Delta y$ 来近似表示，而近似误差是 $o(\sqrt{(\Delta x)^2+(\Delta y)^2})$. 由此，我们抽取这个例子的具体背景，给出二元函数的全微分概念.

1. 全微分的定义

定义 1　若二元函数 $z=f(x,y)$ 在点 (x,y) 的全增量

$$\Delta z=f(x+\Delta x,y+\Delta y)-f(x,y)$$

可表示为

$$\Delta z=A\Delta x+B\Delta y+o(\rho) \tag{1}$$

其中 A,B 不依赖于 $\Delta x,\Delta y$，仅与 x,y 有关，$\rho=\sqrt{(\Delta x)^2+(\Delta y)^2}$，则称函数 $z=f(x,y)$ 在点 (x,y) 可微分，而 $A\Delta x+B\Delta y$ 称为函数 $z=f(x,y)$ 在点 (x,y) 的全微分，记为 $\mathrm{d}z$，即

$$\mathrm{d}z=A\Delta x+B\Delta y \tag{2}$$

如果函数在区域 D 上的每一点都可微，则称函数在区域 D 上可微. 显然，多元函数在某点的偏导数存在，并不保证函数在该点连续，但函数在某点可微则函数在该点必连续.

下面讨论函数 $z=f(x,y)$ 在点 (x,y) 可微分的条件.

定理 1（可微的必要条件）　如果函数 $z=f(x,y)$ 在点 (x,y) 处可微，则 $z=f(x,y)$ 在点 (x,y) 处的两个偏导数都存在，且函数 $z=f(x,y)$ 在点 (x,y) 的全微分为 $\mathrm{d}z=\frac{\partial z}{\partial x}\Delta x+\frac{\partial z}{\partial y}\Delta y$.

证　设函数 $z=f(x,y)$ 在点 (x,y) 处可微，则在点 (x,y) 的某邻域中式(1)成立，令 $\Delta y=0$，此时 $\rho=\sqrt{\Delta^2 x}=|\Delta x|$，则式(1)变为

$$f(x+\Delta x,y)-f(x,y)=A\Delta x+o|\Delta x|$$

上式两边同除以 Δx，根据偏导数的定义有

$$\frac{\partial z}{\partial x}=\lim_{\Delta x\to 0}\frac{f(x+\Delta x,y)-f(x,y)}{\Delta x}=\lim_{\Delta x\to 0}\left(A+o\frac{|\Delta x|}{\Delta x}\right)=A$$

同理可证 $\frac{\partial z}{\partial y}=B$.

由定理 1，当函数 $z=f(x,y)$ 在点 (x,y) 处可微时，$\mathrm{d}z=\frac{\partial z}{\partial x}\Delta x+\frac{\partial z}{\partial y}\Delta y$，与一元函数一样，将 $\Delta x,\Delta y$ 分别记为 $\mathrm{d}x,\mathrm{d}y$，分别称为关于自变量 x,y 的微分，从而函数 $z=f(x,y)$ 的全微分可记为

$$\mathrm{d}z=\frac{\partial z}{\partial x}\mathrm{d}x+\frac{\partial z}{\partial y}\mathrm{d}y$$

在一元函数中，可微与可导是等价的，但是在多元函数中可导不一定可微. 如 9.2 节例 4 中的函数

$$f(x,y)=\begin{cases}\dfrac{xy}{x^2+y^2} & (x^2+y^2\neq 0)\\ 0 & (x^2+y^2=0)\end{cases}$$

在原点(0,0)的两个偏导数都存在,但在原点不连续,从而在原点不可微. 可见偏导数就是可微的必要条件而不是充分条件.

定理2(可微的充分条件)　若函数 $z=f(x,y)$ 的两个偏导数在点 (x,y) 处连续,则函数 $f(x,y)$ 在点 (x,y) 可微(证明略).

以上关于二元函数全微分的定义及可微分的必要条件和充分条件,可以完全类似地推广到三元和三元以上的多元函数,例如,如果三元函数 $u=f(x,y,z)$ 可微分,那么它的全微分就等于三个偏导数之和,即

$$du=\frac{\partial u}{\partial x}dx+\frac{\partial u}{\partial y}dy+\frac{\partial u}{\partial z}dz$$

例1　求函数 $z=e^{\frac{x}{y}}$ 的全微分.

解　因为 $\frac{\partial z}{\partial x}=\frac{1}{y}e^{\frac{x}{y}},\frac{\partial z}{\partial y}=-\frac{x}{y^2}e^{\frac{x}{y}}$,所以

$$dz=\frac{x}{y}e^{\frac{x}{y}}dx-\frac{x}{y^2}e^{\frac{x}{y}}dy$$

例2　求函数 $u=x+\sin\frac{y}{2}+e^{yz}$ 的全微分.

解　因为 $\frac{\partial u}{\partial x}=1,\frac{\partial u}{\partial y}=\frac{1}{2}\cos\frac{y}{2}+ze^{yz},\frac{\partial u}{\partial z}=ye^{yz}$,所以

$$du=dx+\left(\frac{1}{2}\cos\frac{y}{2}+ze^{yz}\right)dy+ye^{yz}dz$$

2. 全微分在近似计算中的应用

由前面的介绍可以知道

$$\Delta z\approx dz=f_x(x,y)\Delta x+f_y(x,y)\Delta y \tag{3}$$

上式也可以写成

$$f(x+\Delta x,y+\Delta y)\approx f(x,y)+f_x(x,y)\Delta x+f_y(x,y)\Delta y \tag{4}$$

与一元函数的情形相类似,可以利用式(3)或式(4)对二元函数作近似计算和误差估计.

例3　计算 $1.04^{2.02}$ 的近似值.

解　设 $z=f(x,y)=x^y$,利用函数 $f(x,y)=x^y$ 在点(1,2)处的可微性,可得 $\Delta z\approx dz$,即

$$f(1.04,2.02)-f(1,2)\approx f_x(1,2)\Delta x+f_y(1,2)\Delta y$$

其中 $\Delta x=0.04,\Delta y=0.02$,于是得

$$1.04^{2.02}=f(1.04,2.02)\approx f(1,2)+f_x(1,2)\Delta x+f_y(1,2)\Delta y=1.08$$

例4　设圆锥的底半径 r 由 30 cm 增加到 30.1 cm,高 h 由 60 cm 减少到 59.5 cm,试求体积变化的近似值.

解　圆锥体积计算公式为:$V=\frac{1}{3}\pi r^2h$,取 $r_0=30,h_0=60$,则 $\Delta r=0.1,\Delta h=-0.5$,因为

$$\left.\frac{\partial V}{\partial r}\right|_{\substack{r_0=30\\h_0=60}}=\left.\frac{2}{3}\pi rh\right|_{\substack{r_0=30\\h_0=60}}=1\ 200\pi$$

$$\left.\frac{\partial V}{\partial h}\right|_{\substack{r_0=30\\h_0=60}}=\left.\frac{1}{3}\pi r^2\right|_{\substack{r_0=30\\h_0=60}}=300\pi$$

由公式(3)得

$$\Delta V\approx 1\ 200\pi\times 0.1+300\pi\times(-0.5)=-30\pi\approx-94.3(\mathrm{cm}^3)$$

即体积减小约94.3 cm^3.

设有函数 $z=f(x,y)$,若测得 x 的值为 x_0,y 的值为 y_0,测量的绝对误差限分别为 δ_x,δ_y,即

$$|\Delta x|=|x-x_0|\leqslant\delta_x,\quad |\Delta y|=|y-y_0|\leqslant\delta_y$$

绝对误差为

$$|\Delta z|=|f(x,y)-f(x_0,y_0)|$$

于是,有

$$\begin{aligned}|\Delta z|\approx|\mathrm{d}z|&=|f_x(x_0,y_0)\Delta x+f_y(x_0,y_0)\Delta y|\leqslant\\&|f_x(x_0,y_0)|\cdot|\Delta x|+|f_y(x_0,y_0)|\cdot|\Delta y|\leqslant\\&|f_x(x_0,y_0)|\delta_x+|f_y(x_0,y_0)|\delta_y\end{aligned}\tag{5}$$

z 的绝对误差为

$$\delta_z=|f_x(x_0,y_0)|\delta_x+|f_y(x_0,y_0)|\delta_y\tag{6}$$

z 的相对误差为

$$\frac{\delta_z}{|z|}=\left|\frac{f_x(x_0,y_0)}{z}\right|\delta_x+\left|\frac{f_y(x_0,y_0)}{z}\right|\delta_y$$

习题9.3

1. 求下列函数的全微分:

(1)$z=xy+\dfrac{x}{y}$;　　(2)$z=\ln(1+x^2+y^2)$;

(3)$z=y^x$;　　(4)$u=x^{yz}$.

2. 证明:函数 $z=\sqrt{x^2+y^2}$ 在点(0,0)连续,但两个偏导数不存在.

3. 求函数 $z=\ln(2+x^2+y^2)$ 在 $x=2,y=1$ 时的全微分.

4. 设 $f(x,y)=\ln(\sqrt{x}+\sqrt{y})$,证明:$x\dfrac{\partial f}{\partial x}+y\dfrac{\partial f}{\partial y}=\dfrac{1}{2}$.

5. 设 $u=\sqrt{x^2+y^2+z^2}$,证明:$\dfrac{\partial^2 u}{\partial x^2}+\dfrac{\partial^2 u}{\partial y^2}+\dfrac{\partial^2 u}{\partial z^2}=\dfrac{2}{u}$.

*6. 计算 $(1.97)^{1.05}$ 的近似值.

*7. 测得一块三角形土地的两边长分别为(63 ±0.1) m和(78 ±0.1) m,这两边的夹角为60° ±1°,试求三角形面积的近似值,并求其绝对误差和相对误差.

8. 已知边长为 $x=6$ m与 $y=8$ m的矩形,如果 x 边增加2 cm,而 y 边减少5 cm,那么

这个矩形的对角线的近似值变化是怎样的?

9.4　复合函数与隐函数求导法则

在一元函数的复合求导中,有所谓的"链式法则",这一法则可以推广到多元复合函数的情形.

9.4.1　复合函数求偏导数的法则

多元函数的复合求导法则要比一元函数的复合情况复杂得多,这里就几种多元函数的偏导数进行讨论,从中归纳出复合函数求偏导数的法则.

1. 复合函数的中间变量均为一元函数的情形

设函数 $z=f(u,v)$,$u=u(t)$,$v=v(t)$ 构成复合函数 $z=f[u(t),v(t)]$,其变量间的相互依赖关系可用图1来表达. 这种函数关系图以后还会经常用到.

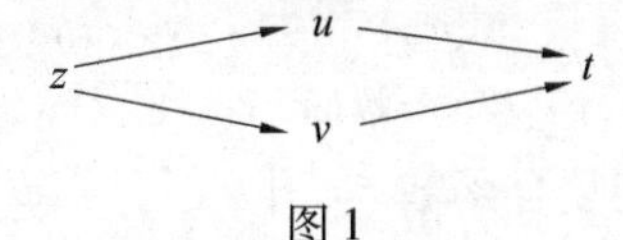

图1

定理1　如果函数 $u=\varphi(x)$ 及 $v=\psi(x)$ 都在点 x 处可微,函数 $z=f(u,v)$ 在对应点 (u,v) 处也可微,则复合函数 $z=f[\varphi(x),\psi(x)]$ 在点 x 处可导,有

$$\frac{\mathrm{d}z}{\mathrm{d}x}=\frac{\partial z}{\partial u}\frac{\mathrm{d}u}{\mathrm{d}x}+\frac{\partial z}{\partial v}\frac{\mathrm{d}v}{\mathrm{d}x} \tag{1}$$

证　复合函数 $z=f[\varphi(x),\psi(x)]$ 是一元函数,有

$$\Delta u=\varphi(x+\Delta x)-\varphi(x),\quad \Delta v=\psi(x+\Delta x)-\psi(x)$$

$$\Delta z=f(u+\Delta u,v+\Delta v)-f(u,v)$$

因 $z=f(u,v)$ 在点 (u,v) 处可微,根据公式(1),有

$$\Delta z=A\Delta u+B\Delta v+o(\rho) \tag{2}$$

式(2) 两端除以 Δx,则有

$$\frac{\Delta z}{\Delta x}=A\frac{\Delta u}{\Delta x}+B\frac{\Delta v}{\Delta x}+\frac{o(\rho)}{\Delta x} \tag{3}$$

则当 $\Delta x\to 0$ 时,

$$\frac{\Delta u}{\Delta x}\to\frac{\mathrm{d}u}{\mathrm{d}x},\quad \frac{\Delta v}{\Delta x}\to\frac{\mathrm{d}v}{\mathrm{d}x},\quad \rho\to 0$$

$$\lim_{\Delta x\to 0}\frac{\Delta z}{\Delta x}=A\cdot\frac{\mathrm{d}u}{\mathrm{d}x}+B\cdot\frac{\mathrm{d}v}{\mathrm{d}x}$$

所以 $A=\frac{\partial z}{\partial u}$,$B=\frac{\partial z}{\partial v}$,从而有

$$\frac{\mathrm{d}z}{\mathrm{d}x}=\frac{\partial z}{\partial u}\frac{\mathrm{d}u}{\mathrm{d}x}+\frac{\partial z}{\partial v}\frac{\mathrm{d}v}{\mathrm{d}x}$$

称式(1) 为复合函数的导数$\frac{\mathrm{d}z}{\mathrm{d}x}$,即全导数.

例 1　对于复合函数 $z = u^v, u = x, v = x$，求 $\dfrac{\mathrm{d}z}{\mathrm{d}x}$.

解　因为 $\dfrac{\partial z}{\partial u} = vu^{v-1}, \dfrac{\partial z}{\partial v} = u^v \ln u, \dfrac{\mathrm{d}u}{\mathrm{d}x} = 1, \dfrac{\mathrm{d}v}{\mathrm{d}x} = 1$，所以由公式(1)得

$$\frac{\mathrm{d}z}{\mathrm{d}x} = vu^{v-1} \times 1 + u^v \ln u \times 1 = x^x(1 + \ln x)$$

由例 1 可知，公式(1)可用来求幂指函数 $z = [f(x)]^{g(x)}$ 的导数.

2. 复合函数的中间变量为二元函数的情形

定理 1 可推广到中间变量不是一元函数的情形，例如，对中间变量为二元函数的情形，设函数 $z = f(u,v), u = u(x,y), v = v(x,y)$ 构成复合函数 $z = f[u(x,y), v(x,y)]$，其变量间的相互依赖关系可用图 2 来表示.

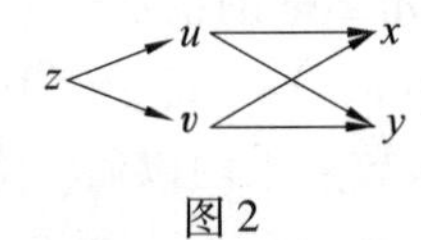

图 2

定理 2　如果函数 $u = \varphi(x,y)$ 及 $v = \psi(x,y)$ 在点 (x,y) 处都是可微的，函数 $z = f(u,v)$ 在对应点 (u,v) 处也可微，则复合函数 $z = f[\varphi(x,y), \psi(x,y)]$ 在点 (x,y) 的两个偏导数都存在，并有

$$\begin{cases} \dfrac{\partial z}{\partial x} = \dfrac{\partial z}{\partial u}\dfrac{\partial u}{\partial x} + \dfrac{\partial z}{\partial v}\dfrac{\partial v}{\partial x} \\ \dfrac{\partial z}{\partial y} = \dfrac{\partial z}{\partial u}\dfrac{\partial u}{\partial y} + \dfrac{\partial z}{\partial v}\dfrac{\partial v}{\partial y} \end{cases} \tag{4}$$

公式(4)可借助图 2 记忆.

例 2　$z = \mathrm{e}^u \sin v$，而 $u = xy, v = x + y$，求 $\dfrac{\partial z}{\partial x}$ 及 $\dfrac{\partial z}{\partial y}$.

解

$$\frac{\partial z}{\partial x} = \frac{\partial z}{\partial u}\frac{\partial u}{\partial x} + \frac{\partial z}{\partial v}\frac{\partial v}{\partial x} = \mathrm{e}^u \sin v \cdot y + \mathrm{e}^u \cos v =$$
$$\mathrm{e}^{xy}[y\sin(x + y) + \cos(x + y)]$$
$$\frac{\partial z}{\partial y} = \frac{\partial z}{\partial u}\frac{\partial u}{\partial y} + \frac{\partial z}{\partial v}\frac{\partial v}{\partial y} =$$
$$\mathrm{e}^u \sin v \cdot x + \mathrm{e}^u \cos v \cdot 1 =$$
$$\mathrm{e}^{xy}[x\sin(x + y) + \cos(x + y)]$$

3. 复合函数的中间变量既有一元函数，又有多元函数的情形

定理 3　如果函数 $u = \varphi(x,y)$ 在点 (x,y) 处可微，函数 $v = \psi(y)$ 在点 y 处可微，函数 $z = f(u,v)$ 在对应点 (u,v) 处可微，则复合函数 $z = f[\varphi(x,y), \psi(y)]$ 在点 (x,y) 处的偏导数存在，且有

$$\frac{\partial z}{\partial x} = \frac{\partial z}{\partial u}\frac{\partial u}{\partial x}, \quad \frac{\partial z}{\partial y} = \frac{\partial z}{\partial u}\frac{\partial u}{\partial y} + \frac{\partial z}{\partial v}\frac{\mathrm{d}v}{\mathrm{d}y} \tag{5}$$

例 3　对于复合函数 $z = u^v, u = 1 + xy, v = y$，求 $\dfrac{\partial z}{\partial x}, \dfrac{\partial z}{\partial y}$.

解　因为$\frac{\partial z}{\partial u}=vu^{v-1},\frac{\partial z}{\partial v}=u^v\ln u,\frac{\partial u}{\partial x}=y,\frac{\partial u}{\partial y}=x,\frac{\mathrm{d}v}{\mathrm{d}y}=1.$

所以

$$\frac{\partial z}{\partial x}=\frac{\partial z}{\partial u}\frac{\partial u}{\partial x}=vu^{v-1}\cdot y=y^2\ (1+xy)^{y-1}$$

$$\begin{aligned}\frac{\partial z}{\partial y}=&\frac{\partial z}{\partial u}\frac{\partial u}{\partial y}+\frac{\partial z}{\partial v}\frac{\mathrm{d}v}{\mathrm{d}y}=\\&vu^{v-1}\cdot x+u^v\ln u\cdot 1=\\&xy\ (1+xy)^{y-1}+(1+xy)^y\ln(1+xy)=\\&(1+xy)^y\left[\frac{xy}{1+xy}+\ln(1+xy)\right]\end{aligned}$$

假设以下函数都可微,考虑复合函数的导数或偏导数:

(1) 若函数$z=f(u,v,w)$,而$u=u(t),v=v(t),w=w(t)$,则复合函数$z=f[u(t),v(t),w(t)]$的全导数为

$$\frac{\mathrm{d}z}{\mathrm{d}t}=\frac{\partial z}{\partial u}\frac{\mathrm{d}u}{\mathrm{d}t}+\frac{\partial z}{\partial v}\frac{\mathrm{d}v}{\mathrm{d}t}+\frac{\partial z}{\partial w}\frac{\mathrm{d}w}{\mathrm{d}t}\tag{6}$$

(2) 若函数$z=f(u,v,w)$,而$u=u(x,y),v=v(x,y),w=w(x,y)$,则复合函数$z=f[u(x,y),v(x,y),w(x,y)]$的偏导数为

$$\begin{cases}\frac{\partial z}{\partial x}=\frac{\partial z}{\partial u}\frac{\partial u}{\partial x}+\frac{\partial z}{\partial v}\frac{\partial v}{\partial x}+\frac{\partial z}{\partial w}\frac{\partial w}{\partial x}\\\frac{\partial z}{\partial y}=\frac{\partial z}{\partial u}\frac{\partial u}{\partial y}+\frac{\partial z}{\partial v}\frac{\partial v}{\partial y}+\frac{\partial z}{\partial w}\frac{\partial w}{\partial y}\end{cases}\tag{7}$$

(3) 若$w=f(u,v)$,而$u=u(x,y,z),v=v(x,y,z)$,则复合函数$w=f[u(x,y,z),v(x,y,z)]$的偏导数为

$$\begin{cases}\frac{\partial w}{\partial x}=\frac{\partial w}{\partial u}\frac{\partial u}{\partial x}+\frac{\partial w}{\partial v}\frac{\partial v}{\partial x}\\\frac{\partial w}{\partial y}=\frac{\partial w}{\partial u}\frac{\partial u}{\partial y}+\frac{\partial w}{\partial v}\frac{\partial v}{\partial y}\\\frac{\partial w}{\partial z}=\frac{\partial w}{\partial u}\frac{\partial u}{\partial z}+\frac{\partial w}{\partial v}\frac{\partial v}{\partial z}\end{cases}\tag{8}$$

例4　设函数$w=F(x,y,z),z=\varphi(x,y)$都可微,求复合函数$w=F[x,y,\varphi(x,y)]$的偏导数.

解　这个复合函数只对其中的一个中间变量z进行了复合,我们可以将它看作由函数$w=F[u,v,z]$和中间变量$u=x,v=y,z=\varphi(x,y)$复合而成,复合之后的自变量只有两个.

因为$\frac{\partial u}{\partial x}=1,\frac{\partial u}{\partial y}=0,\frac{\partial v}{\partial x}=0,\frac{\partial v}{\partial y}=1$,所以

$$\begin{aligned}\frac{\partial w}{\partial x}=&\frac{\partial w}{\partial u}\frac{\partial u}{\partial x}+\frac{\partial w}{\partial v}\frac{\partial v}{\partial x}+\frac{\partial w}{\partial z}\frac{\partial z}{\partial x}=\\&\frac{\partial w}{\partial u}\cdot 1+\frac{\partial w}{\partial v}\cdot 0+\frac{\partial w}{\partial z}\cdot\frac{\partial z}{\partial x}=\frac{\partial w}{\partial u}+\frac{\partial w}{\partial z}\frac{\partial z}{\partial x}\end{aligned}$$

或记为

$$\frac{\partial w}{\partial x}=\frac{\partial F}{\partial x}+\frac{\partial F}{\partial z}\frac{\partial z}{\partial x}$$

$$\frac{\partial w}{\partial y}=\frac{\partial w}{\partial u}\frac{\partial u}{\partial y}+\frac{\partial w}{\partial v}\frac{\partial v}{\partial y}+\frac{\partial w}{\partial z}\frac{\partial z}{\partial y}=\frac{\partial w}{\partial u}\cdot 0+\frac{\partial w}{\partial v}\cdot 1+\frac{\partial w}{\partial z}\cdot\frac{\partial z}{\partial y}=\frac{\partial w}{\partial v}+\frac{\partial w}{\partial z}\frac{\partial z}{\partial y}$$

或记为

$$\frac{\partial w}{\partial y}=\frac{\partial F}{\partial y}+\frac{\partial F}{\partial z}\frac{\partial z}{\partial y} \tag{9}$$

这是一个比较复杂的复合函数,但是,如果掌握好求导法则,仍可以处理好对它求偏导数的问题. 与此类似,复合函数在隐函数的偏导数中将有应用,此时,公式(9)中的记号$\frac{\partial w}{\partial x}$与$\frac{\partial F}{\partial x}$的意义是不同的,$\frac{\partial w}{\partial x}$表示对于复合后的函数求自变量$x$的偏导数,而$\frac{\partial F}{\partial x}$表示对函数$F(x,y,z)$中的第一个变量$x$求偏导数.

例5　设$z=f(x^2+y^2,xy)$,求$\frac{\partial z}{\partial x},\frac{\partial z}{\partial y}$.

解　设$u=x^2+y^2,v=xy$,则$z=f(u,v)$,所以

$$\frac{\partial z}{\partial x}=\frac{\partial z}{\partial u}\cdot\frac{\partial u}{\partial x}+\frac{\partial z}{\partial v}\cdot\frac{\partial v}{\partial x}=2xf'_u+yf'_v$$

$$\frac{\partial z}{\partial y}=\frac{\partial z}{\partial u}\cdot\frac{\partial u}{\partial y}+\frac{\partial z}{\partial v}\cdot\frac{\partial v}{\partial y}=2yf'_u+xf'_v$$

例6　设$w=f(x+y+z,xyz)$,f具有二阶连续偏导数,求$\frac{\partial w}{\partial x}$及$\frac{\partial^2 w}{\partial x\partial z}$.

解　令$u=x+y+z,v=xyz$,则$w=f(u,v)$,为表示简便起见,引入以下记号:

$$f'_1=\frac{\partial f(u,v)}{\partial u},\quad f''_{12}=\frac{\partial^2 f(u,v)}{\partial u\partial v}$$

这里下标1表示对第一个变量u求偏导数,下标2表示对第二个变量v求偏导数,同理有f'_2,f''_{11},f''_{22}等.

因所给函数由$w=f(u,v)$及$u=x+y+z,v=xyz$复合而成,根据复合函数求导法则,有

$$\frac{\partial w}{\partial x}=\frac{\partial f}{\partial u}\cdot\frac{\partial u}{\partial x}+\frac{\partial f}{\partial v}\cdot\frac{\partial v}{\partial x}=f'_1+yzf'_2$$

$$\frac{\partial^2 w}{\partial x\partial z}=\frac{\partial}{\partial z}(f'_1+yzf'_2)=\frac{\partial f'_1}{\partial z}+yf'_2+yz\frac{\partial f'_2}{\partial z}$$

求$\frac{\partial f'_1}{\partial z}$及$\frac{\partial f'_2}{\partial z}$时应注意$f'_1$及$f'_2$仍是复合函数,根据复合函数求导法则,有

$$\frac{\partial f'_1}{\partial z}=\frac{\partial f'_1}{\partial u}\cdot\frac{\partial u}{\partial z}+\frac{\partial f'_1}{\partial v}\cdot\frac{\partial v}{\partial z}=f''_{11}+xyf''_{12}$$

$$\frac{\partial f'_2}{\partial z}=\frac{\partial f'_2}{\partial u}\cdot\frac{\partial u}{\partial z}+\frac{\partial f'_2}{\partial v}\cdot\frac{\partial v}{\partial z}=f''_{21}+xyf''_{22}$$

于是

$$\frac{\partial^2 w}{\partial x \partial z} = f''_{11} + xyf''_{12} + yf'_2 + yzf''_{21} + xy^2zf''_{22}$$

设函数 $z = f(u,v)$ 具有连续偏导数,则有全微分

$$\mathrm{d}z = \frac{\partial z}{\partial u}\mathrm{d}u + \frac{\partial z}{\partial v}\mathrm{d}v$$

如果 u,v 又是函数 $u = \varphi(x,y)$, $v = \psi(x,y)$,且这两个函数也具有连续偏导数,则复合函数

$$z = f[\varphi(x,y),\psi(x,y)]$$

的全微分为

$$\mathrm{d}z = \frac{\partial z}{\partial x}\mathrm{d}x + \frac{\partial z}{\partial y}\mathrm{d}y$$

又

$$\frac{\partial z}{\partial x} = \frac{\partial z}{\partial u} \cdot \frac{\partial u}{\partial x} + \frac{\partial z}{\partial v} \cdot \frac{\partial v}{\partial x}$$

$$\frac{\partial z}{\partial y} = \frac{\partial z}{\partial u} \cdot \frac{\partial u}{\partial y} + \frac{\partial z}{\partial v} \cdot \frac{\partial v}{\partial y}$$

所以

$$\begin{aligned}\mathrm{d}z = {} & (\frac{\partial z}{\partial u} \cdot \frac{\partial u}{\partial x} + \frac{\partial z}{\partial v} \cdot \frac{\partial v}{\partial x})\mathrm{d}x + (\frac{\partial z}{\partial u} \cdot \frac{\partial u}{\partial y} + \frac{\partial z}{\partial v} \cdot \frac{\partial v}{\partial y})\mathrm{d}y = \\ & \frac{\partial z}{\partial u}(\frac{\partial u}{\partial x}\mathrm{d}x + \frac{\partial u}{\partial y}\mathrm{d}y) + \frac{\partial z}{\partial v}(\frac{\partial v}{\partial x}\mathrm{d}x + \frac{\partial v}{\partial y}\mathrm{d}y) = \\ & \frac{\partial z}{\partial u}\mathrm{d}u + \frac{\partial z}{\partial v}\mathrm{d}v\end{aligned}$$

由此可见,无论 z 是自变量 u,v 的函数或中间变量 u,v 的函数,它的全微分形式是一样的,这个性质称为全微分的形式不变性.

9.4.2　隐函数的偏导数

在一元微分学中,曾引入了隐函数的概念,并介绍了利用复合函数求导法求由方程 $F(x,y) = 0$ 所确定的隐函数 $y = f(x)$ 的导数的方法. 下面再通过多元复合函数微分法来建立用偏导数求隐函数 $y = f(x)$ 的导数公式.

1. 一个方程的情形

定理4(隐函数存在定理1)　设函数 $F(x,y)$ 在点 $P(x_0,y_0)$ 的某一邻域内具有连续偏导数,且 $F(x_0,y_0) = 0$, $F_y(x_0,y_0) \neq 0$,则方程 $F(x,y) = 0$ 在点 (x_0,y_0) 的某一邻域内恒能唯一确定一个连续且具有连续导数的函数 $y = f(x)$,它满足条件 $y_0 = f(x_0)$,并有

$$\frac{\mathrm{d}y}{\mathrm{d}x} = -\frac{F_x}{F_y} \tag{10}$$

式(10)称为隐函数求导公式.

仅就公式(10)做如下推导.

证　由隐函数的意义可知,复合函数 $F(x,f(x))\equiv 0$,在这个等式的两端对 x 求导数,有

$$\frac{\partial F}{\partial x}+\frac{\partial F}{\partial y}\cdot\frac{\mathrm{d}y}{\mathrm{d}x}=0$$

$$\frac{\mathrm{d}y}{\mathrm{d}x}=-\frac{\dfrac{\partial F}{\partial x}}{\dfrac{\partial F}{\partial y}}=-\frac{F_x}{F_y}$$

定理5(隐函数存在定理2)　设函数 $F(x,y,z)$ 在点 $P_0(x_0,y_0,z_0)$ 的某一邻域内具有连续偏导数,且 $F(x_0,y_0,z_0)=0$,$F_z(x_0,y_0,z_0)\neq 0$,则方程 $F(x,y,z)=0$ 在点 (x_0,y_0,z_0) 的某一邻域内恒能唯一确定一个连续且具有连续偏导数的函数 $z=z(x,y)$,它满足条件 $z_0=z(x_0,y_0)$,并有

$$\frac{\partial z}{\partial x}=-\frac{F_x}{F_z},\quad \frac{\partial z}{\partial y}=-\frac{F_y}{F_z}\tag{11}$$

仅就公式(11)做如下推导.

证　由于 $F(x,y,f(x,y))\equiv 0$,将上式两端分别对 x 和 y 求导,应用复合函数求导法则得

$$F_x+F_z\frac{\partial z}{\partial x}=0,\quad F_y+F_z\frac{\partial z}{\partial y}=0$$

因为 F_z 连续,且 $F_z(x_0,y_0,z_0)\neq 0$,所以存在点 (x_0,y_0,z_0) 的某一个邻域,在这个邻域内 $F_z\neq 0$,于是得

$$\frac{\partial z}{\partial x}=-\frac{F_x}{F_z},\quad \frac{\partial z}{\partial y}=-\frac{F_y}{F_z}$$

例7　设 $\ln\sqrt{x^2+y^2}=\arctan\dfrac{y}{x}$,求 $\dfrac{\mathrm{d}y}{\mathrm{d}x}$.

解　设 $F(x,y)=\dfrac{1}{2}\ln(x^2+y^2)-\arctan\dfrac{y}{x}$,则

$$F_x=\frac{1}{2}\frac{2x}{x^2+y^2}-\frac{-\dfrac{y}{x^2}}{1+\left(\dfrac{y}{x}\right)^2}=\frac{x+y}{x^2+y^2}$$

$$F_y=\frac{1}{2}\frac{2y}{x^2+y^2}-\frac{\dfrac{1}{x}}{1+\left(\dfrac{y}{x}\right)^2}=\frac{y-x}{x^2+y^2}$$

由公式(11)得

$$\frac{\mathrm{d}y}{\mathrm{d}x}=-\frac{F_x}{F_y}=\frac{x+y}{x-y}$$

例8　给定方程 $\mathrm{e}^{-xy}-2z+\mathrm{e}^z=0$,而 $z=z(x,y)$ 为该方程确定的函数,求 $\dfrac{\partial z}{\partial x},\dfrac{\partial z}{\partial y}$.

解　令 $F(x,y,z)=\mathrm{e}^{-xy}-2z+\mathrm{e}^z$,则

$$F_x = -ye^{-xy};\quad F_y = -xe^{-xy};\quad F_z = -2 + e^z$$

由公式(11)得

$$\frac{\partial z}{\partial x} = -\frac{F_x}{F_z} = \frac{ye^{-xy}}{e^z - 2}$$

$$\frac{\partial z}{\partial y} = -\frac{F_y}{F_z} = \frac{xe^{-xy}}{e^z - 2}$$

例9　设由方程$\frac{x^2}{4} + \frac{y^2}{8} + \frac{z^2}{16} = 1$确定了$z$为$x,y$的函数,求:

(1)dz;(2)$\frac{\partial^2 z}{\partial x^2},\frac{\partial^2 z}{\partial x \partial y}$.

解　方程可变形为$4x^2 + 2y^2 + z^2 - 16 = 0$,令

$$F(x,y,z) = 4x^2 + 2y^2 + z^2 - 16$$

(1)因为$F_x = 8x, F_y = 4y, F_z = 2z$,则

$$\frac{\partial z}{\partial x} = -\frac{F_x}{F_z} = -\frac{4x}{z};\quad \frac{\partial z}{\partial y} = -\frac{F_y}{F_z} = -\frac{2y}{z}$$

由全微分公式得

$$dz = -\frac{4x}{z}dx - \frac{2y}{z}dy$$

(2)求二阶偏导数时应记住z为自变量x,y的函数,则

$$\frac{\partial^2 z}{\partial x^2} = \frac{\partial}{\partial x}\left(-\frac{4x}{z}\right) = -4 \cdot \frac{z - xz_x}{z^2} = -4\,\frac{z + \frac{4x^2}{z}}{z^2} = -\frac{4(z^2 + 4x^2)}{z^3}$$

$$\frac{\partial^2 z}{\partial x \partial y} = \frac{\partial}{\partial y}\left(-\frac{4x}{z}\right) = \frac{4x}{z^2} \cdot z_y = \frac{4x}{z^2}\left(-\frac{2y}{z}\right) = -\frac{8xy}{z^3}$$

2.方程组的情形

定理6(隐函数存在定理3)　设$F(x,y,z),G(x,y,z)$在点$P_0(x_0,y_0,z_0)$的某一邻域内具有对各个变量的连续偏导数,又$F(x_0,y_0,z_0)=0,G(x_0,y_0,z_0)=0$,且偏导数所组成的行列式(或称雅可比(Jacobi)式)

$$J = \frac{\partial(F,G)}{\partial(y,z)} = \begin{vmatrix} \frac{\partial F}{\partial y} & \frac{\partial F}{\partial z} \\ \frac{\partial G}{\partial y} & \frac{\partial G}{\partial z} \end{vmatrix}$$

在点$P_0(x_0,y_0,z_0)$处不等于零,则方程组$F(x,y,z)=0,G(x,y,z)=0$在点$P_0(x_0,y_0,z_0)$的某一邻域内恒能唯一确定一对连续且具有连续导数的函数$y=y(x),z=z(x)$,它们满足条件$y_0 = y(x_0), z_0 = z(x_0)$,并有

$$\frac{dy}{dx} = -\frac{1}{J}\frac{\partial(F,G)}{\partial(x,z)},\quad \frac{dz}{dx} = -\frac{1}{J}\frac{\partial(F,G)}{\partial(y,x)} \tag{12}$$

下面仅就公式(12)做如下推导.

证　由于$F(x,y(x),z(x)) \equiv 0, G(x,y(x),z(x)) \equiv 0$,将恒等式两边分别对$x$求导,

应用复合函数求导法则得

$$\begin{cases} F_x + F_y \dfrac{\mathrm{d}y}{\mathrm{d}x} + F_z \dfrac{\mathrm{d}z}{\mathrm{d}x} = 0 \\ G_x + G_y \dfrac{\mathrm{d}y}{\mathrm{d}x} + G_z \dfrac{\mathrm{d}z}{\mathrm{d}x} = 0 \end{cases}$$

由假设可知在点 $P_0(x_0, y_0, z_0)$ 的某一邻域内,系数行列式

$$J = \begin{vmatrix} \dfrac{\partial F}{\partial y} & \dfrac{\partial F}{\partial z} \\ \dfrac{\partial G}{\partial y} & \dfrac{\partial G}{\partial z} \end{vmatrix} \neq 0$$

从而可解出$\dfrac{\mathrm{d}y}{\mathrm{d}x}, \dfrac{\mathrm{d}z}{\mathrm{d}x}$,得

$$\frac{\mathrm{d}y}{\mathrm{d}x} = \frac{\begin{vmatrix} -F_x & F_z \\ -G_x & G_z \end{vmatrix}}{\begin{vmatrix} F_y & F_z \\ G_y & G_z \end{vmatrix}} = -\frac{1}{J} \frac{\partial(F,G)}{\partial(x,z)}$$

$$\frac{\mathrm{d}z}{\mathrm{d}x} = \frac{\begin{vmatrix} F_y & -F_x \\ G_y & -G_x \end{vmatrix}}{\begin{vmatrix} F_y & F_z \\ G_y & G_z \end{vmatrix}} = -\frac{1}{J} \frac{\partial(F,G)}{\partial(y,x)}$$

例 10　设$\begin{cases} z = x^2 + y^2 \\ x^2 + 2y^2 + 3z^2 = 20 \end{cases}$,求$\dfrac{\mathrm{d}y}{\mathrm{d}x}, \dfrac{\mathrm{d}z}{\mathrm{d}x}$.

解　此题可直接利用公式(12),但也可依照推导公式(12)的方法来求解,下面用后一种方法来求解.

将所给方程两边对 x 求导,并移项,得

$$\begin{cases} -2y \dfrac{\mathrm{d}y}{\mathrm{d}x} + \dfrac{\mathrm{d}z}{\mathrm{d}x} = 2x \\ 2y \dfrac{\mathrm{d}y}{\mathrm{d}x} + 3z \dfrac{\mathrm{d}z}{\mathrm{d}x} = -x \end{cases}$$

在 $J = \begin{vmatrix} -2y & 1 \\ 2y & 3z \end{vmatrix} = -2y(3z+1) \neq 0$ 的条件下

$$\frac{\mathrm{d}y}{\mathrm{d}x} = \frac{\begin{vmatrix} 2x & 1 \\ -x & 3z \end{vmatrix}}{\begin{vmatrix} -2y & 1 \\ 2y & 3z \end{vmatrix}} = \frac{6xz + x}{-2y(3z+1)} = -\frac{x(6z+1)}{2y(3z+1)}$$

$$\frac{\mathrm{d}z}{\mathrm{d}x} = \frac{\begin{vmatrix} -2y & 2x \\ 2y & -x \end{vmatrix}}{\begin{vmatrix} -2y & 1 \\ 2y & 3z \end{vmatrix}} = \frac{-2xy}{-2y(3z+1)} = \frac{x}{3z+1}$$

习题9.4

1. 求下列复合函数的偏导数或导数,并经中间变量代入复合函数后再对自变量求导来验证所得的结果:

(1) $z=\frac{y}{x},x=e^{t},y=1-e^{2t}$,求$\frac{dz}{dt}$;

(2) $z=e^{x-2y},x=\sin t,y=t^{3}$,求$\frac{dz}{dt}$;

(3) $z=u^{2}\ln v,u=\frac{y}{x},v=3y-2x$,求$\frac{\partial z}{\partial x},\frac{\partial z}{\partial y}$;

(4) $z=e^{u},u=x\sin y$,求$\frac{\partial z}{\partial x},\frac{\partial z}{\partial y}$;

(5) $z=\arctan(xy),y=e^{x}$,求$\frac{dz}{dx}$;

(6) $z=(x^{2}+y^{2})^{xy}$,求$\frac{\partial z}{\partial x},\frac{\partial z}{\partial y}$.

2. 求下列函数的一阶偏导数(其中f具有一阶连续偏导数):

(1) $z=f(x^{2}+y^{2},e^{xy})$;　　(2) $z=f(x+\frac{1}{y},y+\frac{1}{x})$;

(3) $u=f(\frac{x}{y},\frac{y}{z})$.

3. 求由下列方程所确定的隐函数的导数或偏导数:

(1) 设$\sin y+e^{x}-xy^{2}=0$,求$\frac{dy}{dx}$;

(2) 设$x+y+z=e^{-(x+y+z)}$,求$\frac{\partial z}{\partial x},\frac{\partial z}{\partial y}$;

(3) 设$z^{x}=y^{z}$,求$\frac{\partial z}{\partial x},\frac{\partial z}{\partial y}$;

(4) 设$x+2y+2z-2\sqrt{xyz}=0$,求$\frac{\partial z}{\partial x},\frac{\partial z}{\partial y}$;

(5) 设$2\sin(x+2y-3z)=x+2y-3z$,证明:$\frac{\partial z}{\partial x}+\frac{\partial z}{\partial y}=1$;

(6) 设$e^{z}-xyz=0$,求$\frac{\partial z}{\partial x},\frac{\partial z}{\partial y}$.

4. 求由下列方程组所确定的隐函数的导数:

(1) $\begin{cases}x+y+z=0\\x^{2}+y^{2}+z^{2}=1\end{cases}$,求$\frac{dx}{dz},\frac{dy}{dz}$;

(2) $\begin{cases}x+y+z=2\\x^{2}+y^{2}+z^{2}=6\end{cases}$,求$\frac{dy}{dx},\frac{dz}{dx}$.

5. 设$2\sin(x+2y-3z)=x+2y-3z$,证明$\frac{\partial z}{\partial x}+\frac{\partial z}{\partial y}=1$.

6. 设 $z=y+F(u)$，$u=x^2-y^2$，其中 F 是可微函数，证明 $y\frac{\partial z}{\partial x}+x\frac{\partial z}{\partial y}=x$.

7. 设 $x=x(y,z)$，$y=y(x,z)$，$z=z(x,y)$ 都是由方程 $F(x,y,z)=0$ 所确定的具有连续偏导数的函数，证明$\frac{\partial x}{\partial y}\cdot\frac{\partial y}{\partial z}\cdot\frac{\partial z}{\partial x}=-1$.

*9.5　方向导数与梯度

9.5.1　方向导数

在很多实际问题中，尤其是许多物理与工程技术中，还常常需要研究沿着非平行于坐标轴方向的变化率. 例如，热空间要向冷空间的地方流动，气象学中就要确定大气温度、气压沿着某些方向的变化率，因此有必要知道函数沿任一指定方向的变化率，这就是要引入方向导数的概念.

1. 方向导数的定义

定义 1　设函数 $z=f(x,y)$ 在点 $P(x,y)$ 的某个邻域中有定义，$\boldsymbol{l}$ 是从点 $P(x,y)$ 引出的一条射线，$Q(x+\Delta x,y+\Delta y)$ 是 $\boldsymbol{l}$ 上的点，记 $\rho=\sqrt{(\Delta x)^2+(\Delta y)^2}$，如果比值

$$\frac{\Delta z}{\rho}=\frac{f(x+\Delta x,y+\Delta y)-f(x,y)}{\rho}$$

当 Q 沿着 $\boldsymbol{l}$ 趋于 P（即 $\rho\to 0^+$）时的极限存在，则将这个极限值称为函数 $z=f(x,y)$ 在点 P 处沿方向 $\boldsymbol{l}$ 的方向导数，记为$\frac{\partial f}{\partial \boldsymbol{l}}$或$\frac{\partial z}{\partial \boldsymbol{l}}$，于是

$$\frac{\partial f}{\partial \boldsymbol{l}}=\lim_{\rho\to 0^+}\frac{f(x+\Delta x,y+\Delta y)-f(x,y)}{\rho}$$

注　(1) 设 $\boldsymbol{l}$ 是 xOy 平面上的以 $P(x,y)$ 为始点的一条射线，$\boldsymbol{e}_l=(\cos\alpha,\cos\beta)$ 是与 $\boldsymbol{l}$ 同方向的单位向量（图 1），则有

$$\begin{cases}\Delta x=\rho\cos\alpha\\ \Delta y=\rho\cos\beta\end{cases}\qquad(1)$$

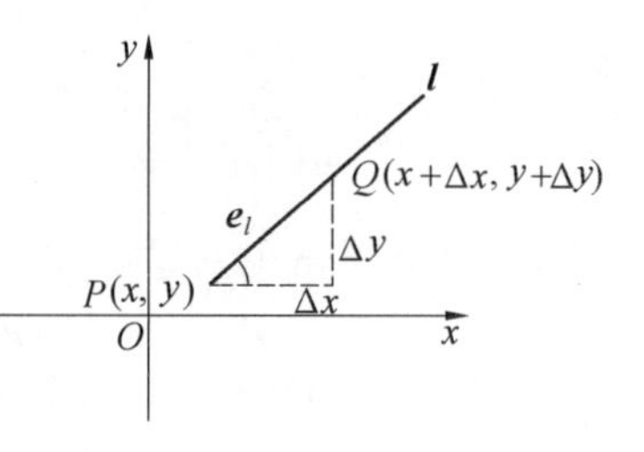

图 1

(2) 从方向导数的定义可知，方向导数$\frac{\partial f}{\partial \boldsymbol{l}}$就是函数 $f(x,y)$ 在点 $P(x,y)$ 处沿 $\boldsymbol{l}$ 方向的变化率，若函数 $f(x,y)$ 在点 $P(x,y)$ 的偏导数存在，$\boldsymbol{e}_l=\boldsymbol{i}=(1,0)$，则

$$\frac{\partial f}{\partial \boldsymbol{l}}=\lim_{\rho\to 0^+}\frac{f(x+\rho,y)-f(x,y)}{\rho}=f_x(x,y)$$

又若 $\boldsymbol{e}_l=\boldsymbol{j}=(0,1)$ 则

$$\frac{\partial f}{\partial l}=\lim_{\rho\to 0^+}\frac{f(x,y+\rho)-f(x,y)}{\rho}=f_y(x,y)$$

但反之，若 $\boldsymbol{e}_l=\boldsymbol{i}$，$\frac{\partial z}{\partial \boldsymbol{l}}$存在，但$\frac{\partial z}{\partial x}$未必存在，例如 $z=\sqrt{x^2+y^2}$ 在点(0,0) 处沿 $\boldsymbol{e}_l=\boldsymbol{i}$ 方向的方

向导数$\frac{\partial z}{\partial \boldsymbol{l}}\bigg|_{(0,0)}=1$,而偏导数$\frac{\partial z}{\partial x}\bigg|_{(0,0)}$不存在.

2. 方向导数的计算公式

定理1　如果函数$f(x,y)$在点$P(x,y)$可微分,那么函数在该点沿任一方向$\boldsymbol{l}$的方向导数存在,且有

$$\frac{\partial f}{\partial l}=f_x(x,y)\cos\alpha+f_y(x,y)\cos\beta$$

其中$\cos\alpha,\cos\beta$是方向$\boldsymbol{l}$的方向余弦.

证　由假设$f(x,y)$在点(x,y)处可微分,故有

$$f(x+\Delta x,y+\Delta y)-f(x,y)=f_x(x,y)\Delta x+f_y(x,y)\Delta y+o(\rho)$$

由式(1)知

$$\frac{\partial z}{\partial l}=\lim_{\rho\to 0^+}\frac{\Delta z}{\rho}=\lim_{\rho\to 0^+}\left(\frac{\partial z}{\partial x}\cos\alpha+\frac{\partial z}{\partial y}\cos\beta+\frac{o(\rho)}{\rho}\right)=\frac{\partial z}{\partial x}\cos\alpha+\frac{\partial z}{\partial y}\cos\beta$$

方向导数的概念可以推广到三元函数,设函数$u=f(x,y,z)$在点$P(x,y,z)$的某一邻域中有定义,$\boldsymbol{l}$是由点P出发的一条射线,点$Q(x+\Delta x,y+\Delta y,z+\Delta z)$是$\boldsymbol{l}$上的一个点,函数$f(x,y,z)$在点$P$处沿方向$\boldsymbol{l}$的方向导数定义为

$$\frac{\partial f}{\partial l}=\lim_{\rho\to 0^+}\frac{f(x+\Delta x,y+\Delta y,z+\Delta z)-f(x,y,z)}{\rho}$$

其中$\rho=\sqrt{(\Delta x)^2+(\Delta y)^2+(\Delta z)^2}$.

同理可证:如果函数$f(x,y,z)$在点(x,y,z)可微分,射线$\boldsymbol{l}$的方向余弦为$\cos\alpha,\cos\beta,\cos\gamma$,则该函数在点$P$处沿$\boldsymbol{l}$的方向导数为

$$\frac{\partial f}{\partial l}=\frac{\partial f}{\partial x}\cos\alpha+\frac{\partial f}{\partial y}\cos\beta+\frac{\partial f}{\partial z}\cos\gamma$$

例1　求函数$z=xe^{2y}$在点$P(1,0)$处沿从点$P(1,0)$到点$Q(2,-1)$方向的方向导数.

解　方向向量$\overrightarrow{PQ}=(1,-1)$即为$\boldsymbol{l}$的方向,与$\boldsymbol{l}$同向的单位向量为$\boldsymbol{e}_l=(\frac{1}{\sqrt{2}},-\frac{1}{\sqrt{2}})$.

因为函数可微分,且

$$\frac{\partial z}{\partial x}\bigg|_{(1,0)}=e^{2y}\big|_{(1,0)}=1,\frac{\partial z}{\partial y}\bigg|_{(1,0)}=2xe^{2y}\big|_{(1,0)}=2$$

故所求方向导数为

$$\frac{\partial z}{\partial l}\bigg|_{(1,0)}=1\cdot\frac{1}{\sqrt{2}}+2(-\frac{1}{\sqrt{2}})=-\frac{\sqrt{2}}{2}$$

例2　求函数$f(x,y,z)=xy+yz+zx$在点$(1,1,2)$处沿方向角为$\alpha=60°,\beta=45°,\gamma=60°$的方向导数.

解　由题设得$\frac{\partial f}{\partial x}=y+z,\frac{\partial f}{\partial y}=x+z,\frac{\partial f}{\partial z}=x+y$,于是

$$\frac{\partial f}{\partial x}\bigg|_{(1,1,2)}=3,\quad\frac{\partial f}{\partial y}\bigg|_{(1,1,2)}=3,\quad\frac{\partial f}{\partial z}\bigg|_{(1,1,2)}=2$$

$$e_l = (\cos 60°, \cos 45°, \cos 60°) = \left(\frac{1}{2}, \frac{\sqrt{2}}{2}, \frac{1}{2}\right)$$

$$\left.\frac{\partial f}{\partial \boldsymbol{l}}\right|_{(1,1,2)} = 3 \cdot \frac{1}{2} + 3 \cdot \frac{\sqrt{2}}{2} + 2 \cdot \frac{1}{2} = \frac{1}{2}(5 + 3\sqrt{2})$$

9.5.2　梯　度

对于固定的点,函数在不同方向上的变化率也不同,那么在点 P 的什么方向上,函数的变化率可以达到最大? 为此引入梯度的概念.

定义 2　设函数 $f(x,y)$ 在点 (x_0,y_0) 处可微,且 $f_x(x,y)$ 与 $f_y(x,y)$ 不同时为零,则非零向量

$$f_x(x_0,y_0)\boldsymbol{i} + f_y(x_0,y_0)\boldsymbol{j}$$

称为函数 $z=f(x,y)$ 在点 (x_0,y_0) 处的梯度,记为 $\mathbf{grad}\, f(x_0,y_0)$,即

$$\mathbf{grad}\, f(x_0,y_0) = f_x(x_0,y_0)\boldsymbol{i} + f_y(x_0,y_0)\boldsymbol{j} = \{f_x(x_0,y_0), f_y(x_0,y_0)\} \tag{2}$$

如果函数 $f(x,y)$ 在点 $P_0(x_0,y_0)$ 处可微分,$\boldsymbol{e}_l = (\cos\alpha, \cos\beta)$ 是与向量 $\boldsymbol{l}$ 同方向的单位向量,则

$$\left.\frac{\partial f}{\partial \boldsymbol{l}}\right|_{(x_0,y_0)} = f_x(x_0,y_0)\cos\alpha + f_y(x_0,y_0)\cos\beta =$$

$$\mathbf{grad}\, f(x_0,y_0) \cdot \boldsymbol{e}_l = |\mathbf{grad}\, f(x_0,y_0)|\cos\theta$$

其中 $\theta = \langle \mathbf{grad}\, f(x_0,y_0), \boldsymbol{e}_l \rangle$.

这一关系式表明了函数在一点的梯度是个向量,它的方向是函数在这点的方向导数取得最大值的方向,它的模就等于方向导数的最大值.

梯度的概念可以推广到三元函数,设函数 $u=f(x,y,z)$ 在空间区域 G 内具有一阶连续偏导数,则对于每一点 $P_0(x_0,y_0,z_0) \in G$,都可定义一个向量

$$f_x(x_0,y_0,z_0)\boldsymbol{i} + f_y(x_0,y_0,z_0)\boldsymbol{j} + f_z(x_0,y_0,z_0)\boldsymbol{k}$$

称为函数 $u=f(x,y,z)$ 在点 $P_0(x_0,y_0,z_0)$ 处的梯度,记为 $\mathbf{grad}\, f(x_0,y_0,z_0)$. 类似地,可以证明在点 P_0 处,函数 $u=f(x,y,z)$ 沿梯度方向的方向导数达到最大值 $|\mathbf{grad}\, f(x_0,y_0,z_0)|$.

例 3　求函数 $z=\ln(x^2+y^2)$ 的梯度.

解　因为 $\frac{\partial z}{\partial x} = \frac{2x}{x^2+y^2}, \frac{\partial z}{\partial y} = \frac{2y}{x^2+y^2}$,故函数 $z=\ln(x^2+y^2)$ 的梯度为

$$\mathbf{grad}\, \ln(x^2+y^2) = \frac{2x}{x^2+y^2}\boldsymbol{i} + \frac{2y}{x^2+y^2}\boldsymbol{j}$$

例 4　设函数 $f(x,y,z) = x^2+y^2+z^2$,在点 $(2,1,-1)$ 处求方向 $\boldsymbol{l}$,使得函数在该点沿 $\boldsymbol{l}$ 的方向导数达到最大,并求 $\boldsymbol{l}$ 的方向余弦和最大方向导数.

解　根据梯度的定义,函数沿梯度方向的方向导数最大,因

$$\mathbf{grad}\, f = \{f_x, f_y, f_z\} = \{2x, 2y, 2z\}$$

故 $\mathbf{grad}\, f(2,1,-1) = \{4,2,-2\}$,因此,函数在点 $(2,1,-1)$ 沿 $\boldsymbol{l} = \{4,2,-2\}$ 的方向导数最大,将 $\boldsymbol{l}$ 单位化得 $\boldsymbol{e}_l = \frac{\boldsymbol{l}}{|\boldsymbol{l}|} = \left\{\frac{2}{\sqrt{6}}, \frac{1}{\sqrt{6}}, \frac{-1}{\sqrt{6}}\right\}$,于是所求方向余弦为

$$\cos\alpha=\frac{2}{\sqrt{6}},\quad \cos\beta=\frac{1}{\sqrt{6}},\quad \cos\gamma=\frac{-1}{\sqrt{6}}$$

函数在该点最大的方向导数就是该点梯度的模

$$|\mathbf{grad}\, f(2,1,-1)|=\sqrt{24}=2\sqrt{6}$$

习题 9.5

1. 求下列方向导数：

(1) 函数 $z=x^2-y^2$ 在点(1,1) 处,沿与 x 轴正向成 60° 角的方向 $\boldsymbol{l}$ 的方向导数.

(2) 函数 $z=x^2+y^2$ 在点(1,2) 处,沿从点 $A(1,2)$ 到点 $B(2,2+\sqrt{3})$ 的方向 $\boldsymbol{l}$ 的方向导数.

(3) 函数 $u=xy^2+z^3-xyz$ 在点(1,1,2) 处,沿方向角 $\alpha=\frac{\pi}{3},\beta=\frac{\pi}{4},\gamma=\frac{\pi}{3}$ 的方向 $\boldsymbol{l}$ 的方向导数.

(4) 函数 $u=xyz$ 在点(5,1,2) 处,沿从点 $A(5,1,2)$ 到点 $B(9,4,14)$ 的方向 $\boldsymbol{l}$ 的方向导数.

2. 求函数 $z=\ln(x+y)$ 在抛物线 $y^2=4x$ 上点(1,2) 处,沿着这抛物线在该点处偏向 x 轴正向的切线方向的方向导数.

3. 求函数 $u=x^2+y^2+z^2$ 在曲线 $x=t,y=t^2,z=t^3$ 上点(1,1,1) 处,沿曲线在该点的切线正方向(对应于 t 增大的方向) 的方向导数.

4. 设 $f(x,y,z)=x^2+2y^2+3z^2+xy+3x-2y-6z$,求 $\mathbf{grad}\, f(0,0,0)$ 及 $\mathbf{grad}\, f(1,1,1)$.

5. 求函数 $z=\sqrt{xy}$ 在点(4,2) 处的最大变化率.

6. 问函数 $u=xy^2z$ 在点 $P(1,-1,2)$ 处沿什么方向的方向导数最大？并求此方向导数的最大值.

9.6　偏导数的应用

9.6.1　偏导数在几何上的应用

1. 空间曲线的切线与法平面

(1) 给定空间曲线

$$\Gamma:\begin{cases}x=x(t)\\ y=y(t)\\ z=z(t)\end{cases}\quad(\alpha\leqslant t\leqslant\beta)\tag{1}$$

式(1) 的三个函数都在$[\alpha,\beta]$上可导,且导数不同时为零, 在 Γ 上取对应于 $t=t_0$ 的点 $P_0(x_0,y_0,z_0)$ 及对应于 $t=t_0+\Delta t$ 的邻近的一点 $P(x_0+\Delta x,y_0+\Delta y,z_0+\Delta z)$(图1),则割线 P_0P 方程为

$$\frac{x-x_0}{\Delta x}=\frac{y-y_0}{\Delta y}=\frac{z-z_0}{\Delta z}$$

用 Δt 除上式分母

$$\frac{x-x_0}{\frac{\Delta x}{\Delta t}}=\frac{y-y_0}{\frac{\Delta y}{\Delta t}}=\frac{z-z_0}{\frac{\Delta z}{\Delta t}}$$

当 P 沿 Γ 趋于 P_0 时，割线 P_0P 的极限位置 P_0T 就是曲线 Γ 在 P_0 处的切线，切线 P_0T 的方程为

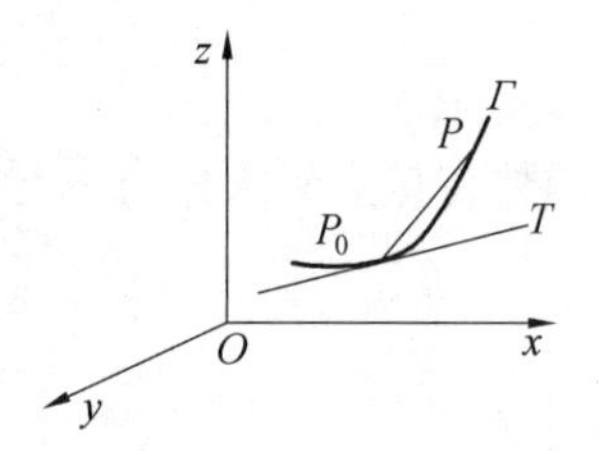

图 1

$$\frac{x-x_0}{x'(t_0)}=\frac{y-y_0}{y'(t_0)}=\frac{z-z_0}{z'(t_0)} \tag{2}$$

由于切线的方向向量就是法平面 π 的法向量，因此根据平面的点法式方程可得法平面 π 的方程为

$$x'(t_0)(x-x_0)+y'(t_0)(y-y_0)+z'(t_0)(z-z_0)=0 \tag{3}$$

这里非零向量 $\{x'(t_0),y'(t_0),z'(t_0)\}$ 称为曲线 Γ 在点 P_0 的切向量.

例 1　求曲线 $\begin{cases}x=a\cos t\\ y=a\sin t\\ z=bt\end{cases}$ $(a,b$ 为常数，$a\neq 0,b\neq 0)$ 在点 $M(a,0,0)$ 处的切线及法平面的方程.

解　点 $M(a,0,0)$ 对应的参数 $t=0$，

$$x'\big|_{t=0}=-a\sin t\big|_{t=0}=0$$

$$y'\big|_{t=0}=a\cos t\big|_{t=0}=a$$

$$z'\big|_{t=0}=b$$

所以，曲线在点 $M(a,0,0)$ 处的切线方程为

$$\frac{x-a}{0}=\frac{y}{a}=\frac{z}{b}$$

即

$$\begin{cases}x-a=0\\ \dfrac{y}{a}=\dfrac{z}{b}\end{cases}$$

法平面方程为

$$0(x-a)+a(y-0)+b(z-0)=0$$

即

$$ay+bz=0$$

(2) 如果空间曲线 Γ 的方程以

$$\begin{cases}y=\varphi(x)\\ z=\psi(x)\end{cases} \tag{4}$$

的形式给出，取 x 为参数，它就可以表示参数方程的形式

$$\begin{cases}x=x\\ y=\varphi(x)\\ z=\psi(x)\end{cases}$$

若 $\varphi(x),\psi(x)$ 都在点 $x=x_0$ 处可导，那么根据上面的讨论可知

$$\boldsymbol{T}=\{1,\varphi'(x_0),\psi'(x_0)\}$$

因此曲线 Γ 在点 $P_0(x_0,y_0,z_0)$ 处的切线方程为

$$\frac{x-x_0}{1}=\frac{y-y_0}{\varphi'(x_0)}=\frac{z-z_0}{\psi'(x_0)} \tag{5}$$

在点 $P_0(x_0,y_0,z_0)$ 处的法平面方程为

$$x-x_0+\varphi'(x_0)(y-y_0)+\psi'(x_0)(z-z_0)=0 \tag{6}$$

(3) 设空间曲线 Γ 的方程以

$$\begin{cases}F(x,y,z)=0\\G(x,y,z)=0\end{cases} \tag{7}$$

的形式给出，$P_0(x_0,y_0,z_0)$ 是曲线 Γ 上的一个点，又设 F,G 有对各个变量的连续偏导数，且

$$\left.\frac{\partial(F,G)}{\partial(y,z)}\right|_{(x_0,y_0,z_0)}\neq 0$$

这时方程组(7) 在点 $P_0(x_0,y_0,z_0)$ 的某一邻域内确定了一组函数 $y=\varphi(x),z=\psi(x)$，由 9.4 节公式(12) 有

$$\frac{\mathrm{d}y}{\mathrm{d}x}=\varphi'(x)=\frac{\begin{vmatrix}F_z & F_x\\G_z & G_x\end{vmatrix}}{\begin{vmatrix}F_y & F_z\\G_y & G_z\end{vmatrix}}$$

$$\frac{\mathrm{d}z}{\mathrm{d}x}=\psi'(x)=\frac{\begin{vmatrix}F_x & F_y\\G_x & G_y\end{vmatrix}}{\begin{vmatrix}F_y & F_z\\G_y & G_z\end{vmatrix}}$$

于是 $\boldsymbol{T}=\{1,\varphi'(x_0),\psi'(x_0)\}$ 是曲线 Γ 在点 P_0 处的一个切向量，其中

$$\varphi'(x_0)=\frac{\begin{vmatrix}F_z & F_x\\G_z & G_x\end{vmatrix}_0}{\begin{vmatrix}F_y & F_z\\G_y & G_z\end{vmatrix}_0},\quad \psi'(x_0)=\frac{\begin{vmatrix}F_x & F_y\\G_x & G_y\end{vmatrix}_0}{\begin{vmatrix}F_y & F_z\\G_y & G_z\end{vmatrix}_0}$$

此时切向量可以改写成

$$\boldsymbol{T}_1=\left\{\begin{vmatrix}F_y & F_z\\G_y & G_z\end{vmatrix}_0,\begin{vmatrix}F_z & F_x\\G_z & G_x\end{vmatrix}_0,\begin{vmatrix}F_x & F_y\\G_x & G_y\end{vmatrix}_0\right\}$$

由此可写出曲线 Γ 在点 $P_0(x_0,y_0,z_0)$ 处的切线方程为

$$\frac{x-x_0}{\begin{vmatrix}F_y & F_z\\G_y & G_z\end{vmatrix}_0}=\frac{y-y_0}{\begin{vmatrix}F_z & F_x\\G_z & G_x\end{vmatrix}_0}=\frac{z-z_0}{\begin{vmatrix}F_x & F_y\\G_x & G_y\end{vmatrix}_0} \tag{8}$$

曲线 Γ 在点 $P_0(x_0,y_0,z_0)$ 处的法平面方程为

$$\begin{vmatrix} F_y & F_z \\ G_y & G_z \end{vmatrix}_0 (x - x_0) + \begin{vmatrix} F_z & F_x \\ G_z & G_x \end{vmatrix}_0 (y - y_0) + \begin{vmatrix} F_x & F_y \\ G_x & G_y \end{vmatrix}_0 (z - z_0) = 0 \tag{9}$$

如果$\left.\dfrac{\partial(F,G)}{\partial(y,z)}\right|_0 = 0$，而$\left.\dfrac{\partial(F,G)}{\partial(z,x)}\right|_0$，$\left.\dfrac{\partial(F,G)}{\partial(x,y)}\right|_0$中至少有一个不等于零，可以得同样结果.

例 2　求曲线$\begin{cases} x^2 + 2y^2 + z^2 = 7 \\ 2x + 5y - 3z = -4 \end{cases}$在点$(2,-1,1)$处的切线方程及法平面方程.

解　这里可以直接用公式(8)及(9)来解，但下面仍依照推导公式来求解.

将所给方程的两边对x求导并移项，得

$$\begin{cases} 2y\dfrac{dy}{dx} + z\dfrac{dz}{dx} = -x \\ 5\dfrac{dy}{dx} - 3\dfrac{dz}{dx} = -2 \end{cases}$$

由此得

$$\frac{dy}{dx} = \frac{\begin{vmatrix} -x & z \\ -2 & -3 \end{vmatrix}}{\begin{vmatrix} 2y & z \\ 5 & -3 \end{vmatrix}} = \frac{3x + 2z}{-6y - 5z}$$

$$\frac{dz}{dx} = \frac{\begin{vmatrix} 2y & -x \\ 5 & -2 \end{vmatrix}}{\begin{vmatrix} 2y & z \\ 5 & -3 \end{vmatrix}} = \frac{-4y + 5x}{-6y - 5z}$$

所以

$$\left.\frac{dy}{dx}\right|_{(2,-1,1)} = 8, \quad \left.\frac{dz}{dx}\right|_{(2,-1,1)} = 14$$

从而$\boldsymbol{T} = \{1,8,14\}$，故所求切线方程为

$$\frac{x-2}{1} = \frac{y+1}{8} = \frac{z-1}{14}$$

法平面方程为

$$1(x-2) + 8(y+1) + 14(z-1) = 0$$

即

$$x + 8y + 14z - 8 = 0$$

2. 曲面的切平面与法线

(1) 由隐式给出的曲面方程

$$F(x,y,z) = 0 \tag{10}$$

设曲面Σ的方程由式(10)给出，假定函数$F(x,y,z)$有连续的偏导数且三个偏导数不同时为零，点$M(x_0,y_0,z_0)$是Σ上的一个点，Γ是曲面Σ上过定点M的曲线，设Γ的参数方程为

$$\begin{cases} x = x(t) \\ y = y(t) \quad (\alpha \leqslant t \leqslant \beta) \\ z = z(t) \end{cases} \tag{11}$$

在点 M 处对应的参数是 $t = t_0$,假设曲线参数方程中的三个函数有连续的导数且导数不同时为零,因为 Γ 在 Σ 上,则

$$F[x(t),y(t),z(t)] \equiv 0$$

于是

$$\frac{\mathrm{d}}{\mathrm{d}t}F[x(t),y(t),z(t)] \equiv 0$$

即有

$$F_x(x,y,z)x'(t) + F_y(x,y,z)y'(t) + F_z(x,y,z)z'(t) \equiv 0$$

取 $t = t_0$,则有

$$F_x(x_0,y_0,z_0)x'(t_0) + F_y(x_0,y_0,z_0)y'(t_0) + F_z(x_0,y_0,z_0)z'(t_0) \equiv 0 \tag{12}$$

令向量 $\boldsymbol{n} = \{F_x(x_0,y_0,z_0),F_y(x_0,y_0,z_0),F_z(x_0,y_0,z_0)\}$,$\boldsymbol{T} = \{x'(t_0),y'(t_0),z'(t_0)\}$,$\boldsymbol{T}$ 的几何意义是 Γ 在点 $M(x_0,y_0,z_0)$ 处切线的方向向量,则式(12) 可表示为 $\boldsymbol{n}\cdot\boldsymbol{T}=0$,这说明 $\boldsymbol{n}$ 与 $\boldsymbol{T}$ 相互垂直. 曲面上通过点 M 的一切曲线在点 M 处的切线都在同一平面上(图2),这个平面称为曲面 Σ 在点 M 的切平面,这个切平面的方程是

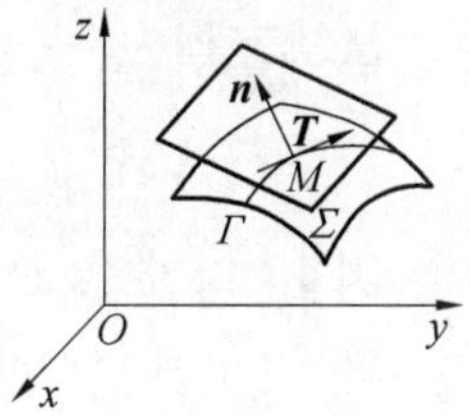

图2

$$F_x(x_0,y_0,z_0)(x - x_0) + F_y(x_0,y_0,z_0)(y - y_0) + F_z(x_0,y_0,z_0)(z - z_0) = 0 \tag{13}$$

通过点 $M(x_0,y_0,z_0)$ 而垂直于切平面(13) 的直线称为曲面在点 M 处的法线,法线方程是

$$\frac{x - x_0}{F_x(x_0,y_0,z_0)} = \frac{y - y_0}{F_y(x_0,y_0,z_0)} = \frac{z - z_0}{F_z(x_0,y_0,z_0)} \tag{14}$$

垂直于曲面上切平面的向量称为曲面的法向量,向量

$$\boldsymbol{n} = \{F_x(x_0,y_0,z_0),F_y(x_0,y_0,z_0),F_z(x_0,y_0,z_0)\}$$

就是曲面 Σ 在 P_0 处的一个法向量.

(2) 曲面方程

$$z = f(x,y) \tag{15}$$

令 $F(x,y,z) = f(x,y) - z$,可知 $F_x(x,y,z) = f_x(x,y)$,$F_y(x,y,z) = f_y(x,y)$,$F_z(x,y,z) = -1$.

若当函数 $f(x,y)$ 的偏导数 $f_x(x,y)$,$f_y(x,y)$ 在点(x_0,y_0) 处连续时,曲面(15) 在点 $P_0(x_0,y_0)$ 处的法向量为

$$\boldsymbol{n} = \{f_x(x_0,y_0),f_y(x_0,y_0),-1\}$$

切平面方程为

$$f_x(x_0,y_0)(x - x_0) + f_y(x_0,y_0)(y - y_0) - (z - z_0) = 0 \tag{16}$$

而法线方程为

$$\frac{x - x_0}{f_x(x_0,y_0)} = \frac{y - y_0}{f_y(x_0,y_0)} = \frac{z - z_0}{-1} \tag{17}$$

由方程(16)可知,函数 $z=f(x,y)$ 在点(x_0,y_0)处的全微分,在几何上表示曲面 $z=f(x,y)$ 在点(x_0,y_0,z_0)处的切平面上点的竖坐标的增量.

如果用 α,β,γ 表示曲面的法向量的方向角,并假设法向量的方向是向上的,即使得它与 z 轴的正向所成的角 γ 是一锐角,则法向量的方向余弦为

$$\cos\alpha=\frac{-f_x}{\sqrt{1+f_x^2+f_y^2}},\quad \cos\beta=\frac{-f_y}{\sqrt{1+f_x^2+f_y^2}},\quad \cos\gamma=\frac{1}{\sqrt{1+f_x^2+f_y^2}}$$

例 3　求曲面 $2x^2+3y^2+z^2=9$ 在点$(1,-1,2)$处的切平面和法线方程.

解　$F(x,y,z)=2x^2+3y^2+z^2-9$

$$\boldsymbol{n}=\{F_x,F_y,F_z\}=\{4x,6y,2z\},\quad \boldsymbol{n}|_{(1,-1,2)}=\{4,-6,4\}$$

所以在点$(1,-1,2)$处曲面的切平面方程为

$$2(x-1)-3(y+1)+2(z-2)=0$$

即

$$2x-3y+2z=9$$

法线方程为

$$\frac{x-1}{2}=\frac{y+1}{-3}=\frac{z-2}{2}$$

例 4　求曲面 $z=3x^2+2y^2$ 在点$(1,2,11)$处的切平面与法线方程.

解　令 $f(x,y)=3x^2+2y^2$,于是

$$\boldsymbol{n}=\{f_x,f_y,-1\}=\{6x,4y,-1\},\quad \boldsymbol{n}|_{(1,2,11)}=\{6,8,-1\}$$

所以在点$(1,2,11)$处的切平面为

$$6(x-1)+8(y-2)-(z-11)=0$$

即

$$6x+8y-z-11=0$$

法线方程为

$$\frac{x-1}{6}=\frac{y-2}{8}=\frac{z-11}{-1}$$

9.6.2　多元函数的极值与最值

1. 多元函数的极值

本节以二元函数为例,来讨论多元函数的极值问题.

定义 1　设函数 $z=f(x,y)$ 在区域 D 上有定义,点 $P_0(x_0,y_0)$ 的某个邻域 $U(P_0)\subset D$.

(1) 如果对于 $U(P_0)$ 中异于 $P_0(x_0,y_0)$ 的任何点 $P(x,y)$,总有不等式 $f(x,y)<f(x_0,y_0)$ 成立,则称 $f(x_0,y_0)$ 为函数 $z=f(x,y)$ 的一个极大值,$P_0(x_0,y_0)$ 称为极大值点.

(2) 如果对于 $U(P_0)$ 中异于 $P_0(x_0,y_0)$ 的任何点 $P(x,y)$ 总有不等式 $f(x,y)>f(x_0,y_0)$ 成立,则称 $f(x_0,y_0)$ 为函数 $z=f(x,y)$ 的一个极小值,$P_0(x_0,y_0)$ 称为极小值点.

极大值和极小值统称为极值,极大值点和极小值点统称为极值点.

例如,函数 $z=x^2+y^2$ 在点$(0,0)$有极小值0,它同时是函数的最小值(图3);函数 $z=1-\sqrt{x^2+y^2}$ 在点$(0,0)$有极大值1,它也同时是函数的最大值;而函数 $z=y^2-x^2$ 在点(0,

0) 处的值为0，而在(0,0) 的任意邻域内总能取到正值与负值，所以点(0,0) 不是它的极值点，它表示双曲抛物面(图4).

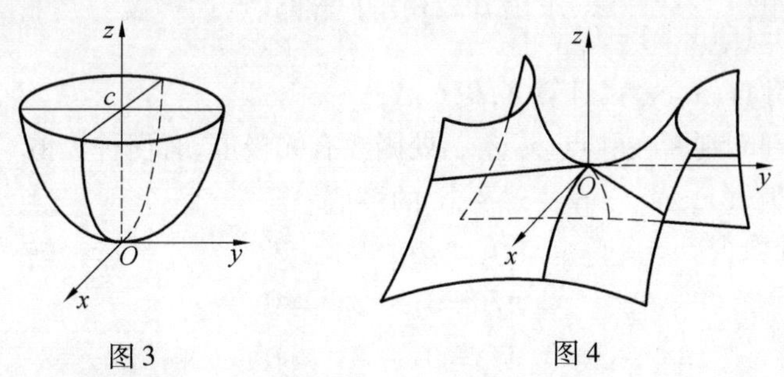

图3　　　　图4

定理1(极值的必要条件)　设函数 $z=f(x,y)$ 在点 $P_0(x_0,y_0)$ 的两个偏导数都存在，且函数在该点取得极值，则

$$f_x(x_0,y_0)=0,\quad f_y(x_0,y_0)=0$$

证　不妨设 $z=f(x,y)$ 在点 $P_0(x_0,y_0)$ 处有极小值，由极小值的定义，在点 $P_0(x_0,y_0)$ 的某邻域 $U(P_0)$ 内异于 $P_0(x_0,y_0)$ 的点 $P(x,y)$ 都有 $f(x,y)>f(x_0,y_0)$ 成立，在这个邻域中取点 $P(x,y_0)\neq P_0(x_0,y_0)$.

$$f(x,y_0)>f(x_0,y_0)$$

这说明一元函数 $F(x)$ 在点 x_0 处取得极小值，必有 $f_x(x_0,y_0)=0$. 同理又有 $f_y(x_0,y_0)=0$.

使得 $f_x(x_0,y_0)=0$，$f_y(x_0,y_0)=0$ 的点 (x_0,y_0) 称为函数 $z=f(x,y)$ 的驻点.

例5　讨论函数 $z=f(x,y)=3x^2+4y^2$ 的极值.

解　由于总有 $f(x,y)\geqslant 0$，且只有点(0,0) 才有 $f(0,0)=0$，因此 $f(0,0)=0$ 是最小值，从而是极小值.

对函数求偏导数得 $z_x=6x$，$z_y=8y$，令 $z_x=0$，$z_y=0$，得

$$\begin{cases}z_x=6x=0\\ z_y=8y=0\end{cases}$$

得到唯一的驻点(0,0)，从而验证了定理1的结论.

显然，可导函数的极值点一定是驻点，反之，驻点不一定是极值点.

例6　设 $z=f(x,y)=xy$，讨论点(0,0) 是否为函数的驻点，是否为函数的极值点.

解　$z_x=y$，$z_y=x$，令 $z_x=0$，$z_y=0$，得驻点(0,0)，即(0,0) 是函数 $z=xy$ 的驻点，但(0,0) 不是函数的极值点.

如何判定一个驻点是否是极值点呢？下面的定理回答了这个问题.

定理2(极值存在的充分条件)　设函数 $z=f(x,y)$ 在其驻点 (x_0,y_0) 的某个邻域内有二阶的连续偏导数，令 $A=f_{xx}(x_0,y_0)$，$B=f_{xy}(x_0,y_0)$，$C=f_{yy}(x_0,y_0)$，$\Delta=AC-B^2$，那么

(1) 如果 $\Delta>0$，则点 (x_0,y_0) 是函数的极值点，且当 $A<0$ 时，$f(x_0,y_0)$ 是极大值；当 $A>0$ 时，$f(x_0,y_0)$ 为极小值；

(2) 如果 $\Delta<0$，则点 (x_0,y_0) 不是函数的极值点；

(3) 如果 $\Delta=0$，则函数 $z=f(x,y)$ 在点 (x_0,y_0) 处有无极值不能确定，需用其他方法判别.

由定理1和定理2可归纳出求二元函数 $z=f(x,y)$ 极值的步骤：

(1) 解方程组 $\begin{cases} f_x(x,y)=0 \\ f_y(x,y)=0 \end{cases}$,求出 $f(x,y)$ 的全部驻点；

(2) 对每个驻点 (x_0,y_0),计算 A,B,C,Δ；

(3) 根据定理2判断在驻点 (x_0,y_0) 处函数有无极值,有何种极值.

例7　求函数 $f(x,y)=3xy-x^3-y^3$ 的极值.

解　求偏导数得 $f_x=3y-3x^2, f_y=3x-3y^2$,令

$$\begin{cases} f_x=3y-3x^2=0 \\ f_y=3x-3y^2=0 \end{cases}$$

得 $\begin{cases} x_1=0 \\ y_1=0 \end{cases}$, $\begin{cases} x_2=1 \\ y_2=1 \end{cases}$. 再求二阶偏导数

$$A=f_{xx}=-6x, B=f_{xy}=3, C=f_{yy}=-6y, \Delta=AC-B^2=36xy-9$$

在 $(0,0)$ 处,$\Delta|_{(0,0)}=-9<0$,所以 $f(x,y)$ 在 $(0,0)$ 处没有极值；

在 $(1,1)$ 处,$\Delta|_{(1,1)}=27>0$,所以 $f(x,y)$ 在 $(1,1)$ 处有极值,且 $A=-6<0$,知函数在点 $(1,1)$ 处有极大值 $f(1,1)=1$.

对于二元以上的多元函数取得极值的必要条件与定理1的结论类似,如,设三元函数 $u=f(x,y,z)$ 在点 $P_0(x_0,y_0,z_0)$ 处取得极值且在点 P_0 处的偏导数都存在,则

$$f_x(x_0,y_0,z_0)=0,\quad f_y(x_0,y_0,z_0)=0,\quad f_z(x_0,y_0,z_0)=0$$

2. 多元函数的最值

函数的最大值和最小值问题统称为最值问题,通常包括以下两个方面的内容.

(1) 需要解决最值的存在性,对于多元函数,已有的结论是:有界闭区域上的连续函数一定有最值;但是在其他情况下函数是否有最值往往需要对具体情况做具体分析.

(2) 在函数最值存在的前提下如何求最值,一般方法是:

将函数 $f(x,y)$ 在 D 内的所有驻点处的函数值及在 D 的边界上的最大值和最小值相互比较,其中最大的就是最大值,最小的就是最小值,但这种做法,由于要求出 $f(x,y)$ 在 D 的边界上的最大值和最小值,所以往往相当复杂. 在通常遇到的实际问题中,如果根据问题的性质,知道函数 $f(x,y)$ 的最大(或最小)值一定在 D 的内部取得,而函数在 D 内只有一个驻点,那么可以肯定该驻点处的函数值就是函数 $f(x,y)$ 在 D 上的最大(或最小)值.

例8　在 xOy 平面上求一点 $P(x,y)$ 使得它到三个点 $P_1(0,0), P_2(1,0), P_3(0,1)$ 距离的平方和最小,并求最小值.

解　建立点 $P(x,y)$ 与 $P_1(0,0), P_2(1,0), P_3(0,1)$ 的距离的平方和函数

$$z=(x^2+y^2)+[(x-1)^2+y^2]+[x^2+(y-1)^2]=$$
$$3x^2+3y^2-2x-2y+2$$

问题归结为在开区域 $\mathbf{R}^2$ 内求函数 z 的最小值.

令

$$\begin{cases} \dfrac{\partial z}{\partial x}=6x-2=0 \\ \dfrac{\partial z}{\partial y}=6y-2=0 \end{cases}$$

得驻点

$$\begin{cases} x = \dfrac{1}{3} \\ y = \dfrac{1}{3} \end{cases}$$

由实际问题考虑，z 的最小值存在且驻点是唯一的，可以断定在点$\left(\frac{1}{3},\frac{1}{3}\right)$处函数取得最小值，最小值为 $z\left(\frac{1}{3},\frac{1}{3}\right)=\frac{4}{3}$.

例9　要做一个容积为32 cm^3 的无盖长方体箱子，问当长、宽、高各取多少时，才能使用料最省？

解　设长方体箱子的长为 x cm，宽为 y cm，由已知条件得高为$\frac{32}{xy}$ cm，箱子的表面积为

$$S = xy + 2y \cdot \frac{32}{xy} + 2x \cdot \frac{32}{xy} = xy + \frac{64}{x} + \frac{64}{y} \quad (x > 0, y > 0)$$

当表面积最小时所用料最省，令

$$\begin{cases} S_x = y - \dfrac{64}{x^2} = 0 \\ S_y = x - \dfrac{64}{y^2} = 0 \end{cases}$$

解方程得驻点(4,4)，根据题意可知，水箱所用材料面积的最小值一定存在，并在开区域 $D = \{(x,y) \mid x > 0, y > 0\}$ 内取得，又函数在 D 内只有唯一的驻点(4,4)，因此可断定当 $x = 4, y = 4$ 时，即当水箱的长为4 cm，宽为4 cm，高为2 cm时，水箱所用的材料最省.

3. 条件极值

上面所讨论的极值问题，对于函数的自变量除了限制在函数的定义域内，没有其他限制，因此称这种极值为无条件极值. 如果对函数的自变量存在附加条件，这种极值称为条件极值. 例如，函数 $z = x^2 + y^2$ 在无条件时，极值点为(0,0)，且极小值为零，如果附加条件 $x + y = 1$，在此条件下极小值不可能在(0,0)处取得，因为这一点的坐标不满足方程 $x + y = 1$，要想求出满足条件 $x + y = 1$ 的二元函数 $z = x^2 + y^2$ 的极值，可将条件 $y = 1 - x$ 代入 $z = x^2 + y^2$ 中，即 $z = x^2 + (1 - x)^2 = 2x^2 - 2x + 1$，求导 $z_x = 4x - 2$，令 $z_x = 0$ 解得 $x = \frac{1}{2}$，于是 $y = 1 - x = \frac{1}{2}$，通过本例可以看出，条件极值问题可化为无条件极值问题. 可是，在一般情况下，把条件极值化为无条件极值并不总是这样简单，为此，另有一种直接寻求条件极值的方法，可以不必先把问题化为无条件极值的问题，这就是下面要介绍的方法.

定理3（拉格朗日(Lagrange)乘数法）　设二元函数 $f(x,y)$ 和 $\varphi(x,y)$ 在所考虑的区域内有连续的偏导数，且 $\varphi_x(x,y)$，$\varphi_y(x,y)$ 不同时为零，令拉格朗日函数

$$L(x,y) = f(x,y) + \lambda\varphi(x,y) \tag{18}$$

其中常数 λ 称为拉格朗日乘数.

求 L 的两个偏导数,并建立方程组

$$\begin{cases}\dfrac{\partial L}{\partial x}=f_x(x,y)+\lambda\varphi_x(x,y)=0\\\dfrac{\partial L}{\partial y}=f_y(x,y)+\lambda\varphi_y(x,y)=0\\\dfrac{\partial L}{\partial \lambda}=\varphi(x,y)=0\end{cases}\tag{19}$$

如果函数 $z=f(x,y)$ 在约束条件 $\varphi(x,y)=0$ 下的极值点是 (x_0,y_0),则存在 λ_0,使得 λ_0,x_0,y_0 是方程(19)的解.

用拉格朗日乘数法求条件极值的步骤如下:

(1)根据目标函数和约束条件写出拉格朗日函数(18);

(2)建立方程组(19);

(3)求出方程组(19)的全部解,如果 λ_0,x_0,y_0 是方程组(19)的解,则点 (x_0,y_0) 就是这个条件极值问题的可能极值点;

(4)判断点 (x_0,y_0) 是否为条件极值的极值点.

其他多元函数的极值问题也有类似定理3的结论.

定理4　设三元函数 $f(x,y,z)$ 和 $\varphi(x,y,z)$ 在所考虑的区域内有连续的偏导数,且 $\varphi_x(x,y,z),\varphi_y(x,y,z),\varphi_z(x,y,z)$ 不同时为零,令

$$L(x,y,z)=f(x,y,z)+\lambda\varphi(x,y,z)\tag{20}$$

其中常数 λ 称为拉格朗日乘数,$L(x,y,z)$ 称为拉格朗日函数.

求 L 的四个偏导数,并建立方程组

$$\begin{cases}\dfrac{\partial L}{\partial x}=f_x(x,y,z)+\lambda\varphi_x(x,y,z)=0\\\dfrac{\partial L}{\partial y}=f_y(x,y,z)+\lambda\varphi_y(x,y,z)=0\\\dfrac{\partial L}{\partial z}=f_z(x,y,z)+\lambda\varphi_z(x,y,z)=0\\\dfrac{\partial L}{\partial \lambda}=\varphi(x,y,z)=0\end{cases}\tag{21}$$

如果函数 $z=f(x,y,z)$ 在约束条件 $\varphi(x,y,z)=0$ 下的极值点是 (x_0,y_0,z_0),则存在 λ_0,使得 λ_0,x_0,y_0 是方程(21)的解.

例10　在直线 $x+y=2$ 上求一点,使得该点到原点的距离最短.

解　$L(x,y)=\sqrt{x^2+y^2}+\lambda(x+y-2)$

解方程组

$$\begin{cases}L_x=\dfrac{x}{\sqrt{x^2+y^2}}+\lambda=0 & ①\\L_y=\dfrac{y}{\sqrt{x^2+y^2}}+\lambda=0 & ②\\L_\lambda=x+y-2=0 & ③\end{cases}$$

由式①,②可得$\frac{x}{\sqrt{x^2+y^2}}=\frac{y}{\sqrt{x^2+y^2}}$,于是$x=y$,代入式③得$x=y=1$,所以点(1,1)就是可能的极值点.

从几何意义上讲,所求的最小距离一定存在,而可能极值点只有一个,故点(1,1)到原点的距离最小,最小值为$d=\sqrt{2}$.

例 11　用拉格朗日乘数法求解例 9.

解　设长方体的表面积为S cm^2,长、宽、高分别为x cm,y cm,z cm,则所解决的问题就是目标函数

$$S=xy+2yz+2xz$$

在条件

$$V=xyz=32$$

下的最小值,作拉格朗日函数

$$L(x,y,z)=xy+2yz+2xz+\lambda(xyz-32)$$

求其对x,y,z的偏导数,并建立方程组

$$\begin{cases}L_x=y+2z+\lambda yz=0 & ①\\ L_y=x+2z+\lambda xz=0 & ②\\ L_z=2y+2x+\lambda xy=0 & ③\\ xyz=32 & ④\end{cases}$$

由式①,②,③知$-\frac{y+2z}{yz}=-\frac{x+2z}{xz}=-\frac{2y+2x}{xy}$,由前两个等式可得$x=y=2z$,代入式④便得

$$x=4,\quad y=4,\quad z=2$$

这是唯一极值点,因为由问题可知最大值一定存在,所以最小值就在这个可能的极值点处取得.所以当$x=4,y=4,z=2$时所用材料最省.

例 12　设销售收入R(单位:万元)与花费在两种广告宣传上的费用x,y(单位:万元)之间的关系为

$$R=\frac{200x}{x+5}+\frac{100y}{10+y}$$

利润额相当于 1/5 的销售收入,并要扣除广告费用.已知广告费用总预算金是 25 万元,试问如何分配两种广告费用可使利润最大?

解　设利润为L,有$L=\frac{1}{5}R-x-y=\frac{40x}{x+5}+\frac{20y}{10+y}-x-y$

约束条件为$x+y=25$,作拉格朗日函数

$$L(x,y,\lambda)=\frac{40x}{x+5}+\frac{20y}{10+y}-x-y+\lambda(x+y-25)$$

从方程组

$$\begin{cases} L_x = \dfrac{200}{(5+x)^2} - 1 + \lambda = 0 & ① \\ L_y = \dfrac{200}{(10+y)^2} - \lambda + \lambda = 0 & ② \\ L_\lambda = x + y - 2 = 0 & ③ \end{cases}$$

的前两个方程得
$$(5+x)^2 = (10+y)^2$$

又 $y = 25 - x$,解得 $x = 15, y = 10$. 根据问题本身的意义及驻点的唯一性即知,当投入两种广告费用分别为15万元和10万元时,可使利润最大.

例13　求函数 $f(x,y) = 2x^2 + 3y^2 - 4x + 2$ 在闭区域 $D = \{(x,y) \mid x^2 + y^2 \leqslant 16\}$ 上的最大值和最小值.

解　先求 $f(x,y)$ 在 D 的内部 $x^2 + y^2 < 16$ 的驻点. 令
$$f_x = 4x - 4 = 0, \quad f_y = 6y = 0$$
得唯一的驻点 $(1,0)$.

再用拉格朗日乘数法求 $f(x,y)$ 在 D 的边界 $x^2 + y^2 = 16$ 上的可能的极值点,作拉格朗日函数
$$L(x,y,\lambda) = 2x^2 + 3y^2 - 4x + 2 + \lambda(x^2 + y^2 - 16)$$

解方程组
$$\begin{cases} L_x = 4x - 4 + 2\lambda x = 0 \\ L_y = 6y + 2\lambda y = 0 \\ L_\lambda = x^2 + y^2 - 16 = 0 \end{cases}$$

由第二个方程得
$$y = 0 \text{ 或 } \lambda = -3$$

当 $y = 0$ 时,从第三个方程得 $x = \pm 4$;当 $\lambda = -3$ 时,从第一个方程和第三个方程得 $x = -2, y = \pm 2\sqrt{3}$,于是求得四个可能的条件极值点
$$(4,0),(-4,0),(-2,2\sqrt{3}),(-2,-2\sqrt{3})$$

比较
$$f(1,0) = 0, f(4,0) = 18, f(-4,0) = 50, f(-2,2\sqrt{3}) = 54, f(-2,-2\sqrt{3}) = 54$$
得 $f(x,y)$ 在 D 上的最大值是54,最小值是0.

习题9.6

1. 求下列空间曲面在指定点处的切平面与法线方程:

(1) $z = y + \ln \dfrac{x}{y}$,在点 $(1,1,1)$ 处;

(2) $e^z - z + xy = 3$,在点 $(2,1,0)$ 处.

(3) 求曲面 $x^2 + y^2 + z^2 = 1$ 上平行于平面 $x - y + 2z = 0$ 的切平面方程.

2. 求下列空间曲线在指定点处的切线与法平面方程:

(1) 曲线 $\begin{cases} x = t - \cos t \\ y = 3 + \sin 2t \\ z = 1 + \cos 3t \end{cases}$ 在对应于 $t = \dfrac{\pi}{2}$ 的点处;

(2) $\begin{cases} y^2+z^2=25 \\ x^2+y^2=10 \end{cases}$ 在点(1,3,4)处.

(3) 求出曲线 $\begin{cases} x=t \\ y=t^2 \\ z=t^3 \end{cases}$ 上的点,使在该点的切线平行于平面 $x+2y+z=4$.

3. 求下列函数的极值:

(1) $z=4(x-y)-x^2-y^2$;

(2) $z=x^3+y^3-3xy$.

4. 用拉格朗日乘数法求下列条件极值的可能极值点,并用无条件极值的方法确定是否取得极值:

(1) 目标函数 $z=xy$,约束条件 $x+y=1$;

(2) 目标函数 $z=x^2+y^2$,约束条件 $\frac{x}{a}+\frac{y}{b}=1$;

(3) 目标函数 $u=x-2y+2z$,约束条件 $x^2+y^2+z^2=1$.

5. 求出曲线 $x=t,y=t^2,z=t^3$ 上的点,使得该点的切线平行于平面 $x+2y+z=4$.

6. 求曲面 $\frac{x^2}{2}+y^2+\frac{z^2}{4}=1$ 上平行于平面 $2x+2y+z+5=0$ 的切平面方程.

7. 在曲面 $z=xy$ 上求一点,使得曲面在该点的法线垂直于平面 $x+3y+z+9=0$,并求此法线方程.

8. 在平面 $x+y+z=1$ 上求一点,使它与两定点(1,0,1),(2,0,1)的距离平方和为最小.

9. 用铁板制作一个长方体的箱子,要使其表面积为96 m^3. 问:怎样的尺寸才可使箱子的容积最大?并求最大容积.

10. 试证曲面 $\sqrt{x}+\sqrt{y}+\sqrt{z}=\sqrt{a}\ (a>0)$ 上任何点处的切平面在各坐标轴上的截距之和等于 a.

* 9.7　最小二乘法及 RLSE 方法简介

这里再介绍生产实践与科学技术中应用广泛的两种重要方法.

9.7.1　最小二乘法

在实际问题中,常常需要根据实践数据来寻求两个变量之间函数关系的近似表达式,通常把这样得到的表达式称为经验公式. 下面介绍一种寻求两个变量之间函数关系的经验公式的方法.

设根据实践测得的变量 x 与 y 的 n 组数据如下:

x	x_1	x_2	…	x_i	…	x_n
y	y_1	y_2	…	y_i	…	y_n

在 xOy 坐标面上可以得到 n 个点 $P_i(x_i,y_i)(i=1,2,\cdots,n)$. 如果这些点在一条直线上,则可以认为两个变量之间的关系式为 $y=ax+b$. 然而,一般说来这种可能性是很小的. 如果这些点近似地在一条直线上,那么可以考虑用一次函数 $y=ax+b$ 近似地表达两个变

量之间的函数关系,关键的问题是,如何选取 a,b,使直线 $y=ax+b$ 尽可能地靠近这些点,即希望直线上对应于 $x=x_i(i=1,2,\cdots,n)$ 的点的坐标 ax_i+b 与实验数据 y_i 相差"很小".通常取 $[y_i-(ax_i+b)](i=1,2,\cdots,n)$ 的平方和最小来衡量.这样,问题归结为:确定函数 $y=ax+b$ 中的常数 a 和 b,使

$$Q(a,b)=\sum_{i=1}^{n}[y_i-(ax_i+b)]^2=\sum_{i=1}^{n}(y_i-ax_i-b)^2$$

为最小.由极值原理,这种根据偏差的平方和为最小来选择常数 a 和 b 的方法,称为最小二乘法.

令 $$\frac{\partial Q}{\partial a}=-2\sum_{i=1}^{n}(y_i-ax_i-b)x_i,\quad \frac{\partial Q}{\partial b}=-2\sum_{i=1}^{n}(y_i-ax_i-b)$$

令 $\begin{cases}-2\sum\limits_{i=1}^{n}(y_i-ax_i-b)x_i=0\\ -2\sum\limits_{i=1}^{n}(y_i-ax_i-b)=0\end{cases}$,即有 $\begin{cases}\sum\limits_{i=1}^{n}(y_i-ax_i-b)x_i=0\\ \sum\limits_{i=1}^{n}(y_i-ax_i-b)=0\end{cases}$

即 $$\begin{cases}a\sum\limits_{i=1}^{n}x_i^2+b\sum\limits_{i=1}^{n}x_i=\sum\limits_{i=1}^{n}x_iy_i\\ a\sum\limits_{i=1}^{n}x_i+nb=\sum\limits_{i=1}^{n}y_i\end{cases}$$

解得 $$\begin{cases}a=\dfrac{\begin{vmatrix}\sum\limits_{i=1}^{n}x_iy_i & \sum\limits_{i=1}^{n}x_i\\ \sum\limits_{i=1}^{n}y_i & n\end{vmatrix}}{\begin{vmatrix}\sum\limits_{i=1}^{n}x_i^2 & \sum\limits_{i=1}^{n}x_i\\ \sum\limits_{i=1}^{n}x_i & n\end{vmatrix}}=\dfrac{n\sum\limits_{i=1}^{n}x_iy_i-(\sum\limits_{i=1}^{n}x_i)\cdot(\sum\limits_{i=1}^{n}y_i)}{n\sum\limits_{i=1}^{n}x_i^2-(\sum\limits_{i=1}^{n}x_i)^2}\\ b=\dfrac{\begin{vmatrix}\sum\limits_{i=1}^{n}x_i^2 & \sum\limits_{i=1}^{n}x_iy_i\\ \sum\limits_{i=1}^{n}x_i & \sum\limits_{i=1}^{n}y_i\end{vmatrix}}{\begin{vmatrix}\sum\limits_{i=1}^{n}x_i^2 & \sum\limits_{i=1}^{n}x_i\\ \sum\limits_{i=1}^{n}x_i & n\end{vmatrix}}=\dfrac{(\sum\limits_{i=1}^{n}x_i^2)\cdot(\sum\limits_{i=1}^{n}y_i)-(\sum\limits_{i=1}^{n}x_i)\cdot(\sum\limits_{i=1}^{n}x_iy_i)}{n\sum\limits_{i=1}^{n}x_i^2-(\sum\limits_{i=1}^{n}x_i)^2}\end{cases}$$

它还可简化为

$$\begin{cases} a = \dfrac{\sum\limits_{i=1}^{n}(x_i - \bar{x})(y_i - \bar{y})}{\sum\limits_{i=1}^{n}(x_i - \bar{x})^2} \\ b = \bar{y} - a\bar{x} \end{cases} \tag{1}$$

其中 $\bar{x} = \dfrac{1}{n}\sum\limits_{i=1}^{n} x_i, \bar{y} = \dfrac{1}{n}\sum\limits_{i=1}^{n} y_i$. 从而得经验公式 $y = ax + b$.

9.7.2　RLSE 方法简介

设 $\boldsymbol{Y}_{n+1}, \boldsymbol{X}_{n+1} = (x_{(n+1),1}, \cdots, x_{(n+1),m})$ 是随着时间的推移而得到的一组新的观察数据，把这些新的观察数据加到方程

$$\boldsymbol{Y}_n = \boldsymbol{G}_n \boldsymbol{B}_n + \boldsymbol{\varepsilon}_n \tag{2}$$

中得到

$$\boldsymbol{Y}_{n+1} = \boldsymbol{G}_{n+1} \boldsymbol{B}_{n+1} + \boldsymbol{\varepsilon}_{n+1} \tag{3}$$

其中 $\boldsymbol{Y}_{n+1} = \begin{bmatrix} y_1 \\ \vdots \\ y_n \\ y_{n+1} \end{bmatrix} = \begin{bmatrix} Y_n \\ y_{n+1} \end{bmatrix}, \boldsymbol{G}_{n+1} = \begin{bmatrix} x_1 \\ \vdots \\ x_n \\ x_{n+1} \end{bmatrix} = \begin{bmatrix} G_n \\ x_{n+1} \end{bmatrix}, \boldsymbol{B}_{n+1} = \begin{bmatrix} \beta_0 \\ \beta_1 \\ \vdots \\ \beta_n \end{bmatrix}$.

类似普通最小二乘估计的推导可得新的最小二乘估计为

$$\hat{\boldsymbol{B}}_{n+1} = (\boldsymbol{G}'_{n+1}\boldsymbol{G}_{n+1})^{-1}\boldsymbol{G}'_{n+1}\boldsymbol{Y}_{n+1} \tag{4}$$

记 $(\boldsymbol{G}'_{n+1}\boldsymbol{G}_{n+1})^{-1} = \boldsymbol{W}_{n+1}$，则式(4) 可表示为

$$\hat{\boldsymbol{B}}_{n+1} = \boldsymbol{W}_{n+1}\boldsymbol{G}'_{n+1}\boldsymbol{Y}_{n+1} \tag{5}$$

展开 $\boldsymbol{W}_{n+1}$ 有

$$\boldsymbol{W}_{n+1} = (\boldsymbol{G}'_{n+1}\boldsymbol{G}_{n+1})^{-1} = \left\{(\boldsymbol{G}'_n \boldsymbol{X}'_{n+1})\begin{bmatrix} \boldsymbol{G}_n \\ \boldsymbol{X}_{n+1} \end{bmatrix}\right\}^{-1} =$$

$$(\boldsymbol{G}'_n\boldsymbol{G}_n + \boldsymbol{X}'_{n+1}\boldsymbol{X}_{n+1})^{-1} = (\boldsymbol{W}_n^{-1}\boldsymbol{X}'_{n+1}\boldsymbol{X}_{n+1})^{-1} \tag{6}$$

由矩阵的求逆公式可得

$$\boldsymbol{W}_{n+1} = \boldsymbol{W}_n - \boldsymbol{W}_n\boldsymbol{X}'_{n+1}(1 + \boldsymbol{X}_{n+1}\boldsymbol{W}_n\boldsymbol{X}'_{n+1})^{-1}\boldsymbol{X}_{n+1}\boldsymbol{W}_n = \boldsymbol{W}_n - \boldsymbol{S}_{n+1}\boldsymbol{X}_{n+1}\boldsymbol{W}_n \tag{7}$$

其中 $\boldsymbol{S}_{n+1} = \boldsymbol{W}_n X'_{n+1}(1 + \boldsymbol{X}_{n+1}\boldsymbol{W}_n\boldsymbol{X}'_{n+1})^{-1}$.

又由式(5) 可得

$$\hat{\boldsymbol{B}}_{n+1} = \boldsymbol{W}_{n+1}(\boldsymbol{G}'_{n+1}\boldsymbol{X}'_{n+1})\begin{bmatrix} \boldsymbol{Y}_n \\ y_{n+1} \end{bmatrix} = (\boldsymbol{W}_n - \boldsymbol{S}_{n+1}\boldsymbol{X}_{n+1}\boldsymbol{W}_n)(\boldsymbol{G}'_n\boldsymbol{Y}'_n + \boldsymbol{X}'_{n+1}y_{n+1}) =$$

$$\hat{\boldsymbol{B}}_n - \boldsymbol{S}_{n+1}\boldsymbol{X}_{n+1}\hat{\boldsymbol{B}}_n + (\boldsymbol{W}_n\boldsymbol{X}'_{n+1}y_{n+1} - \boldsymbol{S}_{n+1}\boldsymbol{X}_{n+1}\boldsymbol{W}_n\boldsymbol{X}'_{n+1}y_{n+1}) \tag{8}$$

其中 $\boldsymbol{W}_n\boldsymbol{X}'_{n+1}y_{n+1}$ 又可写为

$$\boldsymbol{W}_n\boldsymbol{X}'_{n+1}y_{n+1} = \boldsymbol{W}_n\boldsymbol{X}'_{n+1}(1 + \boldsymbol{X}_{n+1}\boldsymbol{W}_n\boldsymbol{X}'_{n+1})^{-1}(1 + \boldsymbol{X}_{n+1}\boldsymbol{W}_n\boldsymbol{X}'_{n+1})y_{n+1} =$$

$$\boldsymbol{S}_{n+1}y_{n+1} + \boldsymbol{S}_{n+1}\boldsymbol{X}_{n+1}\boldsymbol{W}_n\boldsymbol{X}'_{n+1}y_{n+1} \tag{9}$$

把式(9)代入式(8)整理得

$$\hat{\boldsymbol{B}}_{n+1} = \hat{\boldsymbol{B}}_n + \boldsymbol{S}_{n+1}(y_{n+1} - \boldsymbol{X}_{n+1}\hat{\boldsymbol{B}}_n) \tag{10}$$

组合式(10),(7)便得到一组最小二乘估计的递推公式

$$\hat{\boldsymbol{B}}_{n+1} = \hat{\boldsymbol{B}}_n + \boldsymbol{S}_{n+1}(y_{n+1} - \boldsymbol{X}_{n+1}\hat{\boldsymbol{B}}_n)$$

$$\boldsymbol{S}_{n+1} = \boldsymbol{W}_n\boldsymbol{X}'_{n+1}(1 + \boldsymbol{X}_{n+1}\boldsymbol{W}_n\boldsymbol{X}'_{n+1})^{-1} \tag{11}$$

$$\boldsymbol{W}_{n+1} = \boldsymbol{W}_n - \boldsymbol{W}_n\boldsymbol{X}'_{n+1}(1 + \boldsymbol{X}_{n+1}\boldsymbol{W}_n\boldsymbol{X}'_{n+1})^{-1}\boldsymbol{X}_{n+1}\boldsymbol{W}_n \tag{12}$$

为说明这组公式的意义,将 n 换为时间 t 有

$$\hat{\boldsymbol{B}}_{t+1} = \hat{\boldsymbol{B}}_t + \boldsymbol{S}_t(y_{t+1} - \boldsymbol{X}_{t+1}\hat{\boldsymbol{B}}_t) \tag{13}$$

$$\boldsymbol{S}_{t+1} = \boldsymbol{W}_t\boldsymbol{X}'_{t+1}(1 + \boldsymbol{X}_{t+1}\boldsymbol{W}_t\boldsymbol{X}'_{t+1})^{-1} \tag{14}$$

$$\boldsymbol{W}_{t+1} = \boldsymbol{W}_t - \boldsymbol{W}_t\boldsymbol{X}'_{t+1}(1 + \boldsymbol{X}_{t+1}\boldsymbol{W}_t\boldsymbol{X}'_{t+1})^{-1}\boldsymbol{X}_{t+1}\boldsymbol{W}_t \tag{15}$$

式(13)中$(y_{t+1} - \boldsymbol{X}_{t+1}\hat{\boldsymbol{B}}_t) = (y_{t+1} - y_{t+1}|_t) = e_{t+1}|_t$,而$e_{t+1}|_t$实际上体现了$t$时刻对$t+1$时刻的预测误差,由此可见,上述递推公式是一个不断根据预测误差对模型的参数向量$\hat{\boldsymbol{B}}$逐期进行自适应校正的过程,把这种递推最小二乘估计法记为 RLSE 方法(Recursive Least Square Etimate),更进一步的理论可参考文献 Kong Fanling"On the RLSE methed and its applicationg in forecast of typhoid feverepidemic situation "Asia pacific Reglonal Sclentific Meeting of the IEA. May 9 - 11. 1991. Nagoya Japan.

*第10章 多元函数积分学

在一元函数积分学中,定积分是作为某种确定和式的极限来定义的,根据实际需要,可以把这种和式极限的概念推广到多元函数的情形,从而得到二重积分、三重积分、曲线积分、曲面积分等概念. 本章主要研究重积分和曲线积分及曲面积分的概念、性质、计算及其一些应用.

10.1 二重积分的概念和性质

10.1.1 二重积分的概念

本节将通过计算曲顶柱体的体积和平面薄板的质量来引入二重积分的概念.

问题1 求曲顶柱体的体积.

设有一立体,其底是 xOy 面上的有界闭区域 D,其侧面是以 D 的边界曲线为准线、母线平行于 z 轴的柱面,其顶是曲面 $z=f(x,y)$(假设 $z=f(x,y)\geqslant 0$,且在 D 上连续),这样的立体称为曲顶柱体,如图1所示. 那么如何求出该曲顶柱体的体积呢?

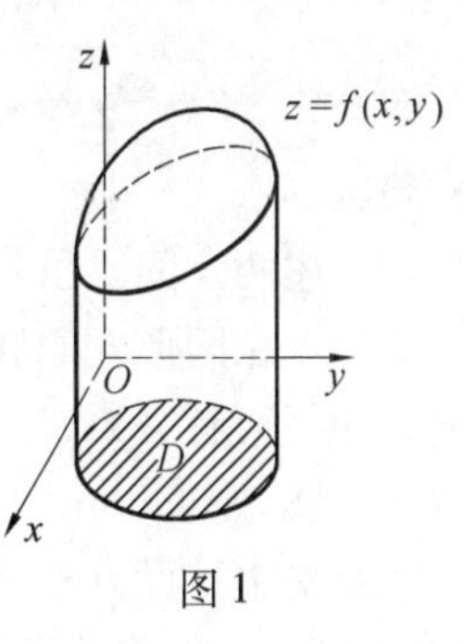

图1

下面讨论如何求曲顶柱体的体积:

平顶柱体的体积计算公式为:体积=底面积×高,但是曲顶柱体的顶为曲面,不能套用公式,可以采用类似于求曲边梯形面积的方法处理这个问题.

(1) 分割:将区域 D 任意分成 n 个小区域:$\Delta D_1,\Delta D_2,\cdots,\Delta D_n$,记 ΔD_i 的面积为 $\Delta\sigma_i(i=1,2,\cdots,n)$,以这些小区域的边界曲线为准线作母线平行于 z 轴的柱面,这样就把曲顶柱体相应地分为 n 个小曲顶柱体,记各小曲顶柱体的体积为 $\Delta v_i(i=1,2,\cdots,n)$. 如图2.

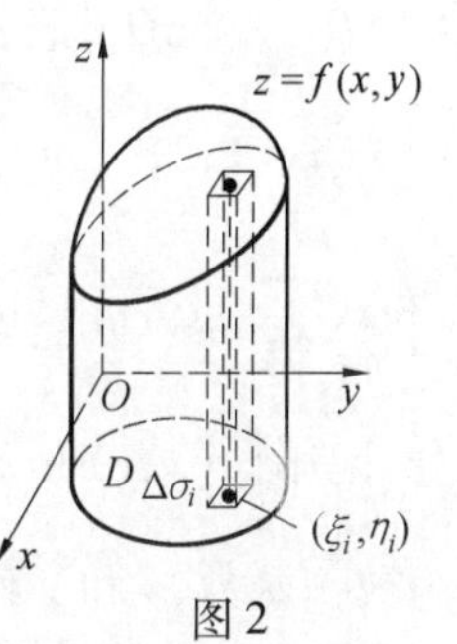

图2

(2) 近似:任取 $(\xi_i,\eta_i)\in\Delta D_i$,当 $\Delta\sigma_i$ 很小时,对应的小曲顶柱体的体积可以近似地用小平顶柱体的体积 $f(\xi_i,\eta_i)\Delta\sigma_i$ 来代替,即 $\Delta v_i\approx f(\xi_i,\eta_i)\Delta\sigma_i(i=1,2,\cdots,n)$.

(3) 求和:曲顶柱体体积的近似值可看成这 n 个小平顶柱体的体积之和,即 $V = \sum_{i=1}^{n} \Delta v_i \approx \sum_{i=1}^{n} f(\xi_i,\eta_i)\Delta\sigma_i$.

(4) 取极限:设 Δd_i 为 ΔD_i 中任意两点间距离的最大值,称为 ΔD_i 的直径,令 $\lambda = \max\{\Delta d_1,\Delta d_2,\cdots,\Delta d_n\}$,当 $\lambda \to 0$ 时,若 $\sum_{i=1}^{n} f(\xi_i,\eta_i)\Delta\sigma_i$ 的极限存在,则 $V = \lim_{\lambda\to 0}\sum_{i=1}^{n} f(\xi_i,\eta_i)\Delta\sigma_i$.

问题 2　求平面薄板的质量.

设一平面薄板在 xOy 面上所占区域为 D,如图 3,它在点(x,y)处的面密度为 $\rho(x,y)$,且在 D 上连续,求该薄板的质量.

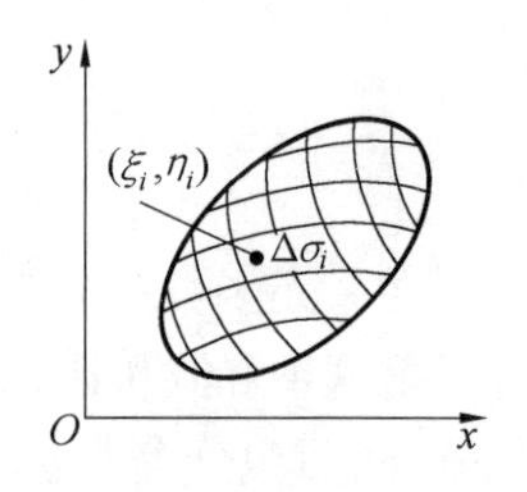

图 3

可采用与计算曲顶柱体体积类似的方法进行计算.

(1) 分割:将区域 D 任意分成 n 个小区域:$\Delta D_1,\Delta D_2,\cdots,\Delta D_n$,记 ΔD_i 的面积为 $\Delta\sigma_i(i=1,2,\cdots,n)$,记各小平面薄板的质量为 $\Delta m_i(i=1,2,\cdots,n)$.

(2) 近似:任取$(\xi_i,\eta_i)\in \Delta D_i$,当 $\Delta\sigma_i$ 很小时,对应的小平面薄板的质量可以近似地看作均匀薄板,其质量可以用 $\rho(\xi_i,\eta_i)\Delta\sigma_i$ 来代替,即 $\Delta m_i \approx \rho(\xi_i,\eta_i)\Delta\sigma_i(i=1,2,\cdots,n)$.

(3) 求和:平面薄板质量的近似值可看成这 n 个小平面薄板质量之和,即 $m = \sum_{i=1}^{n}\Delta m_i \approx \sum_{i=1}^{n}\rho(\xi_i,\eta_i)\Delta\sigma_i$.

(4) 取极限:设 Δd_i 为 ΔD_i 中任意两点间距离的最大值,称为 ΔD_i 的直径,令 $\lambda = \max\{\Delta d_1,\Delta d_2,\cdots,\Delta d_n\}$,当 $\lambda\to 0$ 时,若 $\sum_{i=1}^{n}\rho(\xi_i,\eta_i)\Delta\sigma_i$ 的极限存在,则 $m = \lim_{\lambda\to 0}\sum_{i=1}^{n}\rho(\xi_i,\eta_i)\Delta\sigma_i$.

上述两个问题虽然涉及知识范围不同,但是处理问题的方法和步骤是一样的,最后都归结为求相同形式的和式的极限.类似的问题在物理、几何、工程技术及经济等领域中有很多,因此,有必要研究这种形式的极限,将它们抽象成数学概念,就是下面要介绍的二重积分的概念.

定义 1　设 $f(x,y)$ 是有界闭区域 D 上的有界函数,将区域 D 任意分成 n 个小区域:$\Delta D_1,\Delta D_2,\cdots,\Delta D_n$,记 ΔD_i 的面积为 $\Delta\sigma_i$,直径为 Δd_i,任取$(\xi_i,\eta_i)\in\Delta D_i$,作乘积 $f(\xi_i,\eta_i)\Delta\sigma_i(i=1,2,\cdots,n)$,并作和式 $\sum_{i=1}^{n} f(\xi_i,\eta_i)\Delta\sigma_i$,$\lambda=\max\{\Delta d_1,\Delta d_2,\cdots,\Delta d_n\}$,若当 $\lambda\to 0$ 时,和式 $\sum_{i=1}^{n} f(\xi_i,\eta_i)\Delta\sigma_i$ 的极限总存在,则称该极限值为函数 $f(x,y)$ 在闭区域 D 上的二重积分,记作 $\iint\limits_D f(x,y)\,\mathrm{d}\sigma$,即 $\iint\limits_D f(x,y)\,\mathrm{d}\sigma = \lim_{\lambda\to 0}\sum_{i=1}^{n} f(\xi_i,\eta_i)\Delta\sigma_i$,其中 D 称为积分区域,$f(x,y)$ 称为被积函数,x 和 y 称为积分变量,$f(x,y)\,\mathrm{d}\sigma$ 称为被积表达式,$\mathrm{d}\sigma$ 称为面积微元.

定理 1　如果函数 $f(x,y)$ 在闭区域 D 上连续,则函数 $f(x,y)$ 在闭区域 D 上可积.

例1　根据二重积分的几何意义,确定$\iint\limits_D \sqrt{a^2 - x^2 - y^2}\,\mathrm{d}\sigma$的值,其中$D$为:$x^2 + y^2 \leqslant a^2$.

解　因为$z = \sqrt{a^2 - x^2 - y^2}$表示球心在原点的上半个球面,由二重积分的几何意义知,该二重积分的值等于球心在原点的上半个球的体积,所以$\iint\limits_D \sqrt{a^2 - x^2 - y^2}\,\mathrm{d}\sigma = \frac{1}{2}\cdot\frac{4}{3}\pi a^3$.

10.1.2　二重积分的性质

假设以下讨论的二重积分均存在,由定义可知二重积分与定积分有类似的性质.

性质1　$\iint\limits_D kf(x,y)\,\mathrm{d}\sigma = k\iint\limits_D f(x,y)\,\mathrm{d}\sigma$,$k$为常数.

性质2　$\iint\limits_D [f(x,y) \pm g(x,y)]\,\mathrm{d}\sigma = \iint\limits_D f(x,y)\,\mathrm{d}\sigma \pm \iint\limits_D g(x,y)\,\mathrm{d}\sigma$.

性质3　若积分区域D内的一条曲线将D分为两个闭区域D_1和D_2,则

$$\iint\limits_D f(x,y)\,\mathrm{d}\sigma = \iint\limits_{D_1} f(x,y)\,\mathrm{d}\sigma + \iint\limits_{D_2} f(x,y)\,\mathrm{d}\sigma$$

性质4　若$f(x,y) = 1$,则$\iint\limits_D \mathrm{d}\sigma = \sigma$($\sigma$为区域$D$的面积).

性质5　当$(x,y) \in D$时,若满足$f(x,y) \geqslant 0$,则有$\iint\limits_D f(x,y)\,\mathrm{d}\sigma \geqslant 0$.

性质6　当$(x,y) \in D$时,若满足$f(x,y) \geqslant g(x,y)$,则有$\iint\limits_D f(x,y)\,\mathrm{d}\sigma \geqslant \iint\limits_D g(x,y)\,\mathrm{d}\sigma$.

性质7　当$(x,y) \in D$时,若$m \leqslant f(x,y) \leqslant M$,则$m\sigma \leqslant \iint\limits_D f(x,y)\,\mathrm{d}\sigma \leqslant M\sigma$($\sigma$为区域$D$的面积).

性质8　若$f(x,y)$在区域D上连续,则存在点$(\xi,\eta) \in D$,使$\iint\limits_D f(x,y)\,\mathrm{d}\sigma = f(\xi,\eta)\sigma$,其中$\sigma$为区域$D$的面积.

证明　显然$\sigma \neq 0$,将性质7中不等式各除以σ,则有

$$m \leqslant \frac{1}{\sigma}\iint\limits_D f(x,y)\,\mathrm{d}\sigma \leqslant M$$

这就是说,确定的数值$\frac{1}{\sigma}\iint\limits_D f(x,y)\,\mathrm{d}\sigma$是介于函数$f(x,y)$的最大值$M$与最小值$m$之间的,根据闭区域上连续函数的介值定理,在区域$D$上至少存在一点$(\xi,\eta)$,使函数在该点的值与这个确定的数值相等,即$\frac{1}{\sigma}\iint\limits_D f(x,y)\,\mathrm{d}\sigma = f(\xi,\eta)$,两端各乘以$\sigma$,就得到所需要证明的公式.

例 2　计算$\iint\limits_D \mathrm{d}\sigma$,其中 D 是由 $x \geqslant 0, y \geqslant 0, x^2 + y^2 \leqslant 4$ 围成的区域.

解　因为 $z=1$,由二重积分的几何意义知,该二重积分的值等于柱面 $x^2 + y^2 = 4$ 被平面 $z = 0$ 和 $z = 1$ 所截得部分位于第一卦限内的体积,所以$\iint\limits_D \mathrm{d}\sigma = \pi$.

例 3　比较下列积分的大小:$\iint\limits_D (x+y)^2 \mathrm{d}\sigma$ 与$\iint\limits_D (x+y)^3 \mathrm{d}\sigma$,其中积分区域 D 是由 x 轴、y 轴与直线 $x + y = 1$ 所围成.

解　由于在区域 D 内满足 $x + y \leqslant 1$,所以$(x+y)^2 \geqslant (x+y)^3$,由二重积分的性质得$\iint\limits_D (x+y)^2 \mathrm{d}\sigma \geqslant \iint\limits_D (x+y)^3 \mathrm{d}\sigma$.

例 4　利用二重积分的性质估计积分的值:$\iint\limits_D xy(x+y)\mathrm{d}\sigma$,其中

$$D = \{(x,y) \mid 0 \leqslant x \leqslant 1, 0 \leqslant y \leqslant 1\}$$

解　由于在区域 D 内满足 $0 \leqslant xy(x+y) \leqslant 2$,且区域 D 的面积为 1,由二重积分的性质,则 $0 \leqslant \iint\limits_D xy(x+y)\mathrm{d}\sigma \leqslant 2$.

习题 10.1

1. 设平面薄板所占 xOy 面上的区域为 $1 \leqslant x^2 + y^2 \leqslant 4, x \geqslant 0, y \geqslant 0$,其面密度为 $\mu(x,y) = x^2 + y^2$,试用二重积分表示薄板的质量.

2. 利用二重积分的定义证明:

(1)$\iint\limits_D \mathrm{d}\sigma = A$($A$ 为区域 D 的面积);

(2)$\iint\limits_D kf(x,y)\mathrm{d}\sigma = k\iint\limits_D f(x,y)\mathrm{d}\sigma$,$k$ 为常数;

(3)$\iint\limits_D f(x,y)\mathrm{d}\sigma = \iint\limits_{D_1} f(x,y)\mathrm{d}\sigma + \iint\limits_{D_2} f(x,y)\mathrm{d}\sigma$,$D = D_1 \cup D_2$,$D_1, D_2$ 为两个无公共内点的闭区域.

3. 根据二重积分的性质,比较下列积分的大小:

(1)$\iint\limits_D (x+y)^2 \mathrm{d}\sigma$ 与$\iint\limits_D (x+y)^3 \mathrm{d}\sigma$,其中 D 是由圆$(x-2)^2 + (y-1)^2 = 2$ 所围成的闭区域;

(2)$\iint\limits_D \ln(x+y)\mathrm{d}\sigma$ 与$\iint\limits_D \ln^2(x+y)\mathrm{d}\sigma$,其中 $D = \{(x,y) \mid 3 \leqslant x \leqslant 5, 0 \leqslant y \leqslant 1\}$.

4. 利用二重积分的性质估计下列积分的值:

(1)$I = \iint\limits_D \mathrm{e}^{-x^2-y^2}\mathrm{d}\sigma$,其中 D 是圆形区域 $x^2 + y^2 \leqslant 1$;

(2)$I = \iint\limits_D (x^2 + 4y^2 + 9)\mathrm{d}\sigma$,其中 D 是圆形区域 $x^2 + y^2 \leqslant 4$.

10.2　二重积分的计算

按照二重积分的定义计算二重积分对少数简单的情况来说是可行的,但对一般的函数和积分区域,显然是不现实的. 二重积分的定义过程类似于定积分的定义过程,所以考虑借助定积分的计算来处理二重积分的计算.

10.2.1　在直角坐标系下的计算

下面从几何的观点来讨论二重积分 $\iint\limits_D f(x,y)\,\mathrm{d}\sigma$ 的计算问题. 讨论中假设 $f(x,y) \geqslant 0$,从几何上来看,$\iint\limits_D f(x,y)\,\mathrm{d}\sigma$ 表示以 D 为底,$z=f(x,y)$ 为顶的曲顶柱体的体积.

由分割的任意性知,在直角坐标系下可以用平行于 x 轴和 y 轴的直线对区域 D 进行分割,则面积微元 $\mathrm{d}\sigma=\mathrm{d}x\mathrm{d}y$,即在直角坐标系下 $\iint\limits_D f(x,y)\,\mathrm{d}\sigma=\iint\limits_D f(x,y)\,\mathrm{d}x\mathrm{d}y$.

设积分区域 D 可由不等式组 $\begin{cases} a \leqslant x \leqslant b \\ \varphi_1(x) \leqslant y \leqslant \varphi_2(x) \end{cases}$ 表示,则称积分区域 D 为 X 型区域,如图 1 所示.

若在 $[a,b]$ 内任取一点 x,则过该点与 x 轴垂直的平面与曲顶柱体相截,截面积为一曲边梯形,如图 2 所示.

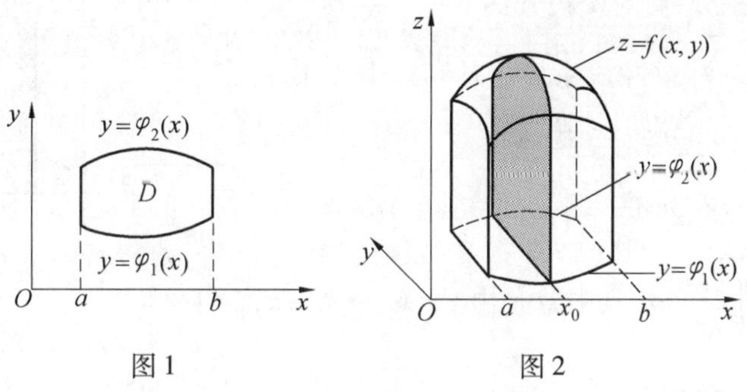

图 1　　　　图 2

由定积分的知识可知截出的曲边梯形的截面面积为 $A(x)=\int_{\varphi_1(x)}^{\varphi_2(x)} f(x,y)\,\mathrm{d}y$. 从而应用平行截面面积已知的立体体积计算方法得曲顶柱体的体积为:$V=\int_a^b A(x)\,\mathrm{d}x=\int_a^b \left[\int_{\varphi_1(x)}^{\varphi_2(x)} f(x,y)\,\mathrm{d}y\right]\mathrm{d}x$,即

$$\iint\limits_D f(x,y)\,\mathrm{d}\sigma=\int_a^b \left[\int_{\varphi_1(x)}^{\varphi_2(x)} f(x,y)\,\mathrm{d}y\right]\mathrm{d}x$$

也记为

$$\iint\limits_D f(x,y)\,\mathrm{d}\sigma=\int_a^b \mathrm{d}x\int_{\varphi_1(x)}^{\varphi_2(x)} f(x,y)\,\mathrm{d}y \tag{1}$$

这样就将一个二重积分的计算转化为两次定积分的计算.

类似,当积分区域 D 可由不等式组$\begin{cases}\psi_1(y) \leqslant x \leqslant \psi_2(y) \\ c \leqslant y \leqslant d\end{cases}$表示,则称积分区域 D 为 Y 型区域,如图 3 所示.

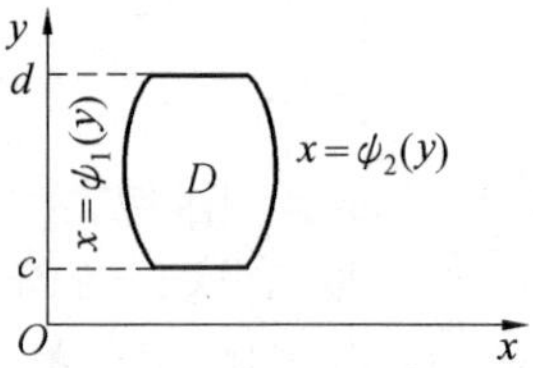

图 3

此时有

$$\iint\limits_D f(x,y)\,\mathrm{d}\sigma = \int_c^d \left[\int_{\psi_1(y)}^{\psi_2(y)} f(x,y)\,\mathrm{d}x\right]\mathrm{d}y$$

也记为

$$\iint\limits_D f(x,y)\,\mathrm{d}\sigma = \int_c^d \mathrm{d}y \int_{\psi_1(y)}^{\psi_2(y)} f(x,y)\,\mathrm{d}x \tag{2}$$

注意:(1),(2) 两式是假设$f(x,y) \geqslant 0$时得到的,实际上,当$f(x,y) < 0$时,该结论仍然成立. (1),(2) 两式是把二重积分化为累次积分来计算的,积分的顺序有两种选择:当积分区域 D 为 X 型区域时,先对 y 积分,后对 x 积分;当积分区域 D 为 Y 型区域时,先对 x 积分,后对 y 积分.

当积分区域 D 既非 X 型区域也非 Y 型区域时,可利用二重积分对区域的可加性,将其化为若干个 X 型区域或 Y 型区域上的二重积分之和.

例 1　将二重积分$\iint\limits_D f(x,y)\,\mathrm{d}\sigma$化为两种不同次序的二次积分,其中区域 D 是由 $x = a$, $x = b, y = c, y = d\,(a < b, c < d)$ 所围成的矩形区域.

解　画出区域 D(图 4)

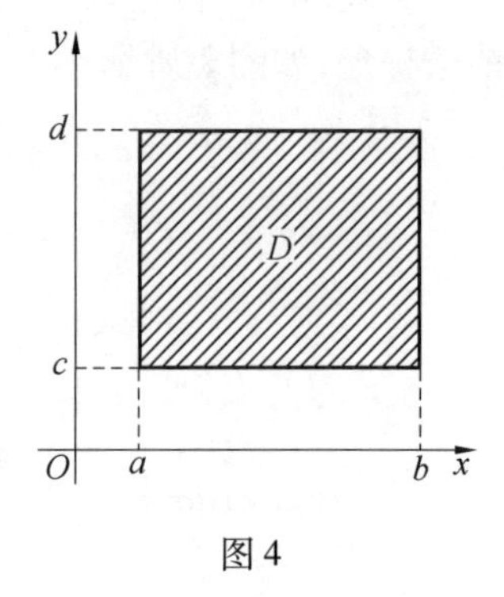

图 4

(1) 先对 y 积分,后对 x 积分:

$$\iint\limits_D f(x,y)\,\mathrm{d}\sigma = \int_a^b \mathrm{d}x \int_c^d f(x,y)\,\mathrm{d}y$$

(2) 先对 x 积分,后对 y 积分:

$$\iint\limits_D f(x,y)\,\mathrm{d}\sigma = \int_c^d \mathrm{d}y \int_a^b f(x,y)\,\mathrm{d}x$$

例 2　计算$\iint\limits_D 2xy\,\mathrm{d}\sigma$,其中 D 是由 $y = x, y = 1 - x, x = 0$ 所围成的平面区域.

解　画出积分区域 D(图 5):

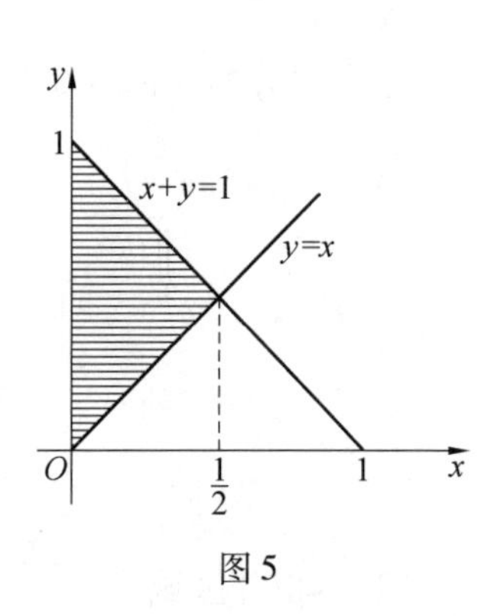

图 5

积分区域可以看成 X 型区域,则有

$$\iint\limits_D 2xy\,\mathrm{d}\sigma = \int_0^{\frac{1}{2}} \mathrm{d}x \int_x^{1-x} 2xy\,\mathrm{d}y =$$

$$\int_0^{\frac{1}{2}} (x - 2x^2)\,\mathrm{d}x = \left(\frac{x^2}{2} - \frac{2}{3}x^3\right)\Bigg|_0^{\frac{1}{2}} = \frac{1}{2}$$

例 3　计算二重积分$\iint\limits_D xy\,\mathrm{d}\sigma$,其中 D 是抛物线 $y^2 = x$ 与直线 $y = x - 2$ 所围成的区域.

解　画出积分区域 D(图 6):

由$\begin{cases} y^2 = x \\ y = x - 2 \end{cases}$得两曲线的交点$(1, -1)$，$(4,2)$，由图可知看成$Y$型区域，先积$x$后积$y$较为简单，区域$D$用不等式组表示为$\begin{cases} y^2 \leqslant x \leqslant y + 2 \\ -1 \leqslant y \leqslant 2 \end{cases}$，所以

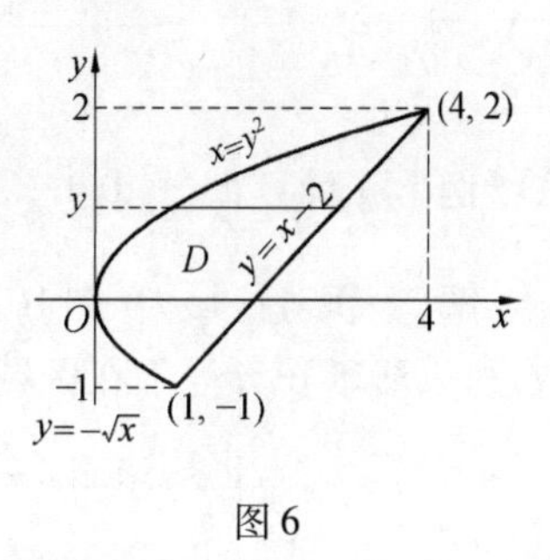

图 6

$$\iint_D xy\mathrm{d}\sigma = \int_{-1}^{2} y\mathrm{d}y \int_{y^2}^{y+2} x\mathrm{d}x = \frac{1}{2}\int_{-1}^{2}[y(y+2)^2 - y^5]\mathrm{d}y =$$

$$\frac{1}{2}\left[\frac{y^4}{4} + \frac{4}{3}y^3 + 2y^2 - \frac{y^6}{6}\right]\Bigg|_{-1}^{2} = \frac{45}{8}$$

例 4　计算$\iint_D \mathrm{e}^{-y^2}\mathrm{d}\sigma$，其中$D$是由直线$y = x$，$y = 1$与$y$轴围成的.

解　画出积分区域D(图 7)：

将积分区域看成Y型区域，则有

$$\iint_D \mathrm{e}^{-y^2}\mathrm{d}\sigma = \int_0^1 \mathrm{d}y \int_0^y \mathrm{e}^{-y^2}\mathrm{d}x = \int_0^1 y\mathrm{e}^{-y^2}\mathrm{d}y = \frac{1}{2}\left(1 - \frac{1}{\mathrm{e}}\right)$$

思考：如果将积分区域看成X型区域，能否计算出结果?

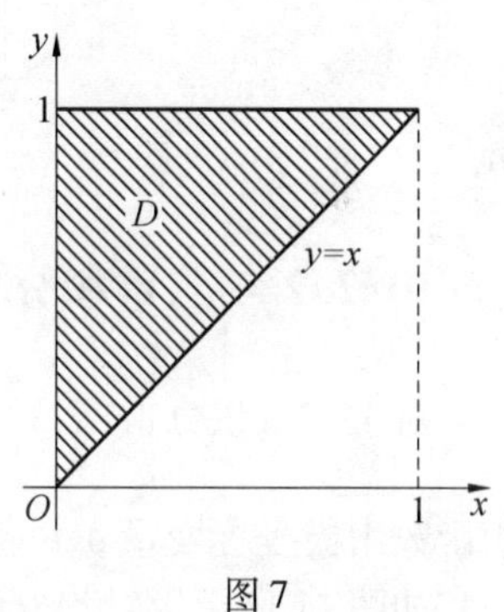

图 7

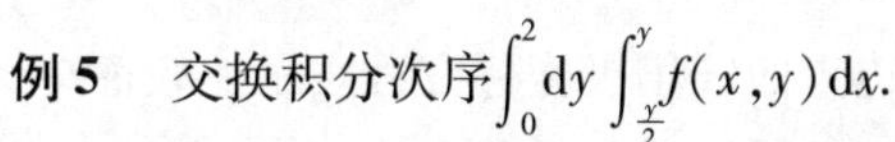

例 5　交换积分次序$\int_0^2 \mathrm{d}y \int_{\frac{y}{2}}^{y} f(x,y)\mathrm{d}x$.

解　根据二次积分的积分上、下限可确定积分区域为：$D = \{(x,y) \mid \frac{y}{2} \leqslant x \leqslant y, 0 \leqslant y \leqslant 2\}$，画积分区域$D$(图 8)：

从而$\int_0^2 \mathrm{d}y \int_{\frac{y}{2}}^{y} f(x,y)\mathrm{d}x = \int_0^1 \mathrm{d}x \int_x^{2x} f(x,y)\mathrm{d}y + \int_1^2 \mathrm{d}x \int_x^2 f(x,y)\mathrm{d}y$.

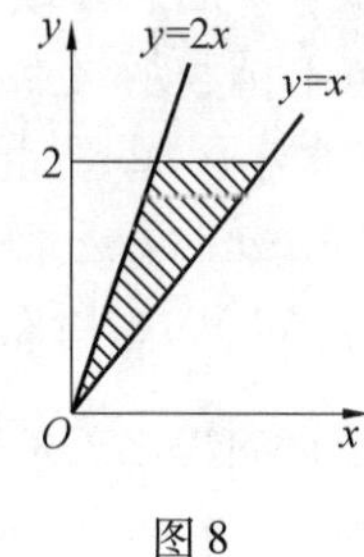

图 8

二重积分的特殊计算方法：

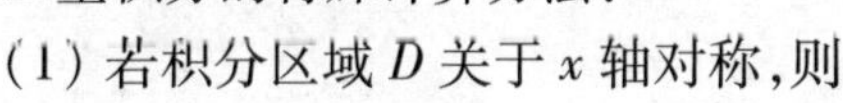

(1) 若积分区域D关于x轴对称，则

$$\iint_D f(x,y)\mathrm{d}\sigma = \begin{cases} 0 & [f(x,-y) = -f(x,-y)] \\ 2\iint_{D_1} f(x,y)\mathrm{d}\sigma & [f(x,-y) = f(x,-y)] \end{cases}$$

其中D_1是D在x轴上边的部分.

(2) 若积分区域D关于y轴对称，则

$$\iint_D f(x,y)\mathrm{d}\sigma = \begin{cases} 0 & [f(-x,y) = -f(x,y)] \\ 2\iint_{D_1} f(x,y)\mathrm{d}\sigma & [f(-x,y) = f(x,y)] \end{cases}$$

其中D_1是D在y轴右边的部分.

例 6　计算$\iint_D x^3y^2\mathrm{d}x\mathrm{d}y$，积分区域$D$为$y = x^2$，$y = 1$所围成.

解　积分区域D(图 9) 关于y轴对称，被积函数$f(x,y) = x^3y^2$关于x是奇函数，故

$\iint\limits_D x^3y^2\mathrm{d}\sigma=0.$

例 7　计算$\iint\limits_D x^2y^2\mathrm{d}x\mathrm{d}y$,积分区域 D 为$|x|+|y|\leqslant 1$.

解　积分区域 D(图 10)关于 x 轴和 y 轴对称,且 $f(x,y)=x^2y^2$ 关于 x 或 y 均为偶函数,所以所求积分等于在区域 D_1 上的积分的 4 倍,即

$$\iint\limits_D x^2y^2\mathrm{d}x\mathrm{d}y=4\iint\limits_{D_1}x^2y^2\mathrm{d}x\mathrm{d}y=4\int_0^1\mathrm{d}x\int_0^{1-x}x^2\ (1-x)^3\mathrm{d}x=\frac{1}{45}$$

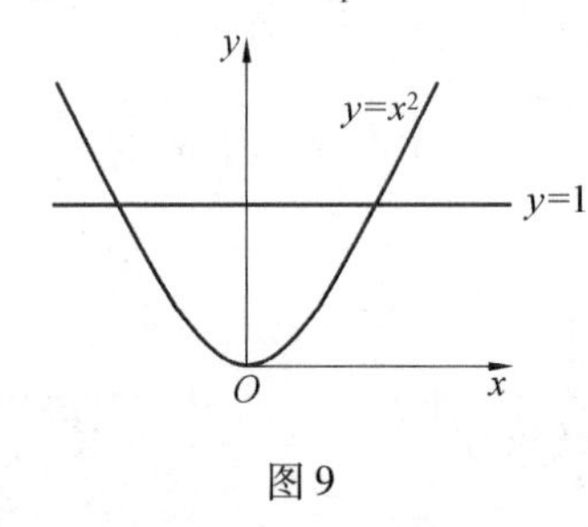

图 9

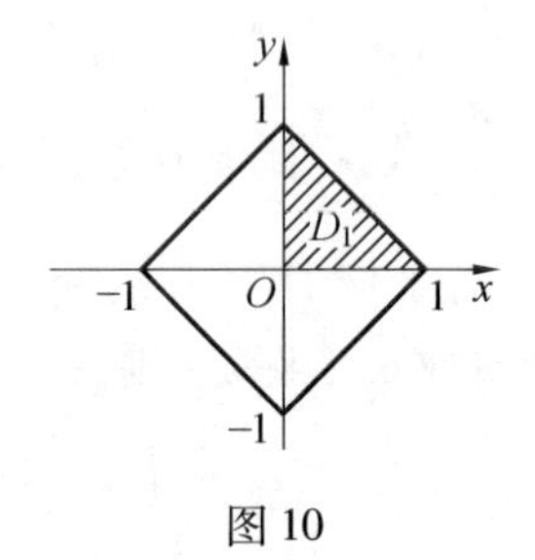

图 10

10.2.2　二重积分在极坐标系下的计算

对于二重积分$\iint\limits_D f(x,y)\mathrm{d}\sigma$,当积分区域的边界曲线用极坐标方程表示比较简单,且被积函数用极坐标变量 ρ,θ 表达比较简单时,可以考虑利用极坐标计算二重积分.

如图 11 所示,在极坐标系中,假定从极点 O 出发的射线和 D 的边界最多有两个交点,用以极点 O 为中心的一簇同心圆和从极点 O 出发的一簇射线将积分区域 D 分割成 n 个小区域,并记各个小区域的面积为 $\Delta\sigma_i(i=1,2,\cdots,n)$,$\Delta\sigma_i$ 可近似看成小矩形的面积,则有 $\Delta\sigma_i\approx(\rho_i\Delta\theta_i)\Delta\rho_i$,所以面积微元 $\mathrm{d}\sigma=\rho\mathrm{d}\rho\mathrm{d}\theta$,再由直角坐标和极坐标的转化关系$\begin{cases}x=\rho\cos\theta\\y=\rho\sin\theta\end{cases}$得

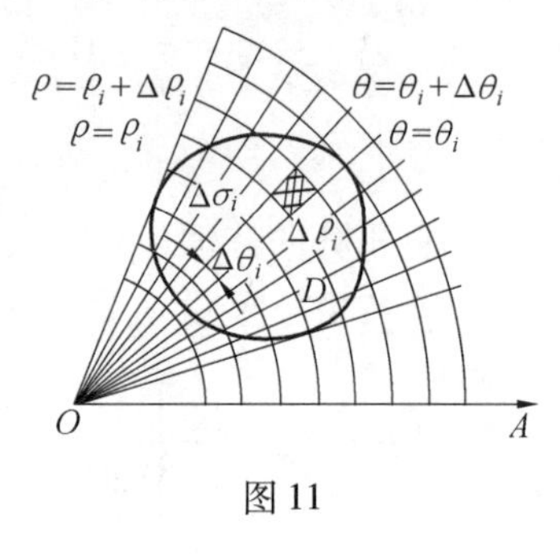

图 11

$$\iint\limits_D f(x,y)\mathrm{d}\sigma=\iint\limits_D f(\rho\cos\theta,\rho\sin\theta)\rho\mathrm{d}\rho\mathrm{d}\theta$$

在极坐标系下计算二重积分,仍然是将二重积分化为二次积分来计算,下面分三种情况讨论:

(1) 极点在区域 D 的外部,如图 12 所示,此时积分区域 D 可以表示为:$\begin{cases}\alpha\leqslant\theta\leqslant\beta\\\rho_1(\theta)\leqslant\rho\leqslant\rho_2(\theta)\end{cases}$,则有

$$\iint\limits_D f(\rho\cos\theta,\rho\sin\theta)\rho\mathrm{d}\rho\mathrm{d}\theta=\int_\alpha^\beta\mathrm{d}\theta\int_{\rho_1(\theta)}^{\rho_2(\theta)}f(\rho\cos\theta,\rho\sin\theta)\rho\mathrm{d}\rho$$

(2) 极点在区域 D 的内部,如图 13 所示,此时积分区域 D 可以表示为:

$\begin{cases}0 \leqslant \theta \leqslant 2\pi \\ 0 \leqslant \rho \leqslant \rho(\theta)\end{cases}$，则有

$$\iint_D f(\rho\cos\theta,\rho\sin\theta)\rho\mathrm{d}\rho\mathrm{d}\theta = \int_0^{2\pi}\mathrm{d}\theta\int_0^{\rho(\theta)} f(\rho\cos\theta,\rho\sin\theta)\rho\mathrm{d}\rho$$

(3) 极点在区域 D 的边界上，如图 14 所示，此时积分区域 D 可以表示为：$\begin{cases}\alpha \leqslant \theta \leqslant \beta \\ 0 \leqslant \rho \leqslant \rho(\theta)\end{cases}$，则有

$$\iint_D f(\rho\cos\theta,\rho\sin\theta)\rho\mathrm{d}\rho\mathrm{d}\theta = \int_\alpha^{\beta}\mathrm{d}\theta\int_0^{\rho(\theta)} f(\rho\cos\theta,\rho\sin\theta)\rho\mathrm{d}\rho$$

在极坐标系下，一般的积分次序为：先对 ρ 积分，再对 θ 积分.

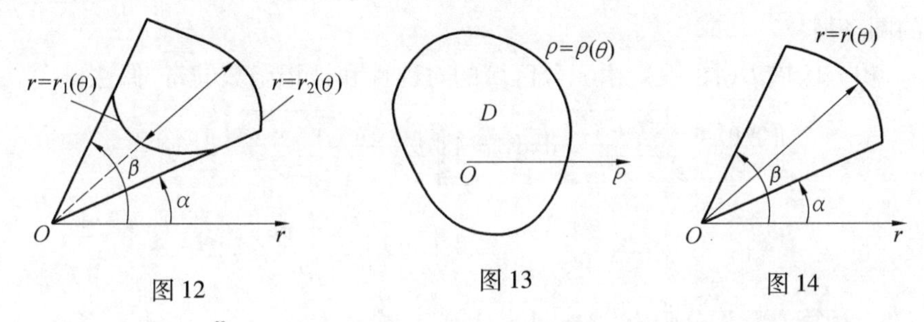

图 12　　　图 13　　　图 14

例 8　将二重积分 $\iint_D f(x,y)\,\mathrm{d}\sigma$ 化为极坐标系下的累次积分，其中积分区域为：(1) D：$x^2+y^2 \leqslant R^2, R>0$；(2) D 是由 $y=x, y=0$ 及 $x=1$ 围成的闭区域.

解　(1) 画出积分区域 D(图15)，D 是在极坐标系下的不等式表示为：$\begin{cases}0 \leqslant \rho \leqslant R \\ 0 \leqslant \theta \leqslant 2\pi\end{cases}$，所以

$$\iint_D f(x,y)\,\mathrm{d}\sigma = \int_0^{2\pi}\mathrm{d}\theta\int_0^{R} f(\rho\cos\theta,\rho\sin\theta)\rho\mathrm{d}\rho$$

(2) 画出积分区域 D(图16)，D 在极坐标系下的不等式表示为：$\begin{cases}0 \leqslant \rho \leqslant \dfrac{1}{\cos\theta} \\ 0 \leqslant \theta \leqslant \dfrac{\pi}{4}\end{cases}$，所以

$$\iint_D f(x,y)\,\mathrm{d}\sigma = \int_0^{\frac{\pi}{4}}\mathrm{d}\theta\int_0^{\frac{1}{\cos\theta}} f(\rho\cos\theta,\rho\sin\theta)\rho\mathrm{d}\rho$$

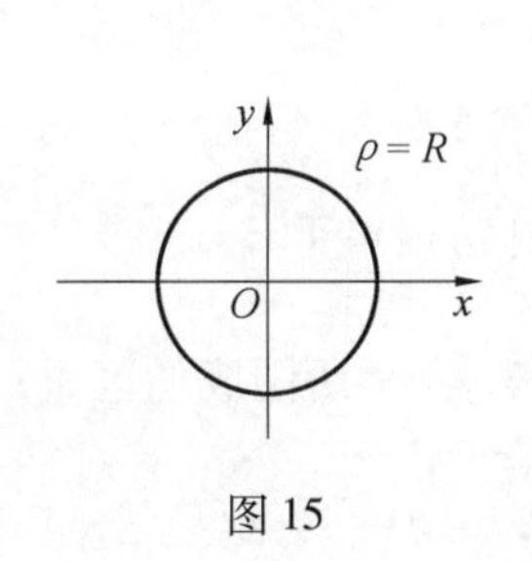

图 15

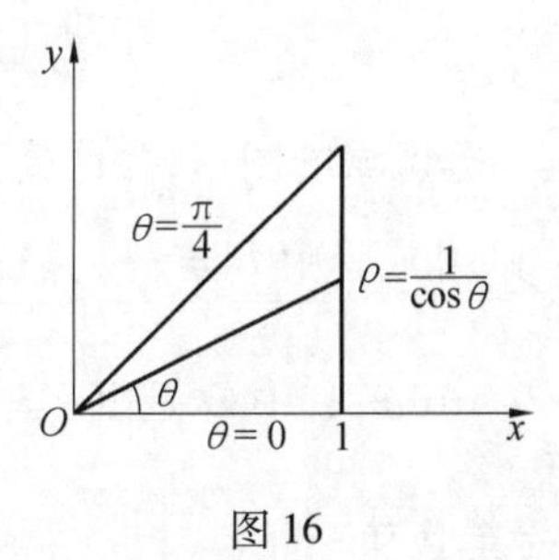

图 16

例 9　计算二重积分$\iint\limits_{D} e^{-x^2-y^2}d\sigma$,其中$D:x^2+y^2 \leqslant R^2, R>0$.

解　画出积分区域D如图 15 所示,D在极坐标系下的不等式表示为

$$\begin{cases}0 \leqslant \rho \leqslant R \\ 0 \leqslant \theta \leqslant 2\pi\end{cases}$$

所以

$$\iint\limits_{D} e^{-x^2-y^2}d\sigma = \int_0^{2\pi}d\theta\int_0^R e^{-\rho^2}\rho d\rho = \pi(1-e^{-R^2})$$

例 10　计算二重积分$\iint\limits_{D}\frac{\sin(\pi\sqrt{x^2+y^2})}{\sqrt{x^2+y^2}}dxdy$,其中积分区域$D$是由$1 \leqslant x^2+y^2 \leqslant 4$所确定的圆环域.

解　积分区域D(图 17),由积分区域的对称性和被积函数的奇、偶性得

$$\iint\limits_{D}\frac{\sin(\pi\sqrt{x^2+y^2})}{\sqrt{x^2+y^2}}dxdy = 4\iint\limits_{D_1}\frac{\sin(\pi\sqrt{x^2+y^2})}{\sqrt{x^2+y^2}}dxdy =$$

$$4\int_0^{\frac{\pi}{2}}d\theta\int_1^2\frac{\sin\pi\rho}{\rho}\rho d\rho = -4$$

例 11　计算二重积分$\iint\limits_{D}\sqrt{x^2+y^2}d\sigma, D:x^2+y^2 \leqslant 2y$.

解　画出积分区域D(图 18),D在极坐标系下的不等式表示为:$\begin{cases}0 \leqslant \rho \leqslant 2\sin\theta \\ 0 \leqslant \theta \leqslant \pi\end{cases}$,所以

$$\iint\limits_{D}\sqrt{x^2+y^2}d\sigma = \int_0^{\pi}d\theta\int_0^{2\sin\theta}\rho^2 d\rho = \frac{8}{3}a^3\int_0^{\pi}\sin^3\theta d\theta = \frac{32}{9}$$

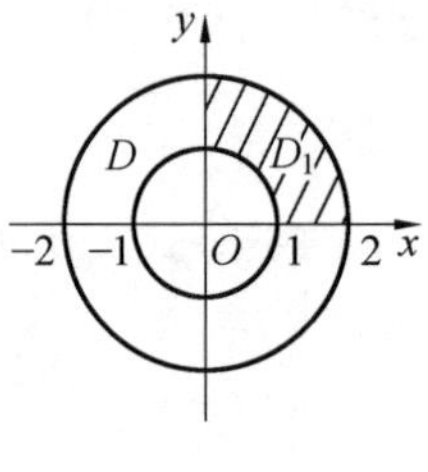

图 17 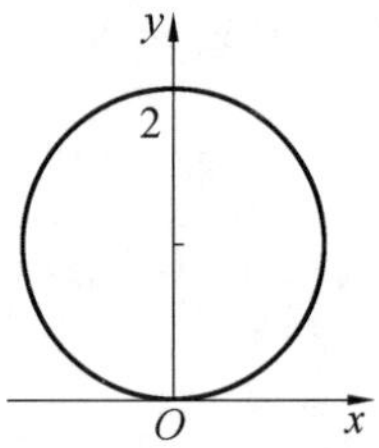　　　　图 18

习题 10.2

1. 画出下列积分区域的图形,并计算下列二重积分:

(1) $\iint\limits_{D}(x^2+y^2)d\sigma$,其中$D=\{(x,y)\mid |x| \leqslant 1, |y| \leqslant 1\}$;

(2) $\iint\limits_{D}\cos(x+y)d\sigma$,其中$D$是由$x=0, y=\pi, y=x$所围成的区域;

(3) $\iint\limits_{D}x^2yd\sigma$,其中$D=\{(x,y)\mid x^2+y^2 \leqslant 4, y \geqslant 0\}$;

(4) $\iint\limits_D x\sqrt{y}\,d\sigma$,其中 D 是由两条抛物线 $y=\sqrt{x}$,$y=x^2$ 所围成的闭区域;

(5) $\iint\limits_D (1-y)\,d\sigma$,其中 D 是由抛物线 $y^2=x$ 与直线 $x+y=2$ 所围成的闭区域.

2. 利用极坐标计算下列二重积分:

(1) $\iint\limits_D \sin\sqrt{x^2+y^2}\,d\sigma$,其中 D 为圆环 $\pi^2 \leqslant x^2+y^2 \leqslant 4\pi^2$ 所围成的区域;

(2) $\iint\limits_D e^{x^2+y^2}\,d\sigma$,其中 D 是由圆周 $x^2+y^2=4$ 所围成的闭区域;

(3) $\iint\limits_D \ln(1+x^2+y^2)\,d\sigma$,其中 D 是由圆周 $x^2+y^2=1$ 及坐标轴所围成的第一卦限内的闭区域.

3. 改变下列二次积分的积分次序:

(1) $\int_0^1 dx \int_0^x f(x,y)\,dy$;

(2) $\int_0^2 dx \int_{x^2}^{2x} f(x,y)\,dy$;

(3) $\int_1^e dx \int_0^{\ln x} f(x,y)\,dy$;

(4) $\int_0^1 dy \int_0^{2y} f(x,y)\,dx + \int_1^3 dy \int_0^{3-y} f(x,y)\,dx$.

4. 计算下列立体的体积:

(1) 由四个平面 $x=0$,$y=0$,$x=1$,$y=1$ 所围成的柱体被平面 $z=0$ 及 $2x+3y+z=6$ 截得的立体;

(2) 由平面 $x=0$,$y=0$,$x+y=1$ 所围成的柱体被平面 $z=0$ 及抛物面 $x^2+y^2=6-z$ 截得的立体.

5. 选用适当的坐标系计算下列二重积分:

(1) $\iint\limits_D \frac{x^2}{y^2}\,d\sigma$,其中 D 是由直线 $x=2$,$y=x$ 与双曲线 $xy=1$ 所围成的闭区域;

(2) $\iint\limits_D xy\,d\sigma$,其中 $D=\{(x,y)\,|\,x^2+y^2 \leqslant 1, x \geqslant 0, y \geqslant 0\}$.

6. 设平面薄片占据的闭区域 D 是由螺线 $\rho=2\theta$ 的一段弧($0 \leqslant \theta \leqslant \frac{\pi}{2}$)与射线 $\theta=\frac{\pi}{2}$ 所围成,它的面密度 $\mu(x,y)=\sqrt{x^2+y^2}$,求该薄片的质量.

10.3　三重积分的概念与计算

10.3.1　三重积分的概念

引例　求空间立体的质量.

设有一立体,占有空间有界闭区域Ω. 若其密度为常数ρ,则立体的质量为$m=\rho V$,V是立体的体积,若密度ρ是x,y,z的函数,即$\rho=\rho(x,y,z)$时,采用积分的方法求立体的质量. 具体做法如下:

(1) 分割:将Ω任意分成n个小空间区域$\Delta\Omega_i(i=1,2,\cdots,n)$,用$\Delta v_i$表示$\Delta\Omega_i$的体积.

(2) 近似:任取$(\xi_i,\eta_i,\zeta_i)\in\Delta\Omega_i$,当$\Delta v_i$很小时,第$i$个小立体的质量$m_i\approx\rho(\xi_i,\eta_i,\zeta_i)\cdot\Delta v_i(i=1,2,\cdots,n)$.

(3) 求和:$m=\sum\limits_{i=1}^{n}m_i\approx\sum\limits_{i=1}^{n}\rho(\xi_i,\eta_i,\zeta_i)\cdot\Delta v_i$.

(4) 取极限:用λ表示每个小空间区域$\Delta\Omega_i$的直径中的最大值,$m=\lim\limits_{\lambda\to0}\sum\limits_{i=1}^{n}\rho(\xi_i,\eta_i,\zeta_i)\cdot\Delta v_i$.

将这种和式的极限抽象成数学概念,引入三重积分的定义.

定义1　设函数$f(x,y,z)$是空间有界闭区域Ω上的有界函数,将Ω任意分成n个小空间区域$\Delta\Omega_i(i=1,2,\cdots,n)$,用$\Delta v_i$表示$\Delta\Omega_i$的体积,直径为$\Delta d_i$,在$\Delta\Omega_i$内任取一点$(\xi_i,\eta_i,\zeta_i)$,作乘积$f(\xi_i,\eta_i,\zeta_i)\cdot\Delta v_i(i=1,2,\cdots,n)$,并作和式$\sum\limits_{i=1}^{n}f(\xi_i,\eta_i,\zeta_i)\cdot\Delta v_i$,记$\lambda=\max\{\Delta d_1,\Delta d_2,\cdots,\Delta d_n\}$,若$\lambda$趋于0时,该和式的极限总存在,则称函数$f(x,y,z)$在$\Omega$上可积,该极限值称为函数$f(x,y,z)$在$\Omega$上的三重积分,记作:$\iiint\limits_{\Omega}f(x,y,z)\mathrm{d}v=\lim\limits_{\lambda\to0}\sum\limits_{i=1}^{n}f(\xi_i,\eta_i,\zeta_i)\cdot\Delta v_i$.

定理1　如果函数$f(x,y,z)$在闭区域Ω上连续,则$f(x,y,z)$在闭区域Ω上可积.

注　二重积分的相关性质可类似地推广到三重积分,这里不再赘述.

10.3.2　三重积分的计算

与二重积分的计算类似,三重积分也是化为累次积分来计算,根据积分区域和被积函数的特点,可以分别采用直角坐标、柱面坐标和球面坐标来计算.

1. 直角坐标系中三重积分的累次积分法

首先,直角坐标系下三重积分的体积元素$\mathrm{d}v=\mathrm{d}x\mathrm{d}y\mathrm{d}z$.

直角坐标系下三重积分的计算可归为先一后二和先二后一两种方法.

(1) 先一后二法

积分区域Ω的特点:设Ω投影到xOy坐标面上的投影区域为D如图1,在区域D内任取一点(x,y)作平行z轴的直线,交区域Ω的边界曲面上两点$M_1(x,y,z_1(x,y))$,$M_2(x,y,z_2(x,y))$,Ω可表示成不等式形式

$$\begin{cases}z_1(x,y)\leqslant z\leqslant z_2(x,y)\\(x,y)\in D\end{cases}$$

这时

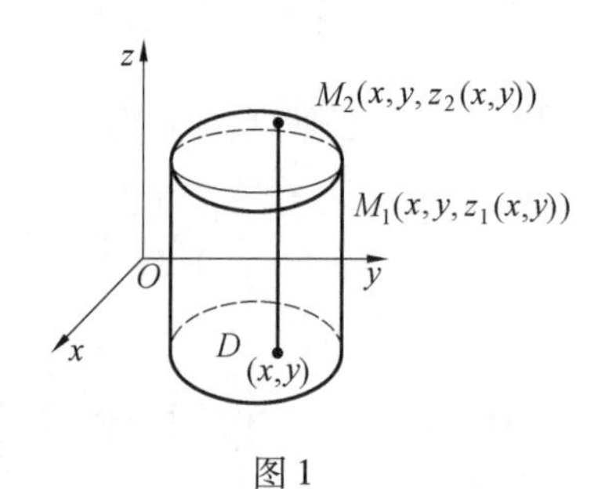

图1

$$\iiint\limits_{\Omega} f(x,y,z)\,\mathrm{d}v\mathrm{d}y\mathrm{d}z = \iint\limits_{D}\mathrm{d}x\mathrm{d}y\int_{z_1(x,y)}^{z_2(x,y)} f(x,y,z)\,\mathrm{d}z \tag{1}$$

即先一后二法.

公式(1)将三重积分转化为先求一个定积分,再求一个二重积分.此方法称为先一后二法,下一步再将二重积分转化为二次积分,这样就将一个三重积分的计算转化为三个定积分的计算,三个定积分也称三次积分或累次积分.

如果公式(1)中的区域D能表示为不等式$\begin{cases} a \leqslant x \leqslant b \\ y_1(x) \leqslant y \leqslant y_2(x) \end{cases}$,则公式(1)又可写为

$$\iiint\limits_{\Omega} f(x,y,z)\,\mathrm{d}v = \int_a^b \mathrm{d}x \int_{y_1(x)}^{y_2(x)} \mathrm{d}y \int_{z_1(x,y)}^{z_2(x,y)} f(x,y,z)\,\mathrm{d}z$$

如果公式(1)中的区域D能表示为不等式$\begin{cases} x_1(y) \leqslant x \leqslant x_2(y) \\ c \leqslant y \leqslant d \end{cases}$,则公式(1)又可写为

$$\iiint\limits_{\Omega} f(x,y,z)\,\mathrm{d}v = \int_c^d \mathrm{d}y \int_{x_1(y)}^{x_2(y)} \mathrm{d}x \int_{z_1(x,y)}^{z_2(x,y)} f(x,y,z)\,\mathrm{d}z$$

例1　计算三重积分$\iiint\limits_{\Omega} x\mathrm{d}x\mathrm{d}y\mathrm{d}z$,其中区域$\Omega$由平面$x=0,y=0,z=0$及$x+2y+2z=2$围成.

解　画出积分区域Ω如图2所示,Ω在xOy面上的投影D是三角形区域,$D=\{(x,y)\,|0 \leqslant x \leqslant 2, 0 \leqslant y \leqslant 1-\frac{x}{2}\}$,在$D$上任取一点$(x,y)$,$z$的范围为$0 \leqslant z \leqslant 1-\frac{x}{2}-y$,所以

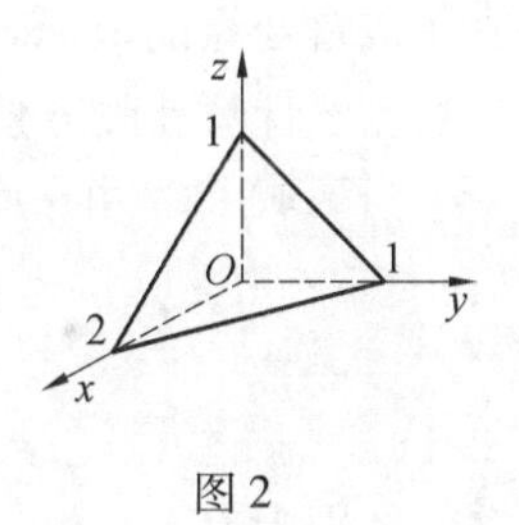

图2

$$\iiint\limits_{\Omega} x\mathrm{d}x\mathrm{d}y\mathrm{d}z = \iint\limits_{D}\mathrm{d}x\mathrm{d}y\int_0^{1-\frac{x}{2}-y} x\mathrm{d}z = \int_0^2 \mathrm{d}x\int_0^{1-\frac{x}{2}}\mathrm{d}y\int_0^{1-\frac{x}{2}-y} x\mathrm{d}z =$$

$$\int_0^2 \mathrm{d}x\int_0^{1-\frac{x}{2}} x\left(1-\frac{x}{2}-y\right)\mathrm{d}y =$$

$$\frac{1}{2}\int_0^2 x\left(1-\frac{x}{2}\right)^2\mathrm{d}x = \frac{1}{6}$$

此题还可以将Ω表示成不等式形式:$\begin{cases} 0 \leqslant x \leqslant 2 \\ 0 \leqslant y \leqslant 1-\frac{x}{2} \\ 0 \leqslant z \leqslant 1-\frac{x}{2}-y \end{cases}$,所以

$$\iiint\limits_{\Omega} x\mathrm{d}x\mathrm{d}y\mathrm{d}z = \int_0^2 \mathrm{d}x\int_0^{1-\frac{x}{2}}\mathrm{d}y\int_0^{1-\frac{x}{2}-y} x\mathrm{d}z =$$

$$\int_0^2 \mathrm{d}x\int_0^{1-\frac{x}{2}} x\left(1-\frac{x}{2}-y\right)\mathrm{d}y = \frac{1}{2}\int_0^2 x\left(1-\frac{x}{2}\right)^2\mathrm{d}x = \frac{1}{6}$$

(2)先二后一法

若Ω夹在平面$z=c,z=d$之间,任取$z \in (c,d)$,过点$(0,0,z)$作z轴的垂面与Ω相交,

得截面 D_z(图 3),则有

$$\iiint_{\Omega} f(x,y,z)\,\mathrm{d}v = \int_c^d \Big[\iint_{D_z} f(x,y,z)\,\mathrm{d}x\mathrm{d}y\Big]\mathrm{d}z$$

或记为

$$\iiint_{\Omega} f(x,y,z)\,\mathrm{d}v = \int_c^d \mathrm{d}z \iint_{D_z} f(x,y,z)\,\mathrm{d}x\mathrm{d}y \qquad (2)$$

公式(2) 是将三重积分的计算转化为先求一个二重积分,再求一个定积分,此方法称为先二后一法.

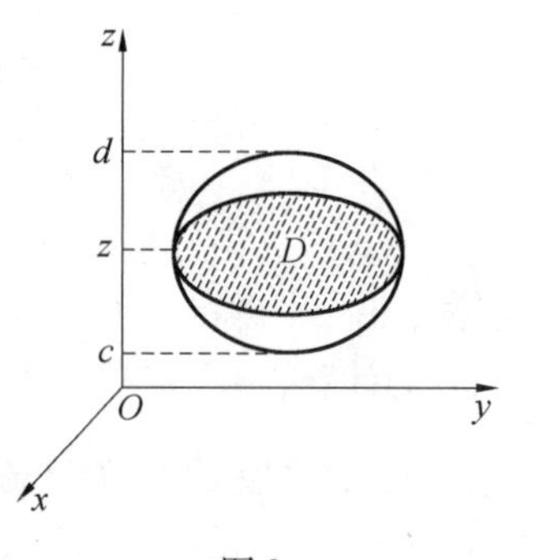

图 3

例 2　计算三重积分 $\iiint_{\Omega} z\mathrm{d}v$,其中 Ω 是由 $z=\sqrt{x^2+y^2}$ 与 $z=1$ 围成.

解　画出积分区域 Ω 如图 4 所示,Ω 在 z 轴上的投影区间为 $[0,1]$,过任意点 $z\in[0,1]$ 作垂直于 z 轴的平面得到与 Ω 相交的截面 $D_z=\{(x,y)\mid x^2+y^2\leqslant z^2\}$,所以

$$\iiint_{\Omega} z\mathrm{d}v = \int_0^1 z\mathrm{d}z \iint_{D_z} \mathrm{d}x\mathrm{d}y = \int_0^1 z\pi z^2\,\mathrm{d}z = \frac{\pi}{4}$$

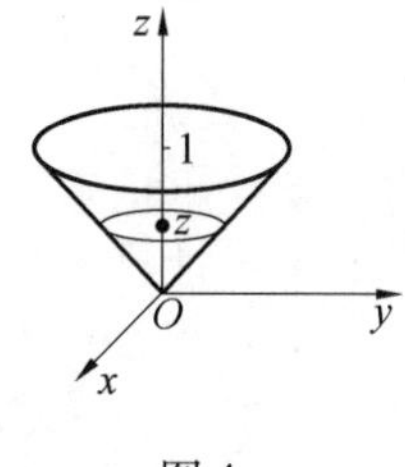

图 4

当被积函数 $f(x,y,z)$ 为常数或只与一个自变量有关且用垂直于该自变量的坐标轴的平面去截 Ω,截面面积易求时,采用先二后一法计算比较方便.

当区域 Ω 是由平行于三个坐标面的平面围成的长方体时,即 $\Omega=\{(x,y,z)\mid a\leqslant x\leqslant b, c\leqslant y\leqslant d, e\leqslant z\leqslant f\}$,则有三重积分:

$$\iiint_{\Omega} f(x,y,z)\,\mathrm{d}x\mathrm{d}y\mathrm{d}z = \int_a^b \mathrm{d}x \int_c^d \mathrm{d}y \int_e^f f(x,y,z)\,\mathrm{d}z$$

特别当 $f(x,y,z)=f_1(x)f_2(y)f_3(z)$ 时:

$$\iiint_{\Omega} f(x,y,z)\,\mathrm{d}x\mathrm{d}y\mathrm{d}z = \int_a^b f_1(x)\,\mathrm{d}x \int_c^d f_2(y)\,\mathrm{d}y \int_e^f f_3(z)\,\mathrm{d}z$$

和二重积分类似,可利用被积函数的奇偶性和积分区域的对称性来简化三重积分的计算.

若积分区域 Ω 关于 xOy 对称,则

$$\iiint_{\Omega} f(x,y,z)\,\mathrm{d}v = \begin{cases} 0 & [f(x,y,z)=-f(x,y,-z)] \\ 2\iiint_{\Omega_1} f(x,y,z)\,\mathrm{d}v & [f(x,y,z)=f(x,y,-z)] \end{cases}$$

Ω_1 为 Ω 在 xOy 平面上方的部分.

类似其他两种情形的结论请同学自己总结.

2. 柱面坐标系下三重积分的累次积分法

在直角坐标系下,采用的先一后二法,即先求一个定积分再求一个二重积分,如果这个二重积分用极坐标计算,那么对于三重积分而言则称之为在柱坐标系下的计算.

(1) 柱坐标

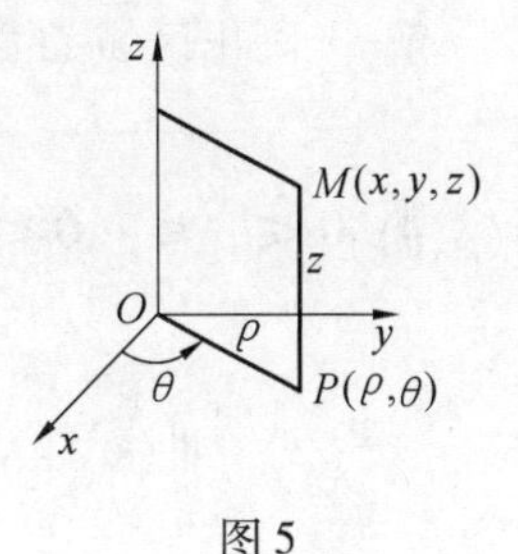

图5

设空间中的一点 $M(x,y,z)$，它在 xOy 面的投影 P 的极坐标为 (ρ,θ)，则有序数组 (ρ,θ,z) 称为点 M 的柱坐标(图5). 对于柱坐标，规定 ρ,θ,z 的取值范围为：$0 \leqslant \rho < +\infty$，$0 \leqslant \theta \leqslant 2\pi$，$-\infty < z < +\infty$.

柱坐标系的三组坐标面分别是：

$\rho=$ 常数，是以 z 轴为轴的圆柱面；

$\theta=$ 常数，是过 z 轴的半平面；

$z=$ 常数，是垂直于 z 轴的平面.

显然，直角坐标与柱坐标的关系是：

$$\begin{cases} x=\rho\cos\theta \\ y=\rho\sin\theta \\ z=z \end{cases}$$

(2) 柱坐标系下的累次积分法

用柱坐标的坐标曲面簇分割空间区域 Ω 得一些小区域(除了含 Ω 的边界点的小区域外)都是柱体，这个体积等于高与底面积的乘积，由极坐标系下的面积元素容易得到柱坐标系下的体积元素 $\mathrm{d}v=\rho\mathrm{d}\rho\mathrm{d}\theta\mathrm{d}z$，所以有

$$\iiint_{\Omega} f(x,y,z)\mathrm{d}x\mathrm{d}y\mathrm{d}z=\iiint_{\Omega} f(\rho\cos\theta,\rho\sin\theta,z)\rho\mathrm{d}\rho\mathrm{d}\theta\mathrm{d}z \tag{3}$$

式(3)是把直角坐标系下的三重积分转化为柱坐标系下的三重积分公式，再将变量 ρ,θ,z 在积分区域 Ω 中的变化范围确定下来，化为累次积分计算.

例3　将三重积分 $\iiint_{\Omega} f(x,y,z)\mathrm{d}v$ 化为柱坐标系下的累次积分，其中 Ω 是由曲面 $z=x^2+y^2$ 及平面 $z=h(h>0)$ 所围成的区域.

解　画出积分区域如图6所示，Ω 在 xOy 面上的投影区域 $D=\{(x,y)\mid x^2+y^2\leqslant h\}=\{(\rho,h)\mid 0\leqslant\rho\leqslant\sqrt{h},0\leqslant\theta\leqslant 2\pi\}$，在 D 上任取一点 (ρ,θ) 得 z 的范围 $\rho^2\leqslant z\leqslant h$，所以

$$\iiint_{\Omega} f(x,y,z)\mathrm{d}v=\iint_{D}\left[\int_{\rho^2}^{h} f(\rho\cos\theta,\rho\sin\theta,z)\mathrm{d}z\right]\rho\mathrm{d}\rho\mathrm{d}\theta=$$

$$\int_0^{2\pi}\mathrm{d}\theta\int_0^{\sqrt{h}}\rho\mathrm{d}\rho\int_{\rho^2}^{h} f(\rho\cos\theta,\rho\sin\theta,z)\mathrm{d}z$$

此题还可以直接将区域 Ω 在柱坐标系下表示成不等式的形式，$\begin{cases}\rho^2\leqslant z\leqslant h \\ 0\leqslant\rho\leqslant\sqrt{h} \\ 0\leqslant\theta\leqslant 2\pi\end{cases}$，所以

$$\iiint_{\Omega} f(x,y,z)\mathrm{d}v=\int_0^{2\pi}\mathrm{d}\theta\int_0^{\sqrt{h}}\mathrm{d}\rho\int_{\rho^2}^{h} f(\rho\cos\theta,\rho\sin\theta,z)\mathrm{d}z$$

例4　计算三重积分 $\iiint_{\Omega}(x^2+y^2)\mathrm{d}v$，其中 Ω 是由 $z=\sqrt{x^2+y^2}$ 及 $z=1$ 所围成的闭区域.

解　画出区域 Ω 如图7所示，Ω 在 xOy 面上的投影区域 $D=\{(x,y)\mid x^2+y^2\leqslant 1\}=\{(\rho,\theta)\mid 0\leqslant\rho\leqslant 1,0\leqslant\theta\leqslant 2\pi\}$，$\Omega$ 在柱面下的不等式表示形式为：$\begin{cases}\rho\leqslant z\leqslant 1\\0\leqslant\rho\leqslant 1\\0\leqslant\theta\leqslant 2\pi\end{cases}$，所以

$$\iiint\limits_{\Omega}(x^2+y^2)\,\mathrm{d}v=\int_0^{2\pi}\mathrm{d}\theta\int_0^1\rho\,\mathrm{d}\rho\int_\rho^1\rho^2\,\mathrm{d}z=2\pi\int_0^1\rho^3(1-\rho)\,\mathrm{d}\rho=\frac{\pi}{10}$$

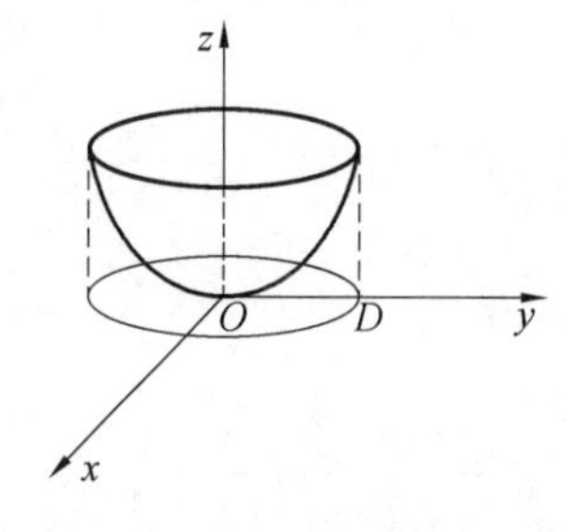

图6

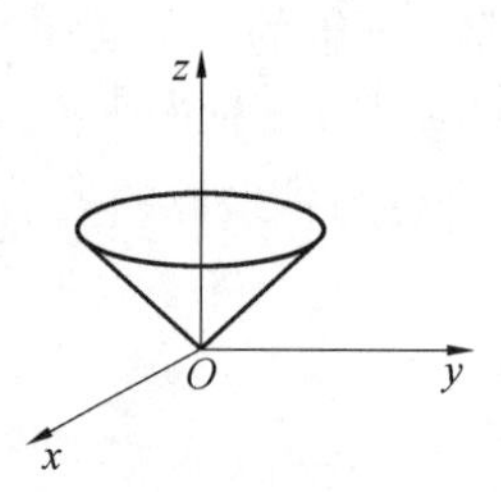

图7

3. 球坐标系下三重积分的累次积分法

（1）球坐标

设空间中一点 $M(x,y,z)$，它在 xOy 面的投影为 P，原点 O 到点 M 的距离为 r，OM 与 z 轴正向的夹角为 φ，OP 与 x 轴正向的夹角为 θ，如图8所示，对于球坐标，规定 r,φ,θ 的取值范围为：$0\leqslant r<+\infty$，$0\leqslant\varphi\leqslant\pi$，$0\leqslant\theta\leqslant 2\pi$，有序数组 (r,φ,θ) 就成为点 M 的球坐标，球坐标系中的三组坐标曲面分别是：

$r=$ 常数，是以原点为球心的球面；

$\varphi=$ 常数，是以原点为顶点，以 z 轴为对称轴的圆锥面；

$\theta=$ 常数，是过 z 轴的半平面.

显然，直角坐标与球坐标的关系是

$$\begin{cases}x=r\sin\varphi\cos\theta\\y=r\sin\varphi\sin\theta\\z=r\cos\varphi\end{cases}$$

（2）球坐标系下的累次积分法

用球坐标的坐标曲面簇分割空间区域 Ω，得一些小区域，考虑由 r,φ,θ 各取得微小增量 $\mathrm{d}r,\mathrm{d}\varphi,\mathrm{d}\theta$ 所成的六面体体积（图9），把这个六面体近似看成长方体，则通过计算，可以得到球面坐标系下的体积微元 $\mathrm{d}v=r^2\sin\varphi\,\mathrm{d}r\mathrm{d}\varphi\mathrm{d}\theta$，所以有

$$\iiint\limits_{\Omega}f(x,y,z)\,\mathrm{d}v=\iiint\limits_{\Omega}f(r\sin\varphi\cos\theta,r\sin\varphi\sin\theta,r\cos\varphi)r^2\sin\varphi\,\mathrm{d}r\mathrm{d}\varphi\mathrm{d}\theta\tag{4}$$

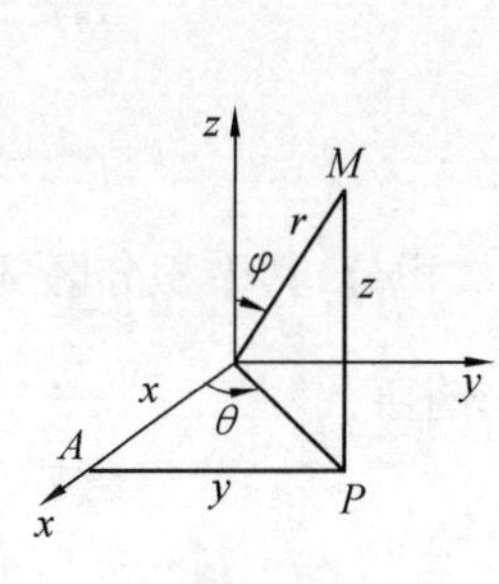

图8

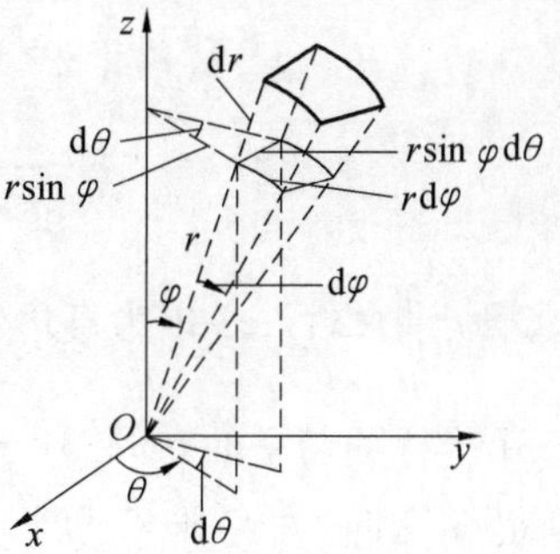

图9

式(4)是把直角坐标系下的三重积分转化为球坐标系下的三重积分计算公式,再确定变量 r,φ,θ 在积分区域 Ω 中的变化范围,化为累次积分计算.

例5　将三重积分 $\iiint\limits_{\Omega} f(x,y,z)\,\mathrm{d}v$ 化为球坐标系下的累次积分,其中 Ω 是由 $z=\sqrt{R^2-x^2-y^2}$ 及 $z=0$ 围成的区域.

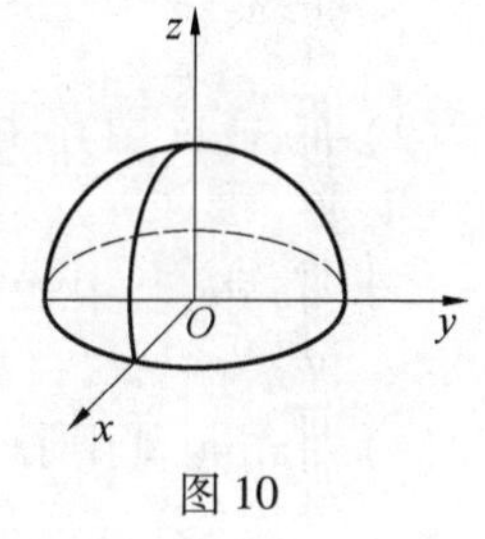

图10

解　积分区域 Ω 如图10所示,在球坐标系下表示成不等式形式

$$\begin{cases}0\leqslant r\leqslant R\\ 0\leqslant\varphi\leqslant\dfrac{\pi}{2}\\ 0\leqslant\theta\leqslant 2\pi\end{cases}$$

所以

$$\iiint\limits_{\Omega} f(x,y,z)\,\mathrm{d}v=\int_0^{2\pi}\mathrm{d}\theta\int_0^{\frac{\pi}{2}}\sin\varphi\,\mathrm{d}\varphi\int_0^{R} f(r\sin\varphi\cos\theta,r\sin\varphi\sin\theta,r\cos\varphi)\,r^2\mathrm{d}r$$

例6　计算三重积分 $\iiint\limits_{\Omega} z\,\mathrm{d}v$,其中 Ω 为球面 $x^2+y^2+z^2=2z$ 围成的区域.

解　球面 $x^2+y^2+z^2=2z$ 的球坐标方程为 $r=2\cos\varphi$,Ω 在球坐标系下表示成不等式的形式

$$\begin{cases}0\leqslant r\leqslant 2\cos\varphi\\ 0\leqslant\varphi\leqslant\dfrac{\pi}{2}\\ 0\leqslant\theta\leqslant 2\pi\end{cases}$$

所以

$$\iiint\limits_{\Omega} z\,\mathrm{d}v=\int_0^{2\pi}\mathrm{d}\theta\int_0^{\frac{\pi}{2}}\mathrm{d}\varphi\int_0^{2\cos\varphi} r\cos\varphi\cdot r^2\sin\varphi\,\mathrm{d}r=$$

$$\int_0^{2\pi}\mathrm{d}\theta\int_0^{\frac{\pi}{2}}\sin\varphi\cos\varphi\,\mathrm{d}\varphi\int_0^{2\cos\varphi} r^3\mathrm{d}r=$$

$$4\int_0^{2\pi}\mathrm{d}\theta\int_0^{\frac{\pi}{2}}\sin\varphi\cos^5\varphi\,\mathrm{d}\varphi=$$

$$8\pi\left(-\frac{1}{6}\cos^6\varphi\right)\Big|_0^{\frac{\pi}{2}}=\frac{4}{3}\pi$$

习题 10.3

1. 化三重积分$\iiint\limits_{\Omega} f(x,y,z)\mathrm{d}v$为直角坐标系下的累次积分,其中积分区域$\Omega$分别为:

(1) 由三个坐标面与平面$6x+3y+2z-6=0$所围成;

(2) 由旋转抛物面$z=x^2+y^2$与平面$z=1$所围成;

(3) 由圆锥面$z=\sqrt{x^2+y^2}$与上半球$z=\sqrt{2-x^2-y^2}$所围成.

2. 计算下列三重积分:

(1) $\iiint\limits_{\Omega} xy\mathrm{d}v$,其中$\Omega$是由三个坐标面与平面$x+\frac{y}{2}+\frac{z}{3}=1$所围成的闭区域;

(2) $\iiint\limits_{\Omega} xyz\mathrm{d}v$,其中$\Omega$是由双曲面$z=xy$与平面$y=x,x=1$及$z=0$所围成的区域;

(3) $\iiint\limits_{\Omega} z^2\mathrm{d}v$,其中$\Omega$是由上半球面$z=\sqrt{1-x^2-y^2}$与平面$z=0$所围成的闭区域;

(4) $\iiint\limits_{\Omega} z^2\mathrm{d}v$,其中$\Omega$是由球面$x^2+y^2+z^2=2z$所围成的闭区域.

3. 利用柱坐标计算下面三重积分:

(1) $\iiint\limits_{\Omega} z\mathrm{d}v$,其中$\Omega$是由上半球面$z=\sqrt{2-x^2-y^2}$与旋转抛物面$z=x^2+y^2$所围成的闭区域;

(2) $\iiint\limits_{\Omega} z\sqrt{x^2+y^2}\,\mathrm{d}v$,其中$\Omega$是由旋转抛物面$z=x^2+y^2$与平面$z=1$所围成的闭区域.

4. 利用球坐标计算下列三重积分:

(1) $\iiint\limits_{\Omega}(x^2+y^2+z^2)\mathrm{d}v$,其中$\Omega$是由球面$x^2+y^2+z^2=1$所围成的闭区域;

(2) $\iiint\limits_{\Omega} z\mathrm{d}v$,其中$\Omega$是由不等式$x^2+y^2+(z-a)^2\leqslant a^2,x^2+y^2\leqslant z^2$所确定.

5. 利用三重积分计算下列由曲面所围成的立体的体积:

(1) $z=\sqrt{x^2+y^2}$及$z=6-x^2-y^2$;

(2) $z=\sqrt{x^2+y^2}$及$z=x^2+y^2$.

6. 球心在原点,半径为R的球体,在其上任意一点的密度的大小与这点到球心的距离成正比,求这球体的质量.

10.4　重积分的应用

本节介绍重积分在几何及物理上的应用.

10.4.1　几何上的应用

1. 求立体的体积

由二重积分的几何意义,我们知道:当$f(x,y)\geqslant 0$时,以D为底、以曲面$z=f(x,y)$为顶的曲顶柱体的体积等于$\iint\limits_D f(x,y)\mathrm{d}\sigma$;当$f(x,y)\leqslant 0$时,该曲顶柱体的体积为$\iint\limits_D f(x,y)\mathrm{d}\sigma$的相反数,由多个曲面围成的立体的体积同样可以利用二重积分计算,请看几个例子.

例1　求由圆柱面$x^2+y^2=R^2$与$x^2+z^2=R^2$所围成的立体的体积.

解　由对称性,只要求出立体在第一卦限部分(图1)的体积V_1,所求立体的体积$V=8V_1$.

第一卦限部分立体的顶面方程为$z=\sqrt{R^2-x^2}$,底面区域D为$D=\{(x,y)\mid x^2+y^2\leqslant R^2,x\geqslant 0,y\geqslant 0\}$,所以

$$V_1=\iint\limits_D\sqrt{R^2-x^2}\,\mathrm{d}\sigma=\int_0^R\mathrm{d}x\int_0^{\sqrt{R^2-x^2}}\sqrt{R^2-x^2}\,\mathrm{d}y=$$

$$\int_0^R(R^2-x^2)\,\mathrm{d}x=\frac{2}{3}R^3$$

所以,所求立体的体积$V=8V_1=\dfrac{16}{3}R^3$.

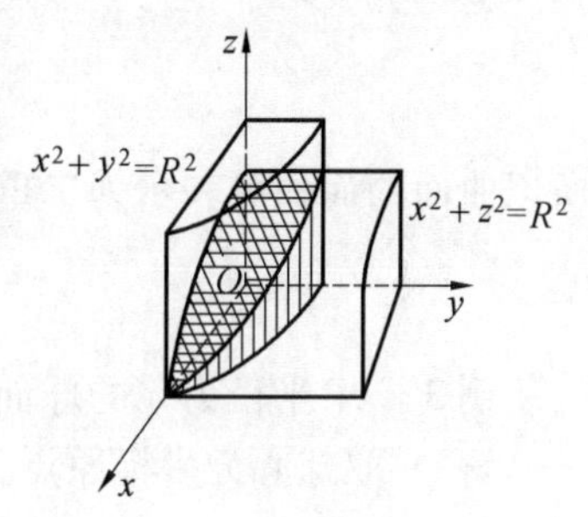

图1

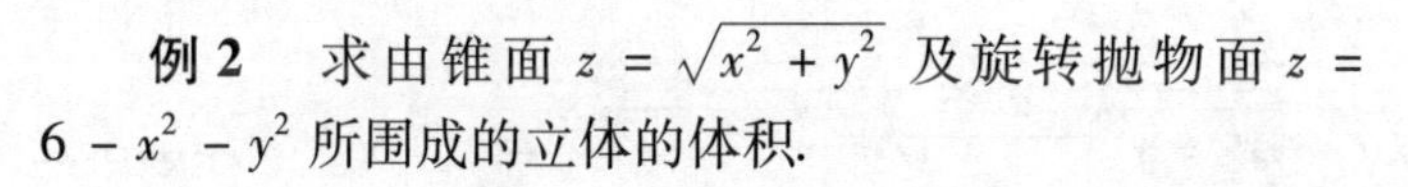

例2　求由锥面$z=\sqrt{x^2+y^2}$及旋转抛物面$z=6-x^2-y^2$所围成的立体的体积.

解　积分区域Ω(图2),曲线$\begin{cases}z=\sqrt{x^2+y^2}\\z=6-x^2-y^2\end{cases}$在$xOy$面上的投影为$\begin{cases}x^2+y^2=4\\z=0\end{cases}$,它是所求立体在$xOy$平面上的投影区域$D$的边界曲线,由图2可见,所求立体的体积$V$可以看作以$z=6-x^2-y^2$为顶、以$D$为底的曲顶柱体的体积$V_2$减去以$z=\sqrt{x^2+y^2}$为顶、以$D$为底的曲顶柱体的体积$V_1$所得,即

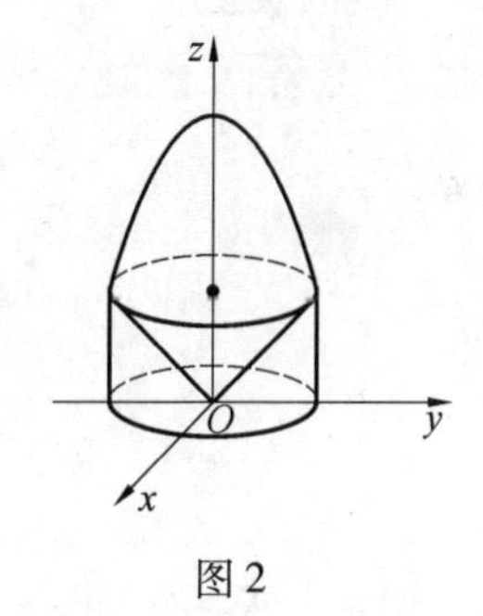

图2

$$V=V_2-V_1=\iint\limits_D(6-x^2-y^2)\,\mathrm{d}\sigma-\iint\limits_D\sqrt{x^2+y^2}\,\mathrm{d}\sigma=$$

$$\iint\limits_D\left(6-x^2-y^2-\sqrt{x^2+y^2}\right)\mathrm{d}\sigma$$

利用极坐标计算这个二重积分,得

$$V=V_2-V_1=\iint\limits_D(6-\rho^2-\rho)\rho\,\mathrm{d}\rho\,\mathrm{d}\theta=$$

$$\int_0^{2\pi}\mathrm{d}\theta\int_0^a(6\rho-\rho^3-\rho^2)\,\mathrm{d}\rho=\frac{32}{3}\pi$$

2. 曲面的面积

设曲面S的方程为$z=f(x,y)$,它在xOy面上的投影区域为D,函数$f(x,y)$在D上具

有连续的偏导数,求曲面 S 的面积.

在 D 上任取小区域 $\mathrm{d}\sigma$($\mathrm{d}\sigma$ 也代表该小区域的面积),在 σ 上任取一点 (x,y),对应有曲面上一点 $M(x,y,(x,y))$,曲面 S 在点 M 处的切平面为 T,以 $\mathrm{d}\sigma$ 的边界曲线为准线,母线平行于 z 轴的柱面截曲面 S 的部分为 ΔS,截切平面 T 的部分的面积记为 $\mathrm{d}S$,则 ΔS 可以用 $\mathrm{d}S$ 近似代替(图3). 显然,切平面 T 的法向量 $\boldsymbol{n}=(-f_x(x,y),-f_y(x,y),1)$, 法向量 $\boldsymbol{n}$ 与 z 轴的交角 γ 满足 $\cos\gamma=\dfrac{1}{\sqrt{1+f_x^2+f_y^2}}$,则由立体几何关系可知

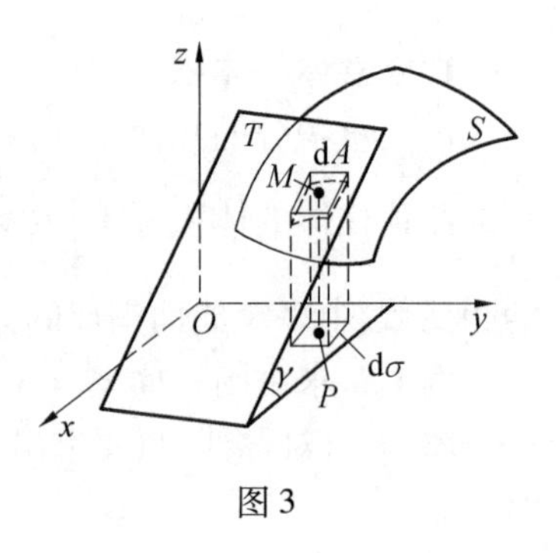

图 3

$$\mathrm{d}S=\frac{1}{\cos\gamma}\mathrm{d}\sigma=\sqrt{1+f_x^2+f_y^2}\,\mathrm{d}\sigma$$

所以曲面的面积可表示为二重积分

$$S=\iint\limits_D\sqrt{1+f_x^2+f_y^2}\,\mathrm{d}\sigma$$

例 3　求半径为 a 的球面的面积.

解　取球心为坐标原点,该球面方程为 $x^2+y^2+z^2=a^2$,由于它的对称性,该球面的面积是上半球面 $z=\sqrt{a^2-x^2-y^2}\,(x^2+y^2\leqslant a^2)$ 的面积的 2 倍,由于

$$f_x=\frac{-x}{\sqrt{a^2-x^2-y^2}},\quad f_y=\frac{-y}{\sqrt{a^2-x^2-y^2}}$$

所以

$$\mathrm{d}S=\sqrt{1+f_x^2+f_y^2}\,\mathrm{d}\sigma=\frac{a}{\sqrt{a^2-x^2-y^2}}\mathrm{d}\sigma$$

$$S=2\iint\limits_D\mathrm{d}S=2\iint\limits_D\frac{a}{\sqrt{a^2-x^2-y^2}}\mathrm{d}\sigma=$$

$$2\int_0^{2\pi}\mathrm{d}\theta\int_0^a\frac{a}{\sqrt{a^2-\rho^2}}\rho\,\mathrm{d}\rho=4\pi a^2$$

例 4　求抛物面 $z=x^2+y^2$ 在平面 $z=1$ 下面部分的面积.

解　如图4所示在 xOy 面上的投影区域为 $x^2+y^2\leqslant 1$, $z_x=2x,z_y=2y$,所以

$$S=\iint\limits_D\mathrm{d}S=\iint\limits_D\sqrt{1-z_x^2-z_y{}^2}\,\mathrm{d}\sigma=\int_0^{2\pi}\mathrm{d}\theta\int_0^1\sqrt{1+4\rho^2}\rho\,\mathrm{d}\rho=$$

$$\frac{\pi}{6}(5\sqrt{5}-1)$$

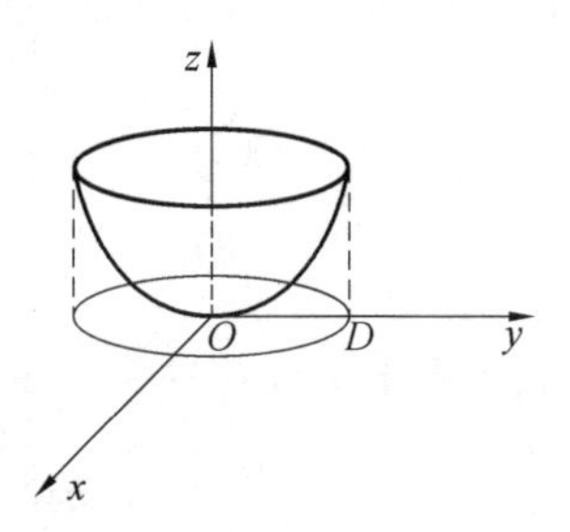

图 4

10.4.2　物理上的应用

1. 求物体的重心

平面薄片的重心$(\bar{x},\bar{y})$是满足等式$M\bar{x}=M_y$，$M\bar{y}=M_x$的点，其中M为薄片的质量，M_x，M_y分别是薄片关于x轴，y轴的静力矩，于是，重心坐标为$\bar{x}=\dfrac{M_y}{M}$，$\bar{y}=\dfrac{M_x}{M}$. 可见，求平面薄片的重心关键在于求出它的质量M及关于坐标轴的静力矩M_x与M_y.

设平面薄片在xOy平面上的闭区域D在点(x,y)处的面密度为$\rho(x,y)$，则$M=\iint\limits_D\rho(x,y)\mathrm{d}\sigma$，同样的方法在$D$上任取一小区域$\mathrm{d}\sigma$，点$(x,y)$是$\mathrm{d}\sigma$上的任一点(图5)，小薄片$\mathrm{d}\sigma$看成为质点，质量为$\rho(x,y)\mathrm{d}\sigma$，则关于两个坐标轴的静力矩$\mathrm{d}M_x$，$\mathrm{d}M_y$分别为$\mathrm{d}M_x=y\rho(x,y)\mathrm{d}\sigma$，$\mathrm{d}M_y=x\rho(x,y)\mathrm{d}\sigma$，所以整个薄片关于$x$轴、$y$轴的静力矩分别为

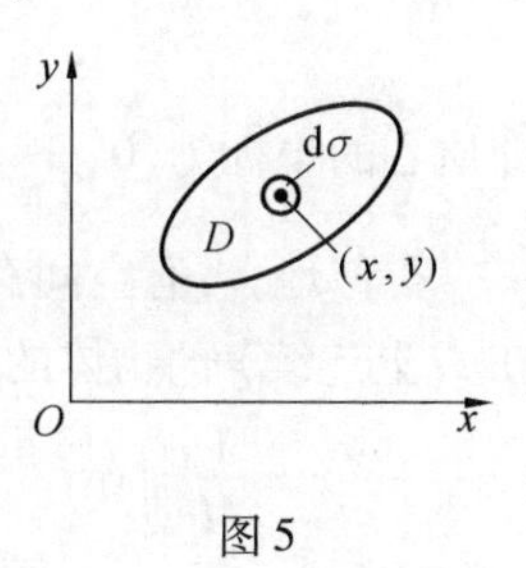

图5

$$M_x=\iint\limits_D\mathrm{d}M_x=\iint\limits_D y\rho(x,y)\mathrm{d}\sigma$$

$$M_y=\iint\limits_D\mathrm{d}M_y=\iint\limits_D x\rho(x,y)\mathrm{d}\sigma$$

于是得重心坐标$(\bar{x},\bar{y})$为

$$\bar{x}=\frac{M_y}{M}=\frac{\iint\limits_D x\rho(x,y)\mathrm{d}\sigma}{\iint\limits_D\rho(x,y)\mathrm{d}\sigma}$$

$$\bar{y}=\frac{M_x}{M}=\frac{\iint\limits_D y\rho(x,y)\mathrm{d}\sigma}{\iint\limits_D\rho(x,y)\mathrm{d}\sigma}$$

如果薄片是均匀的，即$\rho(x,y)=\rho$(常数)，则上式化为

$$\bar{x}=\frac{1}{A}\iint\limits_D x\mathrm{d}\sigma,\quad \bar{y}=\frac{1}{A}\iint\limits_D y\mathrm{d}\sigma$$

其中A表示区域D的面积，这时也称点$(\bar{x},\bar{y})$是平面图形的形心.

例5　一半径为1的半圆形薄片，其各点处的密度等于该点到圆心的距离，求此薄片的质心坐标.

解　如图6，半圆的圆心在原点，直径在x轴上，则半圆形薄片对称于y轴，薄片的密度函数$\rho(x,y)=\sqrt{x^2+y^2}$，关于y轴对称，所以质心必在y轴上，即$\bar{x}=0$，只需求出质心的纵坐标$\bar{y}$.

$$M=\iint\limits_D\sqrt{x^2+y^2}\mathrm{d}\sigma=\int_0^{\pi}\mathrm{d}\theta\int_0^1\rho^2\mathrm{d}\rho=\frac{1}{3}\pi$$

$$M_x=\iint\limits_D y\sqrt{x^2+y^2}\,\mathrm{d}\sigma=\int_0^{\pi}\mathrm{d}\theta\int_0^1\rho\sin\theta\rho^2\mathrm{d}\rho=$$

$$\int_0^{\pi}\sin\theta\mathrm{d}\theta\int_0^1\rho^3\mathrm{d}\rho=\frac{1}{2}$$

所以

$$\bar{y}=\frac{M_x}{M}=\frac{\frac{1}{2}}{\frac{\pi}{3}}=\frac{3}{2\pi}$$

图6

即质心的坐标为$(0,\frac{3}{2\pi})$.

类似地,占有空间有界闭区域Ω、在点(x,y,z)处的密度为$\rho(x,y,z)$(假设$\rho(x,y,z)$在Ω上连续)的物体的质心坐标是

$$\bar{x}=\frac{1}{M}\iiint\limits_{\Omega}x\rho(x,y,z)\mathrm{d}v,\quad \bar{y}=\frac{1}{M}\iiint\limits_{\Omega}y\rho(x,y,z)\mathrm{d}v,\quad \bar{z}=\frac{1}{M}\iiint\limits_{\Omega}z\rho(x,y,z)\mathrm{d}v$$

其中$M=\iiint\limits_{\Omega}\rho(x,y,z)\mathrm{d}v$.

例6　求均匀半球体的重心.

解　设球心在原点,半球体的对称轴为z轴,又设球的半径为R,则半球体所占空间区域

$$\Omega=\{(x,y,z)\mid x^2+y^2+z^2\leqslant R^2,z\geqslant 0\}$$

显然,重心在z轴上,所以$\bar{x}=\bar{y}=0$

$$\bar{z}=\frac{1}{M}\iiint\limits_{\Omega}z\rho\mathrm{d}v=\frac{1}{V}\iiint\limits_{\Omega}z\mathrm{d}v$$

其中$V=\frac{2}{3}\pi R^3$,为半球体的体积.

$$\iiint\limits_{\Omega}z\mathrm{d}v=\int_0^{2\pi}\mathrm{d}\theta\int_0^{\frac{\pi}{2}}\cos\varphi\sin\varphi\mathrm{d}\varphi\int_0^R r^3\mathrm{d}r=\frac{\pi}{4}R^4$$

因此,$\bar{z}=\frac{3}{8}R$,重心坐标为$(0,0,\frac{3}{8}R)$.

2. 求物体的转动惯量

设在xOy平面上的一质点$P(x,y)$,其质量为m,则该质点关于x轴、y轴和原点O的转动惯量依次为$I_x=my^2,I_y=mx^2,I_O=m(x^2+y^2)$,显然$I_O=I_x+I_y$,即质点的转动惯量等于各个质点转动惯量之和(即转动惯量具有可加性).

现有一平面薄片,它占有xOy平面上的区域D,薄片在点(x,y)处的密度为$\rho(x,y)$,且函数$\rho(x,y)$在D上连续.在D上任取一小区域$\mathrm{d}\sigma$,点(x,y)是$\mathrm{d}\sigma$上的任取一点,把小区域$\mathrm{d}\sigma$的小块薄片看成质点,则该质点上关于x轴、y轴的转动惯量$\mathrm{d}I_x,\mathrm{d}I_y$分别为

$$\mathrm{d}I_x=y^2\rho(x,y)\mathrm{d}\sigma,\quad \mathrm{d}I_y=x^2\rho(x,y)\mathrm{d}\sigma$$

所以,平面薄片关于x轴、y轴和原点的转动惯量分别为

$$I_x = \iint_D y^2 \rho(x,y)\,\mathrm{d}\sigma, \quad I_y = \iint_D x^2 \rho(x,y)\,\mathrm{d}\sigma$$

显然对平面薄片来说，仍有 $I_O = I_x + I_y$.

例7　设一平面薄片位于以心形线 $\rho = a(1+\cos\theta)$ 为边界的区域 D 上，求此薄片对于原点的转动惯量(密度为1).

解　如图7

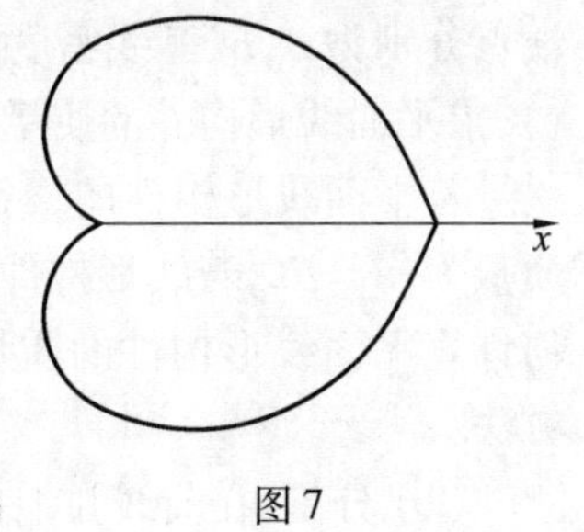

图7

$$I_O = I_x + I_y = \iint_D (x^2 + y^2)\,\mathrm{d}\sigma =$$

$$\int_0^{2\pi} \mathrm{d}\theta \int_0^{a(1+\cos\theta)} \rho^3 \mathrm{d}\rho =$$

$$\frac{a^4}{4}\int_0^{2\pi} (1 + 4\cos\theta + 6\cos^2\theta + 4\cos^3\theta + \cos^4\theta)\,\mathrm{d}\theta = \frac{35}{16}\pi a^4$$

类似地，占有空间有界闭区域 Ω、在点 (x,y,z) 处的密度为 $\rho(x,y,z)$（假设 $\rho(x,y,z)$ 在 Ω 上连续）的转动惯量为

$$I_x = \iiint_\Omega (y^2 + z^2)\rho(x,y,z)\,\mathrm{d}v$$

$$I_y = \iiint_\Omega (z^2 + x^2)\rho(x,y,z)\,\mathrm{d}v$$

$$I_z = \iiint_\Omega (x^2 + y^2)\rho(x,y,z)\,\mathrm{d}v$$

习题 10.4

1. 求上半球面 $z = \sqrt{a^2 - x^2 - y^2}$ 含在圆柱面 $x^2 + y^2 = ax$ 内部的那部分曲面的面积.

2. 求圆锥面 $z = \sqrt{x^2 + y^2}$ 被柱面 $z^2 = 2x$ 所割下的部分曲面的面积.

3. 求底圆半径相等的两个直交圆柱面 $x^2 + y^2 = R^2$ 及 $x^2 + z^2 = R^2$ 所围成的立体的表面积.

4. 圆盘 $x^2 + y^2 \leqslant 2ax(a > 0)$ 内各点处的面密度 $\mu(x,y) = \sqrt{x^2 + y^2}$，求此圆盘的重心.

5. 设有一等腰直角三角形薄片，腰长为 a，各点处的面密度等于该点到直角顶点的距离的平方，求此薄片的重心.

6. 设均匀薄片(面密度为常数 μ) 所占闭区域 D 如下，求指定的转动惯量：

(1) D 由抛物线 $y^2 = \dfrac{9}{2}x$ 与直线 $x = 2$ 所围成，求 I_x, I_y；

(2) D 为矩形闭区域 $\{(x,y) \mid 0 \leqslant x \leqslant a, 0 \leqslant y \leqslant b\}$，求 I_x, I_y.

10.5　曲线积分

把积分范围限定在一段曲线弧上，就得到曲线积分的概念. 根据实际问题的需要和理论上的要求，可将曲线积分分为第一类曲线积分和第二类曲线积分.

10.5.1　对弧长的曲线积分(第一类曲线积分)

1. 对弧长曲线积分的概念和性质

引例　计算平面曲线形构件的质量.

设平面线形构件所占的位置为 xOy 面内的一段曲线弧 L,其端点分别为 A,B,其线密度(单位长度的质量)为连续函数 $\rho(x,y)$,求平面线形构件的质量(图1).

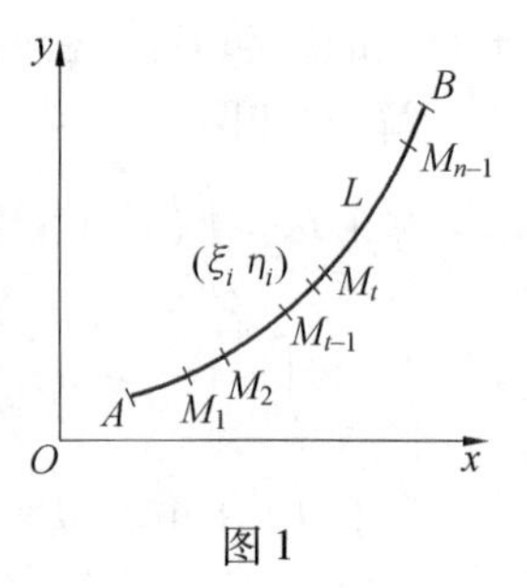

图1

若平面线形构件的线密度为常数 ρ,构件长为 L,则构件的质量为 $m=\rho L$,若线形构件的线密度 $\rho(x,y)$ 不是常数,那么,如何计算平面线形构件的质量?为了解决这个问题,采用积分的方法.

(1) 分割:在曲线弧上任意插入 $n-1$ 个点,从而曲线被分成 n 个小弧段,记每个小弧段的长度为 $\Delta s_i(i=1,2,\cdots,n)$.

(2) 近似:由于各个小弧段很短,可以用小弧段上任意一点 (ξ_i,η_i) 处的线密度代替此小弧段上其他点处的线密度,由 $\rho(x,y)$ 的连续性,则这一小弧段构件的质量的近似值为

$$\Delta m_i \approx \rho(\xi_i,\eta_i)\Delta s_i \quad (i=1,2,\cdots,n)$$

(3) 求和:整个曲线形构件的质量

$$m=\sum_{i=1}^{n}\Delta m_i \approx \sum_{i=1}^{n}\rho(\xi_i,\eta_i)\Delta s_i$$

(4) 取极限:用 λ 表示 n 个小弧段长度的最大值,则有

$$m=\lim_{\lambda\to 0}\sum_{i=1}^{n}\rho(\xi_i,\eta_i)\Delta s_i$$

将这种形式的和式的极限抽象成数学概念就是下面的对弧长曲线积分的定义.

定义1　设 L 为 xOy 面上的光滑曲线弧,函数 $f(x,y)$ 在 L 上有界.将 L 分成 n 个小弧段,Δs_i 为第 i 个小弧段的长度,(ξ_i,η_i) 为第 i 个小弧段上任意一点,λ 表示 n 个小弧段长度的最大值,若极限 $\lim\limits_{\lambda\to 0}\sum\limits_{i=1}^{n}f(\xi_i,\eta_i)\Delta s_i$ 存在,则称此极限值为函数 $f(x,y)$ 在曲线 L 上对弧长的曲线积分,也称为第一类曲线积分,记为 $\int_L f(x,y)\,\mathrm{d}s$. 当 L 为闭曲线时,曲线积分可记作 $\oint_L f(x,y)\,\mathrm{d}s$.

函数 $f(x,y)$ 在光滑曲线 L 上连续时,对弧长的曲线积分 $\int_L f(x,y)\,\mathrm{d}s$ 存在,以后总假定 $f(x,y)$ 在 L 上是连续的.

性质:

(1) $\int_L[\alpha f(x,y)+\beta g(x,y)]\,\mathrm{d}s=\alpha\int_L f(x,y)\,\mathrm{d}s+\beta\int_L g(x,y)\,\mathrm{d}s$

(2) 如果曲线 L 可分为几段光滑的曲线弧 $L_1,L_2,\cdots,L_n$,则

$$\int_L f(x,y)\mathrm{d}s = \int_{L_1} f(x,y)\mathrm{d}s + \int_{L_2} f(x,y)\mathrm{d}s + \cdots + \int_{L_n} f(x,y)\mathrm{d}s$$

2. 对弧长曲线积分的计算

对弧长的曲线积分要转换到定积分上的计算.

定理 1　设函数 $f(x,y)$ 在光滑曲线 L 上连续，曲线 L 的方程为：$\begin{cases} x = \varphi(t) \\ y = \psi(t),(\alpha \leqslant t \leqslant \beta) \end{cases}$,则

$$\int_L f(x,y)\mathrm{d}s = \int_\alpha^\beta f[\varphi(t),\psi(t)]\sqrt{\varphi'^2(t) + \psi'^2(t)}\,\mathrm{d}t$$

特别：曲线 L 的方程为 $y = f(x)(a \leqslant x \leqslant b)$ 时，$\int_L f(x,y)\mathrm{d}s = \int_a^b f[x,y(x)]\sqrt{1 + y'^2(x)}\,\mathrm{d}x$,曲线 L 的方程为 $x = x(y)(c \leqslant y \leqslant d)$ 时，$\int_L f(x,y)\mathrm{d}s = \int_c^d f[x(y),y]\sqrt{1 + x'^2(y)}\,\mathrm{d}y$.

上述公式中,定积分的下限一定不能大于它的积分上限.

例 1　计算曲线积分 $\int_L y\mathrm{d}s$,其中：

(1) L 为圆 $x^2 + y^2 = a^2(a > 0)$ 的上半部分；

(2) L 为抛物线 $y^2 = 4x$ 介于 $(0,0)$ 与点 $(1,2)$ 之间的一段弧.

解　(1) L 的方程为：$\begin{cases} x = a\cos\theta \\ y = a\sin\theta \end{cases},(0 \leqslant \theta \leqslant \pi)$, $\mathrm{d}s = \sqrt{x'^2(\theta) + y'^2(\theta)}\,\mathrm{d}\theta = a\mathrm{d}\theta$,所以

$$\int_L y\mathrm{d}s = \int_0^\pi a\sin\theta \cdot a\mathrm{d}\theta = 2a^2$$

(2) L 的方程为 $x = \dfrac{y^2}{4}(0 \leqslant y \leqslant 2)$

$$\mathrm{d}s = \sqrt{1 + x'^2(y)}\,\mathrm{d}y = \sqrt{1 + \left(\frac{y}{2}\right)^2}\,\mathrm{d}y = \frac{1}{2}\sqrt{4 + y^2}\,\mathrm{d}y$$

所以

$$\int_L y\mathrm{d}s = \int_0^2 y \cdot \frac{1}{2}\sqrt{4 + y^2}\,\mathrm{d}y = \frac{1}{6}(4 + y^2)^{\frac{3}{2}}\Big|_0^2 = \frac{4}{3}(2\sqrt{2} - 1)$$

例 2　计算 $\oint_L x\mathrm{d}s$, L 为由 $y = x^2$ 及 $y = x$ 围成的闭曲线弧.

解　如图 2 所示：$L = L_1 + L_2$, L_1 的方程为 $y = x^2(0 \leqslant x \leqslant 1)$,

$$\mathrm{d}s = \sqrt{1 + y'^2(x)}\,\mathrm{d}x = \sqrt{1 + (2x)^2}\,\mathrm{d}x$$

所以

$$\int_{L_1} x\mathrm{d}s = \int_0^1 x\sqrt{1 + (2x)^2}\,\mathrm{d}x = \frac{1}{12}(1 + 4x^2)^{\frac{3}{2}}\Big|_0^1 = \frac{1}{12}(5\sqrt{5} - 1)$$

L_2 的方程为

$$y = x \quad (0 \leqslant x \leqslant 1), \quad \mathrm{d}s = \sqrt{1 + y'^2(x)}\,\mathrm{d}x = \sqrt{2}\,\mathrm{d}x$$

所以

$$\int_{L_2} x\mathrm{d}s = \int_0^1 x\sqrt{2}\,\mathrm{d}x = \frac{\sqrt{2}}{2}$$

从而

$$\oint_L x\mathrm{d}s = \int_{L_1} x\mathrm{d}s + \int_{L_2} x\mathrm{d}s = \frac{1}{12}(5\sqrt{5}-1) + \frac{\sqrt{2}}{2}$$

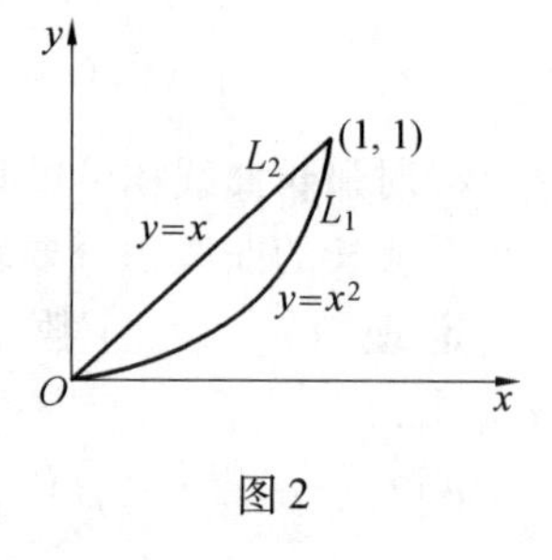

图 2

当曲线为空间曲线 Γ 时,有类似的定义及计算公式. 设空间曲线 Γ 的参数方程为

$$\begin{cases} x = x(t) \\ y = y(t) \quad (a \leqslant t \leqslant b) \\ z = z(t) \end{cases}$$

则有

$$\mathrm{d}s = \sqrt{x'^2(t) + y'^2(t) + z'^2(t)}\,\mathrm{d}t$$

$$\int_\Gamma f(x,y,z)\,\mathrm{d}s = \int_a^b f[x(t),y(t),z(t)]\sqrt{x'^2(t) + y'^2(t) + z'^2(t)}\,\mathrm{d}t$$

例 3　计算曲线积分 $\int_\Gamma (x^2 + y^2)\,\mathrm{d}s$,$\Gamma$ 为连接原点 $(0,0,0)$ 与点 $(1,2,2)$ 的直线段.

解　Γ 的方程为

$$\begin{cases} x = t \\ y = 2t \quad (0 \leqslant t \leqslant 1) \\ z = 2t \end{cases}$$

$$\mathrm{d}s = \sqrt{x'^2(t) + y'^2(t) + z'^2(t)}\,\mathrm{d}t = 3\mathrm{d}t$$

所以

$$\int_\Gamma (x^2 + y^2)\,\mathrm{d}s = \int_0^1 (t^2 + 4t^2)3\mathrm{d}t = 5$$

10.5.2　对坐标的曲线积分(第二类曲线积分)

1. 对坐标曲线积分的概念

规定了方向的曲线称为有向曲线,曲线 L 的正向记为 L,L 的反方向即 L 的负向记为 L^-.

引例　设一质点在 xOy 面内受变力 $\boldsymbol{F}(x,y) = P(x,y)\boldsymbol{i} + Q(x,y)\boldsymbol{j}$ 的作用,沿曲线弧 L 从 A 移动到 B,求变力 $\boldsymbol{F}(x,y)$ 对质点所做的功.

若力 $\boldsymbol{F}$ 为常力,质点从点 A 沿直线移动到点 B,则力 $\boldsymbol{F}$ 所做的功为 $W = \boldsymbol{F} \cdot \overrightarrow{AB}$,而当力 $\boldsymbol{F}(x,y)$ 是变力,质点移动的路径为曲线弧 L,则需要用积分的方法解决.

(1) 分割:在曲线 L 上任意插入 $n-1$ 个分点,$M_1, M_2, \cdots, M_{n-1}$,记 $A = M_0, B = M_n$,从而曲线弧被分成 n 个有向小弧段 $M_{i-1}M_i (i = 1,2,\cdots,n)$,向量 $\overrightarrow{M_{i-1}M_i}$ 在 x 轴、y 轴上的投影分别为 $\Delta x_i, \Delta y_i$,则有 $\overrightarrow{M_{i-1}M_i} = \Delta x_i \boldsymbol{i} + \Delta y_i \boldsymbol{j} (i = 1,2,\cdots,n)$,如图 3 所示.

(2) 近似:在第 i 个小弧段上任取一点 (ξ_i, η_i),由于小弧段很短,质点沿小弧段运动

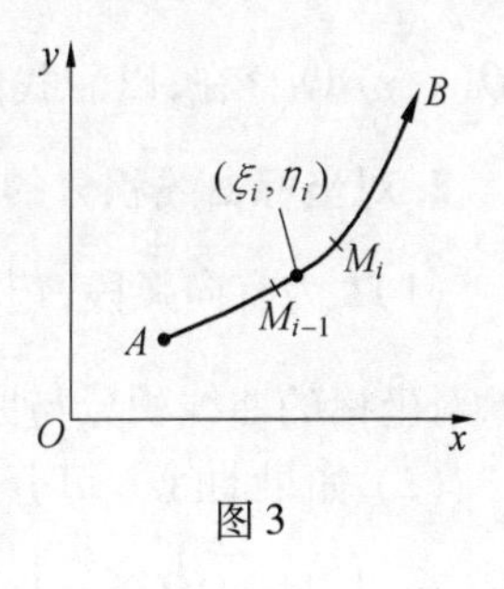

图3

可以近似地看作沿直线段运动，且在其上所受变力 $\boldsymbol{F}(x,y)$ 可看作常力 $\boldsymbol{F}(\xi_i,\eta_i)=P(\xi_i,\eta_i)\boldsymbol{i}+Q(\xi_i,\eta_i)\boldsymbol{j}$，则在这一小弧段上变力所做功的近似值为

$\Delta W_i \approx \boldsymbol{F}(\xi_i,\eta_i)\cdot\overrightarrow{M_{i-1}M_i}=P(\xi_i,\eta_i)\Delta x_i+Q(\xi_i,\eta_i)\Delta y_i$ $(i=1,2,\cdots,n)$

(3) 求和：变力 $\boldsymbol{F}(x,y)$ 在整个曲线弧 L 上做功的近似值为

$$W=\sum_{i=1}^{n}\Delta W_i\approx\sum_{i=1}^{n}\left[P(\xi_i,\eta_i)\Delta x_i+Q(\xi_i,\eta_i)\Delta y_i\right]$$

(4) 取极限：用 λ 表示 n 个小弧段长度的最大值，则有

$$W=\lim_{\lambda\to0}\sum_{i=1}^{n}\left[P(\xi_i,\eta_i)\Delta x_i+Q(\xi_i,\eta_i)\Delta y_i\right]$$

将这种形式的和式的极限抽象成数学概念，就是下面的对坐标的曲线积分的定义.

定义2　设 L 为 xOy 面上从 A 到 B 的有向光滑曲线弧，函数 $P(x,y),Q(x,y)$ 在 L 上有界，在 L 上沿 L 的方向任意插入 $n-1$ 个分点，$M_1,M_2,\cdots,M_{n-1}$，记 $A=M_0,B=M_n$，从而曲线弧被分成 n 个有向小弧段 $M_{i-1}M_i(i=1,2,\cdots,n)$，向量 $\overrightarrow{M_{i-1}M_i}$ 在 x 轴、y 轴上的投影分别为 $\Delta x_i,\Delta y_i$，则有 $\overrightarrow{M_{i-1}M_i}=\Delta x_i\boldsymbol{i}+\Delta y_i\boldsymbol{j}$，在第 i 个小弧段上任取一点 (ξ_i,η_i). 当各个小弧段长度的最大值 $\lambda\to0$ 时，若极限 $\lim\limits_{\lambda\to0}\sum\limits_{i=1}^{n}P(\xi_i,\eta_i)\Delta x_i$ 存在，则称此极限为函数 $P(x,y)$ 在有向曲线弧 L 上对坐标 x 的曲线积分，记作 $\int_L P(x,y)\,\mathrm{d}x$，类似地，若极限 $\lim\limits_{\lambda\to0}\sum\limits_{i=1}^{n}Q(\xi_i,\eta_i)\Delta y_i$ 存在，则称此极限为函数 $Q(x,y)$ 在有向曲线弧 L 上对坐标 y 的曲线积分，记作 $\int_L Q(x,y)\,\mathrm{d}y$. 即

$$\int_L P(x,y)\,\mathrm{d}x=\lim_{\lambda\to0}\sum_{i=1}^{n}P(\xi_i,\eta_i)\Delta x_i$$

$$\int_L Q(x,y)\,\mathrm{d}y=\lim_{\lambda\to0}\sum_{i=1}^{n}Q(\xi_i,\eta_i)\Delta y_i$$

其中 $P(x,y),Q(x,y)$ 叫作被积函数，L 叫作积分弧段，以上两个积分也称对坐标的曲线积分，也称为第二类曲线积分.

一般将它们合在一起记为

$$\int_L P(x,y)\,\mathrm{d}x+\int_L Q(x,y)\,\mathrm{d}y=\int_L P(x,y)\,\mathrm{d}x+Q(x,y)\,\mathrm{d}y$$

来进行研究. 为了简便，在不混淆的情况下常记作：$\int_L P\mathrm{d}x+Q\mathrm{d}y$，当 L 为封闭曲线时，记作：$\oint_L P\mathrm{d}x+Q\mathrm{d}y$.

函数 $P(x,y),Q(x,y)$ 在有向光滑曲线 L 上连续时，对坐标的曲线积分 $\int_L P(x,y)\,\mathrm{d}x$，

$\int_L Q(x,y)\mathrm{d}y$ 存在,以后我们总假定 $P(x,y)$,$Q(x,y)$ 在 L 上是连续的.

2. 对坐标曲线积分的性质

(1)L 为有向弧段,记 L^- 为 L 的反向弧段,由定义易得:$\int_L P\mathrm{d}x + Q\mathrm{d}y = -\int_{L^-} P\mathrm{d}x + Q\mathrm{d}y$,即,对坐标的曲线积分与曲线方向有关.

(2) 如果曲线 L 可分为几段光滑的曲线弧 $L_1, L_2, \cdots, L_n$,则

$$\int_L P\mathrm{d}x + Q\mathrm{d}y = \int_{L_1}(P\mathrm{d}x + Q\mathrm{d}y) + \int_{L_2}(P\mathrm{d}x + Q\mathrm{d}y) + \cdots + \int_{L_n}(P\mathrm{d}x + Q\mathrm{d}y)$$

(3) 由定义可知,若 L 为垂直于 y 轴的有向线段,则 $\mathrm{d}y = 0$,从而 $\int_L Q\mathrm{d}y = 0$,若 L 为垂直于 x 轴的有向线段,则 $\mathrm{d}x = 0$,从而 $\int_L P\mathrm{d}x = 0$.

3. 对坐标曲线积分的计算

定理 2　设函数 $P(x,y)$,$Q(x,y)$ 在光滑曲线 L 上连续,曲线 L 的方程为:$\begin{cases} x = \varphi(t) \\ y = \psi(t) \end{cases}$,当 t 单调地从 α 变化到 β 时,点 (x,y) 从 L 的起点 A 变到终点 B,则

$$\int_L P(x,y)\mathrm{d}x + Q(x,y)\mathrm{d}y = \int_\alpha^\beta \{P[\varphi(t),\psi(t)]\varphi'(t) + Q[\varphi(t),\psi(t)]\psi'(t)\}\mathrm{d}t$$

对坐标曲线积分的计算是将其化为定积分来处理,在转化过程中要注意,定积分的下限 α 不一定比上限 β 小.

特别,当曲线 L 为 $y = y(x)$,此时 x 相当于定理中的参数 t,$x = a$ 对应起点从 A,$x = b$ 对应终点 B,且 x 单调地从 a 变化到 b,则

$$\int_L P(x,y)\mathrm{d}x + Q(x,y)\mathrm{d}y = \int_\alpha^\beta \{P[x,y(x)] + Q[x,y(x)]y'(x)\}\mathrm{d}x$$

当曲线 L 为 $x = x(y)$,此时 y 相当于定理中的参数 t,$y = c$ 对应起点从 A,$y = d$ 对应终点 B,且 y 单调地从 c 变化到 d,则

$$\int_L P(x,y)\mathrm{d}x + Q(x,y)\mathrm{d}y = \int_\alpha^\beta \{P[x(y),y]x'(y) + Q[x(y),y]\}\mathrm{d}y$$

当 Γ 为空间曲线时,也有类似结论:

设空间光滑曲线 Γ 的方程为:$\begin{cases} x = x(t) \\ y = y(t) \\ z = z(t) \end{cases}$,当 t 单调地从 α 变到 β 时,点 (x,y,z) 从 Γ 的起点 A 变到终点 B,且 $P(x,y,z)$,$Q(x,y,z)$,$R(x,y,z)$ 是定义在 Γ 上的连续函数,则

$$\int_\Gamma P(x,y,z)\mathrm{d}x + Q(x,y,z)\mathrm{d}y + R(x,y,z)\mathrm{d}z =$$

$$\int_\alpha^\beta \{P[x(t),y(t),z(t)]x'(t) + Q[x(t),y(t),z(t)]y'(t) + R[x(t),y(t),z(t)]z'(t)\}\mathrm{d}t$$

例 4　计算 $\int_L xy\mathrm{d}x$,其中 L 为:

(1) 抛物线 $y^2 = x$ 从点 $A(1,-1)$ 到点 $B(1,1)$ 的一段弧;

(2) 从点 $A(1,-1)$ 到点 $B(1,1)$ 的直线段.

解　如图4

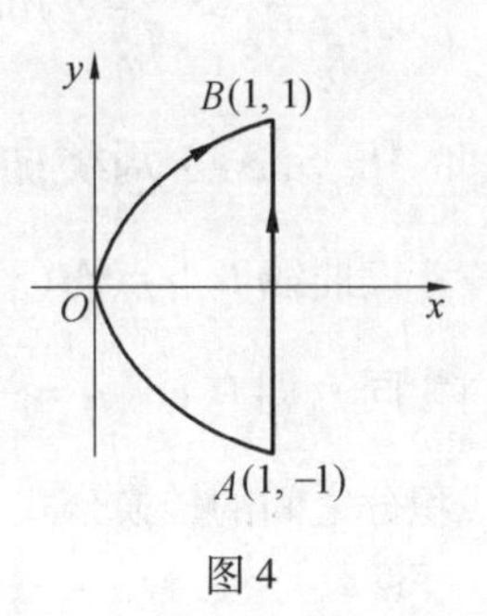

图4

(1) L 的方程为 $x=y^2$, y 从 -1 到 1, $\mathrm{d}x=2y\mathrm{d}y$,所以

$$\int_L xy\mathrm{d}x=2\int_{-1}^{1}y^4\mathrm{d}y=\frac{4}{5}$$

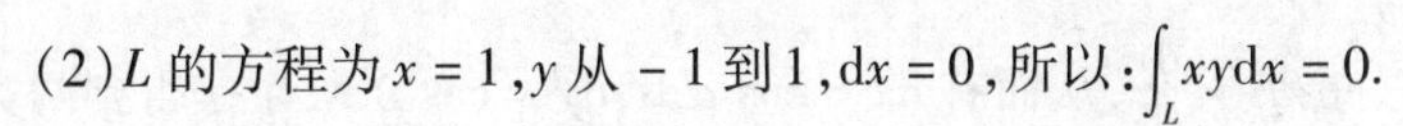

(2) L 的方程为 $x=1$, y 从 -1 到 1, $\mathrm{d}x=0$,所以:$\int_L xy\mathrm{d}x=0$.

例5　计算 $I=\int_L(x+y)\mathrm{d}x+(x-y)\mathrm{d}y$,其中 L 为:

(1) 圆弧 $x^2+y^2=a^2(a>0)$ 上从点 $A(a,0)$ 到点 $B(-a,0)$ 的上半圆周;

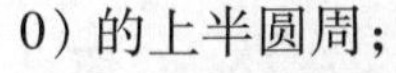

(2) 从点 $A(a,0)$ 到点 $B(-a,0)$ 的直线段.

解　如图5

图5

(1) L 的方程为 $\begin{cases}x=a\cos t\\ y=a\sin t\end{cases}$, t 从 0 到 π,

$$\mathrm{d}x=-a\sin t\mathrm{d}t,\quad \mathrm{d}y=a\cos t\mathrm{d}t$$

所以

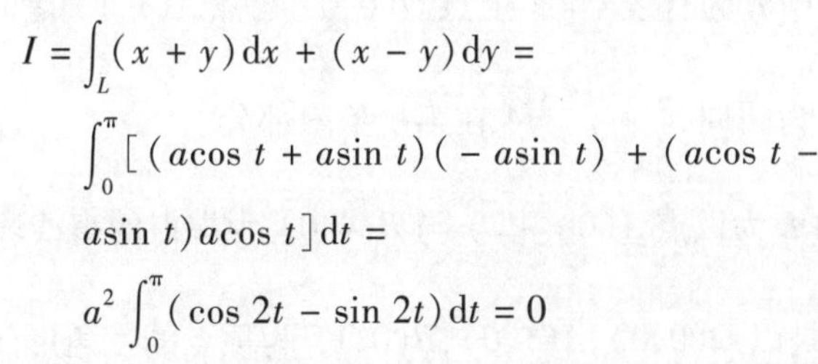

$$I=\int_L(x+y)\mathrm{d}x+(x-y)\mathrm{d}y=$$
$$\int_0^{\pi}[(a\cos t+a\sin t)(-a\sin t)+(a\cos t-a\sin t)a\cos t]\mathrm{d}t=$$
$$a^2\int_0^{\pi}(\cos 2t-\sin 2t)\mathrm{d}t=0$$

(2) L 的方程为 $y=0$, x 从 a 到 $-a$, $\mathrm{d}y=0$,所以

$$I=\int_L(x+y)\mathrm{d}x+(x-y)\mathrm{d}y=\int_a^{-a}x\mathrm{d}x=0$$

例6　计算 $I=\oint_L\frac{x\mathrm{d}y-y\mathrm{d}x}{x^2+y^2}$,其中 L 是圆周 $x^2+y^2=a^2(a>0)$ 的逆时针方向.

解　L 的方程为 $\begin{cases}x=a\cos t\\ y=a\sin t\end{cases}$, t 从 0 到 2π,

$$\mathrm{d}x=-a\sin t\mathrm{d}t,\quad \mathrm{d}y=a\cos t\mathrm{d}t$$

所以

$$I=\int_0^{2\pi}\frac{a\cos t\cdot a\cos t-a\sin t\cdot(a\sin t)}{(a\cos t)^2+(a\sin t)^2}\mathrm{d}t=\int_0^{2\pi}\mathrm{d}t=2\pi$$

例7　计算 $\int_\Gamma x^2\mathrm{d}x+z\mathrm{d}y-y\mathrm{d}z$, Γ 的方程: $x=2t$, $y=3\cos t$, $z=3\sin t$,方向为参数 t 从 0 到 π.

解　$\int_\Gamma x^2\mathrm{d}x+z\mathrm{d}y-y\mathrm{d}z=$

$$\int_0^{\pi}[4t^2\cdot 2+3\sin t\cdot(-3\sin t)-3\cos t\cdot 3\cos t]\mathrm{d}t=$$

$$\int_0^{\pi}(8t^2-9)\mathrm{d}t=\frac{8}{3}\pi^3-9\pi$$

10.5.3　两类曲线积分之间的关系

设曲线 L 上点 $M(x,y)$ 处的切线的方向余弦为 $\cos\alpha,\cos\beta$(切线的方向与曲线的正向相同)，即有 $\cos\alpha=\frac{\mathrm{d}x}{\mathrm{d}s},\cos\beta=\frac{\mathrm{d}y}{\mathrm{d}s}$，从而有 $\mathrm{d}x=\cos\alpha\mathrm{d}s,\mathrm{d}y=\cos\beta\mathrm{d}s$，于是得到两类曲线积分之间的转换公式

$$\int_L P\mathrm{d}x+Q\mathrm{d}y=\int_L(P\cos\alpha+Q\cos\beta)\mathrm{d}s$$

类似地，设空间曲线 Γ 上点 $M(x,y,z)$ 处切线的方向余弦为 $\cos\alpha,\cos\beta,\cos\gamma$(切线方向与曲线的正向相同)，则有两类曲线积分之间的转换公式

$$\int_\Gamma P\mathrm{d}x+Q\mathrm{d}y+R\mathrm{d}z=\int_\Gamma(P\cos\alpha+Q\cos\beta+R\cos\gamma)\mathrm{d}s$$

习题 10.5

1. 计算 $\int_L(x+y)\mathrm{d}s$，其中 L 为直线 $y=x$ 上点 $O(0,0)$ 与点 $A(1,1)$ 之间的一段.

2. 计算 $\int_L x^2y\mathrm{d}s$，其中 L 为圆周 $x^2+y^2=4$ 在第一象限部分.

3. 计算 $\int_L\frac{1}{x-y}\mathrm{d}s$，其中 L 为以点 $A(0,-2)$ 与 $B(4,0)$ 为端点的直线段.

4. 计算 $\oint_L(x+y)\mathrm{d}s$，L 是以 $O(0,0),A(1,0),B(0,1)$ 为顶点的三角形闭曲线.

5. 计算 $\int_\Gamma(x^2+y^2+z^2)\mathrm{d}s$，其中 Γ 为曲线 $\begin{cases}x=4\cos t\\ y=4\sin t(0\leqslant t\leqslant 2\pi)\\ z=3t\end{cases}$.

6. 计算 $\int_L(x+y)\mathrm{d}s$，其中 L 分别为：

(1) 直线 $y=x$ 上从点 $O(0,0)$ 到点 $A(1,1)$ 之间的一段；
(2) 从点 $O(0,0)$ 到点 $B(1,0)$ 再到点 $A(1,1)$ 的折线段.

7. 计算 $\int_L 2xy\mathrm{d}x+x^2\mathrm{d}y$，其中 L 分别为：

(1) 从点 $O(0,0)$ 经直线 $y=x$ 到点 $A(1,1)$ 之间的一段；
(2) 从点 $O(0,0)$ 经曲线 $y=x^2$ 到点 $A(1,1)$ 之间的一段；
(3) 从点 $O(0,0)$ 经曲线 $y=x^3$ 到点 $A(1,1)$ 之间的一段.

8. 计算 $\int_L y\mathrm{d}x-x\mathrm{d}y$，其中 L 是从点 $A(1,1)$ 经抛物线 $y=x^2$ 到点 $B(-1,1)$ 的有向弧段.

9. 计算 $\oint_L\frac{(x+y)\mathrm{d}x-(x-y)\mathrm{d}y}{x^2+y^2}$，其中 L 为圆周 $x^2+y^2=R^2$，方向为逆时针方向.

10.6　格林公式及其应用

牛顿 - 莱布尼茨公式确定了一元函数在闭区间上的定积分与它的原函数在该区间端点上的值的关系，下面要介绍的格林公式告诉我们，在平面区域 D 上的二重积分与沿区域 D 的边界曲线 L 上的曲线积分也有类似的关系.

10.6.1　格林公式

作为推导格林公式的需要，先介绍几个相关概念：

（1）单连通区域：若平面区域 D 内任意一条封闭曲线所围部分仍属于 D，则称该区域为单连通区域，否则称其为复连通区域. 例如 $D=\{(x,y)\,|x^2+y^2\leqslant 4\}$ 为单连通区域，而 $D=\{(x,y)\,|1\leqslant x^2+y^2\leqslant 4\}$ 为复连通区域，通俗地说，单连通区域就是内部没有"洞"的区域，而复连通区域就是内部有"洞"的区域. 如图 1 所示.

（2）区域 D 的边界曲线的正向：当沿着 D 的边界曲线的某个方向行走时，区域 D 总是在行走者的左手边，称此方向为区域 D 的边界曲线的正向. 显然对于单连通区域，边界正向就是逆时针方向，对于复连通区域，其外边界曲线的正向是逆时针方向，内边界曲线的正向是顺时针方向. 如图 2 所示.

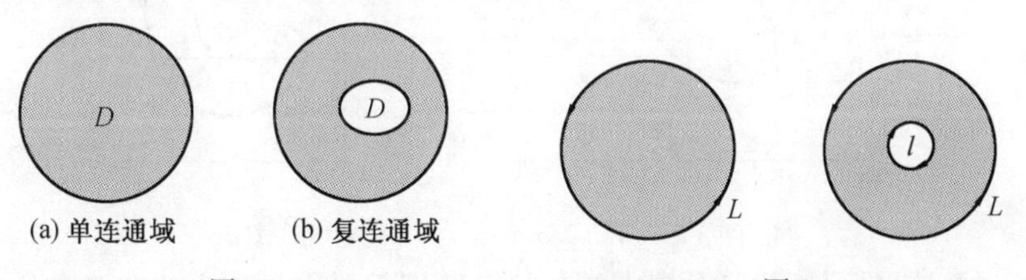

图 1　　　　图 2

定理 1（格林公式）　设闭区域 D 是由分段光滑的曲线 L 围成，函数 $P(x,y)$ 及 $Q(x,y)$ 在 D 上具有一阶连续偏导数，则有

$$\iint\limits_D\left(\frac{\partial Q}{\partial x}-\frac{\partial P}{\partial y}\right)\mathrm{d}x\mathrm{d}y=\oint_L P\mathrm{d}x+Q\mathrm{d}y$$

其中 L 是 D 的取正向的边界曲线.

证明　先假设区域 D 既是 X 型的区域又是 Y 型的区域（图 3）

设 $D=\{(x,y)\mid y_1(x)\leqslant y\leqslant y_2(x),a\leqslant x\leqslant b\}$，则有

$$\iint\limits_D\frac{\partial P}{\partial y}\mathrm{d}\sigma=\int_a^b\mathrm{d}x\int_{y_1(x)}^{y_2(x)}\frac{\partial P(x,y)}{\partial y}\mathrm{d}y=$$

$$\int_a^b\{P[x,y_2(x)]-P[x,y_1(x)]\}\mathrm{d}x$$

而

$$\oint_L P\mathrm{d}x=\int_{L_1}P\mathrm{d}x+\int_{L_2}P\mathrm{d}x=$$

$$\int_a^b P[x,y_1(x)]\mathrm{d}x+\int_b^a P[x,y_2(x)]\mathrm{d}x=$$

$$\int_a^b \{P[x,y_1(x)] - P[x,y_2(x)]\}\mathrm{d}x$$

所以

$$-\iint_D \frac{\partial P}{\partial y}\mathrm{d}\sigma = \oint_L P\mathrm{d}x$$

设 $D = \{(x,y) \mid x_1(y) \leqslant x \leqslant x_2(y), c \leqslant y \leqslant d\}$，类似地可证

$$\iint_D \frac{\partial Q}{\partial x}\mathrm{d}\sigma = \oint_L Q\mathrm{d}y$$

于是

$$\iint_D (\frac{\partial Q}{\partial x} - \frac{\partial P}{\partial y})\mathrm{d}\sigma = \oint_L P\mathrm{d}x + Q\mathrm{d}y$$

再考虑一般情形，如果区域 D 如图 4 所示，则 $D = D_1 + D_2 + D_3$，利用二重积分的区域可加性，对坐标的曲线积分曲线方向相反积分变号的性质，结合上面的结果，便得

$$\iint_D \left(\frac{\partial Q}{\partial x} - \frac{\partial P}{\partial y}\right)\mathrm{d}\sigma = \oint_L P\mathrm{d}x + Q\mathrm{d}y$$

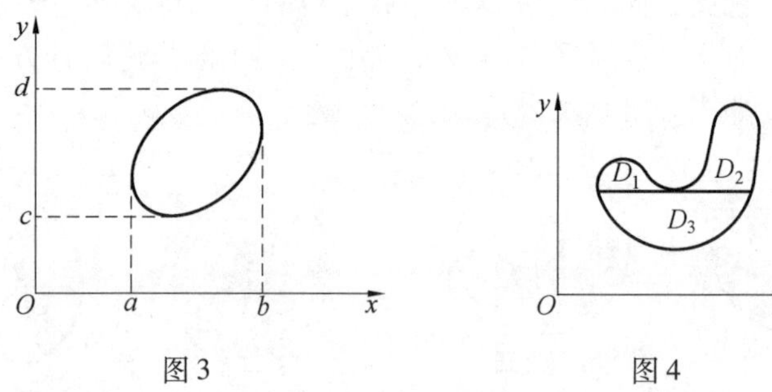

图 3　　　　图 4

注意，对复连通区域，格林公式右端包括沿区域 D 的全部边界的曲线积分，且边界的方向对区域 D 来说都是正向.

例 1　计算 $\oint_L x\mathrm{d}y - y\mathrm{d}x$，其中 L 是有界闭区域 D 上的正向曲线，D 的面积为 A.

解　$P = -y, Q = x$

$$\frac{\partial P}{\partial y} = -1, \quad \frac{\partial Q}{\partial x} = 1$$

由格林公式

$$\oint_L x\mathrm{d}y - y\mathrm{d}x = \iint_D 2\mathrm{d}x\mathrm{d}y = 2A$$

此例也给出了格林公式的一个简单应用，即利用格林公式求平面图形的面积 A.

$$A = \frac{1}{2}\oint_L x\mathrm{d}y - y\mathrm{d}x$$

例 2　计算 $\oint_L 3xy\mathrm{d}y + x^2\mathrm{d}x$，其中 L 是区域

$$D = \{(x,y) \mid -1 \leqslant x \leqslant 3, 0 \leqslant y \leqslant 2\}$$

的正向边界曲线.

解　$P=3xy,Q=x^2,\frac{\partial P}{\partial y}=3x,\frac{\partial Q}{\partial x}=2x$，由格林公式：

$$\oint_L 3xy\mathrm{d}y+x^2\mathrm{d}x=-\iint_D x\mathrm{d}x\mathrm{d}y=-\int_0^2\mathrm{d}y\int_{-1}^3 x\mathrm{d}x=-8$$

例3　计算 $I=\oint_L\frac{x\mathrm{d}y-y\mathrm{d}x}{x^2+y^2}$，其中 L 是不通过原点而按逆时针方向的简单闭曲线.

解　$P=\frac{-y}{x^2+y^2},Q=\frac{x}{x^2+y^2}$，当 $(x,y)\neq(0,0)$ 时，$\frac{\partial P}{\partial y}=\frac{\partial Q}{\partial x}=\frac{-x^2+y^2}{(x^2+y^2)^2}$，当 L 的内部不包含原点时，由格林公式得：$I=\oint_L\frac{x\mathrm{d}y-y\mathrm{d}x}{x^2+y^2}=0$；当 L 的内部包含原点时(图5)，以原点为中心，充分小的正数 r 为半径作圆周 $C:x^2+y^2=r^2$，则在以 $L+C$ 为边界的复连通区域 D 内，格林公式成立：

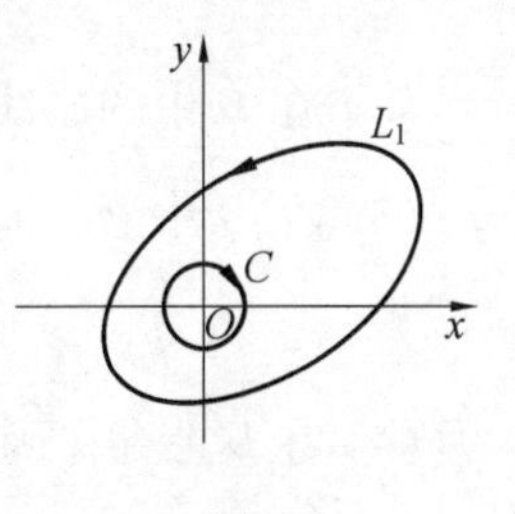

图5

$$\oint_{L+C}\frac{x\mathrm{d}y-y\mathrm{d}x}{x^2+y^2}=0$$

即

$$\oint_{L+C}\frac{x\mathrm{d}y-y\mathrm{d}x}{x^2+y^2}=\oint_L\frac{x\mathrm{d}y-y\mathrm{d}x}{x^2+y^2}+\oint_C\frac{x\mathrm{d}y-y\mathrm{d}x}{x^2+y^2}=0$$

所以

$$I=\oint_L\frac{x\mathrm{d}y-y\mathrm{d}x}{x^2+y^2}=-\oint_C\frac{x\mathrm{d}y-y\mathrm{d}x}{x^2+y^2}=\oint_{C^-}\frac{x\mathrm{d}y-y\mathrm{d}x}{x^2+y^2}=$$

$$\frac{1}{r^2}\oint_{C^-}x\mathrm{d}y-y\mathrm{d}x=\frac{1}{r^2}\iint_{D_r}2\mathrm{d}x\mathrm{d}y=\frac{1}{r^2}\cdot 2\pi r^2=2\pi$$

其中 C^- 为逆时针方向(这说明沿任何包围原点的闭曲线积分均相等).

10.6.2　平面曲线积分与路径无关的条件

现在研究平面上对坐标的曲线积分 $\int_L P(x,y)\mathrm{d}x+Q(x,y)\mathrm{d}y$ 与路径 L 无关的条件. 曲线积分 $\int_L P(x,y)\mathrm{d}x+Q(x,y)\mathrm{d}y$ 与路径无关的具体意义是：已给平面上的区域 D，A 和 B 为区域 D 内任意两点，如果沿着任何一条以 A，B 两点为端点且完全含于 D 内的曲线 AB，曲线积分 $\int_L P(x,y)\mathrm{d}x+Q(x,y)\mathrm{d}y$ 的值均相等，即曲线积分 $\int_L P(x,y)\mathrm{d}x+Q(x,y)\mathrm{d}y$ 的值只由端点 A，B 而定，而与路径 AB 的形状无关. 这个问题在许多物理场中是有重要意义的，例如：由 $P(x,y)$，$Q(x,y)$ 给出一个力场 $\boldsymbol{F}(x,y)=P(x,y)\boldsymbol{i}+Q(x,y)\boldsymbol{j}$，那么曲线积分 $\int_L P(x,y)\mathrm{d}x+Q(x,y)\mathrm{d}y$ 表示沿路径 AB 由点 A 到 B 力场所做的功，如果此曲线积分与路径无关，那就表示在力场 $\boldsymbol{F}(x,y)=P(x,y)\boldsymbol{i}+Q(x,y)\boldsymbol{j}$ 中，不管由 A 沿什么路线到点 B，力场所做的功都相同，这是力场 $\boldsymbol{F}(x,y)=P(x,y)\boldsymbol{i}+Q(x,y)\boldsymbol{j}$ 的一个重要性质，具有这种性质的力

场叫作保守力场.

下面不加证明地给出曲线积分与路径无关条件的定理.

定理 2　设 $P(x,y)$,$Q(x,y)$ 及它们的一阶偏导数在单连通区域 D 上连续,则下面四个命题等价:

(1) 在 D 上任意点 (x,y) ,恒有 $\dfrac{\partial P}{\partial y}=\dfrac{\partial Q}{\partial x}$;

(2) 在 D 中的曲线积分 $\int_L P(x,y)\,dx+Q(x,y)\,dy$ 与路径无关;

(3) 在 D 中沿任何一条闭曲线 L 的积分为零,即

$$\int_L P(x,y)\,dx+Q(x,y)\,dy=0$$

(4) 在 D 上存在函数 $u(x,y)$,使表达式 $P(x,y)\,dx+Q(x,y)\,dy$ 是函数 $u(x,y)$ 的全微分,即 $du(x,y)=P(x,y)\,dx+Q(x,y)\,dy$.

定理中的四个命题,每一个命题都是其他命题的充要条件.

当判断曲线积分与路径无关后,为了简化计算,可选择较合适的积分路径计算,通常取由平行于坐标轴的直线组成的折线作为积分路径,此时,曲线积分又可表示为 $\int_{(x_1,y_1)}^{(x_2,y_2)} P(x,y)\,dx+Q(x,y)\,dy$,其中点 (x_1,y_1) 为起点的坐标,点 (x_2,y_2) 为终点的坐标.

例 4　证明曲线积分 $\int_L e^x\cos y\,dx-e^x\sin y\,dy$ 与路径无关,并计算

$$\int_{(0,0)}^{(2,1)} e^x\cos y\,dx-e^x\sin y\,dy$$

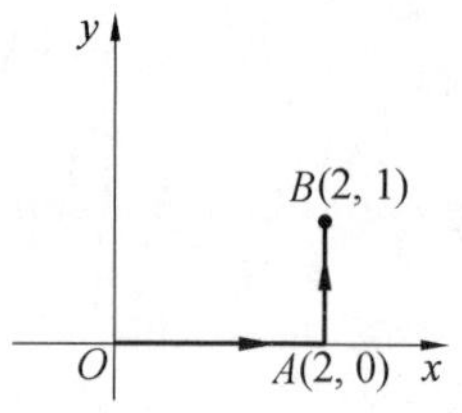

图 6

解　$P(x,y)=e^x\cos y$, $Q(x,y)=-e^x\sin y$, 因为 $\dfrac{\partial P}{\partial y}=\dfrac{\partial Q}{\partial x}=-e^x\sin y$, 所以曲线积分 $\int_{(0,0)}^{(2,1)} e^x\cos y\,dx-e^x\sin y\,dy$ 与路径无关,取路径由点 $O(0,0)$ 到点 $A(2,0)$ 再到点 $B(2,1)$ 的折线(图 6)

$$\int_{(0,0)}^{(2,1)} e^x\cos y\,dx-e^x\sin y\,dy=\int_0^2 e^x\,dx+\int_0^1 e^2(-\sin y)\,dy=e^2\cos 1-1$$

上面定理中等价命题还得出,曲线积分 $\int_L P(x,y)\,dx+Q(x,y)\,dy$ 与路径无关时,$P(x,y)\,dx+Q(x,y)\,dy$ 一定是某函数 $u(x,y)$ 的全微分,即有 $\dfrac{\partial u}{\partial x}=P(x,y)$,$\dfrac{\partial u}{\partial y}=Q(x,y)$. 当积分与路径无关时,将起点为 (x_0,y_0) ,终点为 (x,y) 的曲线积分记为 $\int_{(x_0,x_0)}^{(x,y)} P(x,y)\,dx+Q(x,y)\,dy$,此积分是 x,y 的二元函数, 可以证明, 它就是可微函数 $u(x,y)$, 即有 $u(x,y)=\int_{(x_0,x_0)}^{(x,y)} P(x,y)\,dx+Q(x,y)\,dy$,计算等式右侧时,可选用平行于 x 轴和 y 轴的直线段来进行:

选择 $(x_0,y_0)\to(x,y_0)\to(x,y)$ (图 7),则有

$$\int_{(x_0,x_0)}^{(x,y)} P(x,y)\,\mathrm{d}x + Q(x,y)\,\mathrm{d}y = \int_{x_0}^{x} P(x,y_0)\,\mathrm{d}x + \int_{y_0}^{y} Q(x,y)\,\mathrm{d}y$$

选择$(x_0,y_0)\to(x_0,y)\to(x,y)$(图8),则有

$$\int_{(x_0,x_0)}^{(x,y)} P(x,y)\,\mathrm{d}x + Q(x,y)\,\mathrm{d}y = \int_{x_0}^{x} P(x,y)\,\mathrm{d}x + \int_{y_0}^{y} Q(x_0,y)\,\mathrm{d}y$$

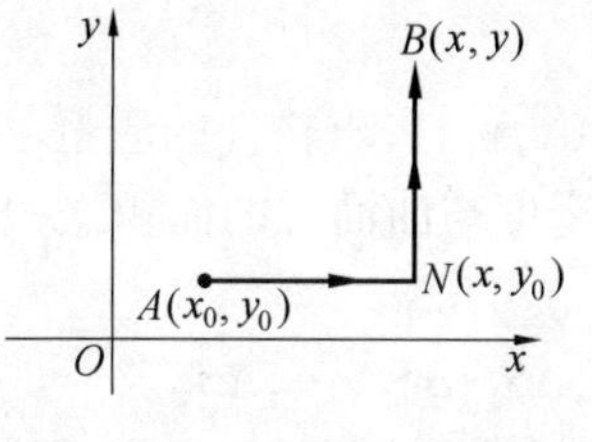

图7

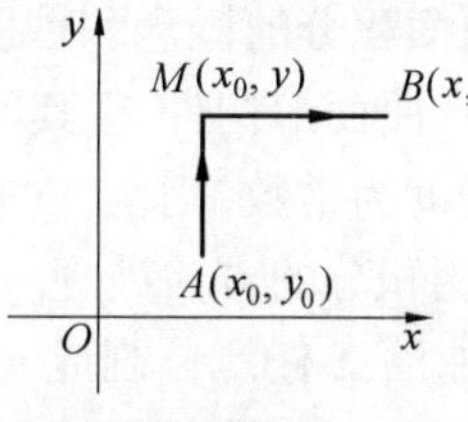

图8

例5　判断表达式$(4x+2y)\,\mathrm{d}x+(2x-6y)\,\mathrm{d}y$在整个平面上是否为某一函数$u(x,y)$的全微分,并求出函数$u(x,y)$.

解　$P(x,y)=4x+2y, Q(x,y)=2x-6y$,

因为$\dfrac{\partial P}{\partial y}=2, \dfrac{\partial Q}{\partial x}=2$,所以$\dfrac{\partial P}{\partial y}=\dfrac{\partial Q}{\partial x}$,

故表达式$(4x+2y)\,\mathrm{d}x+(2x-6y)\,\mathrm{d}y$在整个平面上是某一函数$u(x,y)$的全微分

$$u(x,y)=\int_0^x 4x\,\mathrm{d}x+\int_0^y (2x-6y)\,\mathrm{d}y=2x^2+2xy-3y^2$$

习题10.6

1. 利用格林公式计算下列曲线积分:

(1)$\oint_L (x+y)^2\mathrm{d}x+(x^2+y^2)\,\mathrm{d}y$,$L$是以$(0,0)$,$(1,0)$,$(0,1)$为顶点的三角形闭曲线,方向为逆时针方向;

(2)$\oint_L (x^2+y)\,\mathrm{d}x-(x-y^2)\,\mathrm{d}y$,$L$为椭圆$\dfrac{x^2}{a^2}+\dfrac{y^2}{b^2}=1\ (a>0,b>0)$,方向为逆时针方向;

(3) 计算$\int_L (\mathrm{e}^x\sin y-y)\,\mathrm{d}x+(\mathrm{e}^x\cos y-x-2)\,\mathrm{d}y$,$L$为$x^2+y^2=9$在第一象限中从点$(3,0)$到点$(0,3)$的部分.

2. 证明曲线积分与路径无关,并计算曲线积分:

(1)$\int_L (2x\cos y-y^2\sin x)\,\mathrm{d}x+(2y\cos x-x^2\sin y)\,\mathrm{d}y$,$L$为沿圆周$x^2+y^2=R^2$在第二象限中的部分由点$A(0,R)$到点$B(-R,0)$;

(2)$\int_L (1+x\mathrm{e}^{2y})\,\mathrm{d}x+(x^2\mathrm{e}^{2y}-y^2)\,\mathrm{d}y$,$L$是圆周$x^2+y^2=R^2$上半部由$A(R,0)$到$B(-R,0)$.

10.7　曲面积分

10.7.1　对面积的曲面积分(第一类曲面积分)

1. 对面积的曲面积分的概念和性质

引例　设有一曲面形构件 Σ,其面密度为 $\rho(x,y,z)$,求构件的质量.

若构件的面密度为常数,则构件的质量为面密度与曲面 Σ 的面积之积,而现在面密度是变量,就需要采用积分的方法处理.

(1) 分割:把曲面 Σ 任意分割成 n 个小曲面,$\Delta S_1,\Delta S_2,\cdots,\Delta S_n$.

(2) 近似:若 $\rho(x,y,z)$ 在 Σ 上连续,在 ΔS_i 上任取一点 (ξ_i,η_i,ζ_i),用该点的面密度近似代替 ΔS_i 上任意点的面密度,则这一小块曲面构件的质量近似为 $\Delta m_i\approx\rho(\xi_i,\eta_i,\zeta_i)\cdot\Delta S_i(i=1,2,\cdots,n)$.

(3) 求和:将 n 个小曲面,$\Delta S_1,\Delta S_2,\cdots,\Delta S_n$ 的质量的近似值求和,得到整个曲面构件质量的近似值:$m=\sum\limits_{i=1}^{n}\Delta m_i\approx\sum\limits_{i=1}^{n}\rho(\xi_i,\eta_i,\zeta_i)\cdot\Delta S_i$.

(4) 取极限:令 λ 表示这 n 个小曲面的直径的最大值,则得 $m=\lim\limits_{\lambda\to0}\sum\limits_{i=1}^{n}\rho(\xi_i,\eta_i,\zeta_i)\cdot\Delta S_i$.

这种和式的极限在研究其他问题时也会遇到,将其抽象成数学概念,就是下面对面积的曲面积分的定义.

定义 1　设曲面 Σ 是光滑的,函数 $f(x,y,z)$ 在 Σ 上有界,将曲面 Σ 任意分割成 n 个小曲面,$\Delta S_1,\Delta S_2,\cdots,\Delta S_n$,点 (ξ_i,η_i,ζ_i) 是 ΔS_i 上任意取定的一点,做乘积 $f(\xi_i,\eta_i,\zeta_i)\cdot\Delta S_i(i=1,2,\cdots,n)$,并求和 $\sum\limits_{i=1}^{n}f(\xi_i,\eta_i,\zeta_i)\cdot\Delta S_i$,令 λ 表示这 n 个小曲面的直径的最大值,若 $\lim\limits_{\lambda\to0}\sum\limits_{i=1}^{n}f(\xi_i,\eta_i,\zeta_i)\cdot\Delta S_i$ 存在,则称此极限值为函数 $f(x,y,z)$ 在曲面 Σ 上对面积的曲面积分,也称为第一类曲面积分,记作 $\iint\limits_{\Sigma}f(x,y,z)\,\mathrm{d}S$,即 $\iint\limits_{\Sigma}f(x,y,z)\,\mathrm{d}S=\lim\limits_{\lambda\to0}\sum\limits_{i=1}^{n}f(\xi_i,\eta_i,\zeta_i)\cdot\Delta S_i$,其中 $f(x,y,z)$ 称为被积函数,Σ 称为积分曲面.

注:(1) 当函数 $f(x,y,z)$ 在光滑曲面 Σ 上连续时,$\iint\limits_{\Sigma}f(x,y,z)\,\mathrm{d}S$ 存在.

(2) 对面积的曲面积分与对弧长的曲线积分具有类似的性质.

(3) 若 Σ 是分片光滑的,规定函数在 Σ 上对面积的曲面积分等于函数在各个光滑曲面上对面积的曲面积分之和.

(4) 若 Σ 为封闭曲面,则 $\iint\limits_{\Sigma}f(x,y,z)\,\mathrm{d}S$ 可记为 $\oiint\limits_{\Sigma}f(x,y,z)\,\mathrm{d}S$.

2. 对面积的曲面积分的计算

设积分曲面 Σ 的方程为 $z=z(x,y)$,Σ 在 xOy 面上的投影区域为 D_{xy},如图 1 所示,且

$z=z(x,y)$ 在D_{xy} 上具有连续的偏导数 z'_x,z'_y，函数 $f(x,y,z)$ 在 Σ 上连续，则

$$\iint_{\Sigma} f(x,y,z)\mathrm{d}S = \iint_{D_{xy}} f[x,y,z(x,y)]\sqrt{1+(z'_x)^2+(z'_y)^2}\,\mathrm{d}x\mathrm{d}y$$

注：(1) 计算时，只需将$f(x,y,z)$ 中的 z 换为 $z(x,y)$，$\mathrm{d}S$ 换为$\sqrt{1+(z'_x)^2+(z'_y)^2}\,\mathrm{d}x\mathrm{d}y$，再确定 Σ 在 xOy 面上的投影区域 D_{xy}，即可将对面积的曲面积分转化为二重积分.

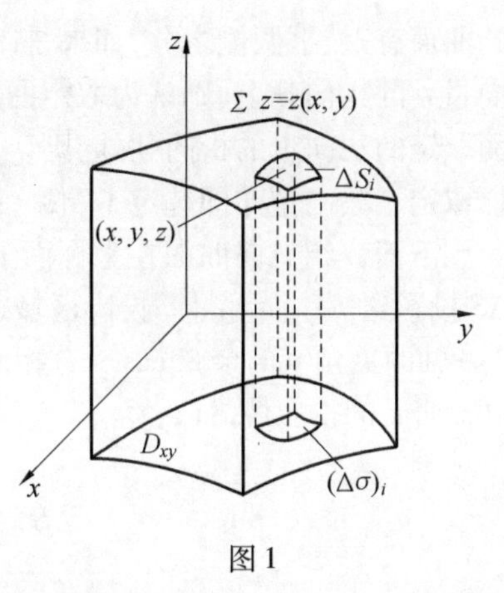

图1

(2) 类似可得：若积分曲面 Σ 的方程为 $y=y(x,z)$，Σ 在 xOz 面上的投影区域为 D_{xz}，且 $y=y(x,z)$ 在 D_{xz} 上具有连续的偏导数 y'_x,y'_z，函数 $f(x,y,z)$ 在 Σ 上连续，则

$$\iint_{\Sigma} f(x,y,z)\mathrm{d}S = \iint_{D_{xy}} f[x,y(x,z),z]\sqrt{1+(y'_x)^2+(y'_y)^2}\,\mathrm{d}x\mathrm{d}z$$

若积分曲面 Σ 的方程为 $x=x(y,z)$，Σ 在 yOz 面上的投影区域为 D_{yz}，且 $x=x(y,z)$ 在 D_{yz} 上具有连续的偏导数 x'_y,x'_z，函数 $f(x,y,z)$ 在 Σ 上连续，则

$$\iint_{\Sigma} f(x,y,z)\mathrm{d}S = \iint_{D_{xy}} f[x(y,z),y,z]\sqrt{1+(x'_y)^2+(x'_z)^2}\,\mathrm{d}y\mathrm{d}z$$

(3) 当被积函数 $f(x,y,z)=1$ 时，$\iint_{\Sigma}\mathrm{d}S=A$（$A$ 为曲面 Σ 的面积）.

例1　计算$\iint_{\Sigma}(y+z)\mathrm{d}S$，$\Sigma$ 是平面 $x+y+z=1$ 在第一卦限部分.

解　如图2 曲面 Σ 的方程为

$z=1-x-y$，$D=\{(x,y)\mid 0\leqslant y\leqslant 1-x, 0\leqslant x\leqslant 1\}$

$$\iint_{\Sigma}(y+z)\mathrm{d}S=\iint_{D_{xy}}(y+1-x-y)\sqrt{1+(-1)^2+(-1)^2}=$$

$$\sqrt{3}\int_0^1\mathrm{d}x\int_0^{1-x}(1-x)\mathrm{d}y=$$

$$\sqrt{3}\int_0^1(1-x)^2\mathrm{d}x=\frac{\sqrt{3}}{3}$$

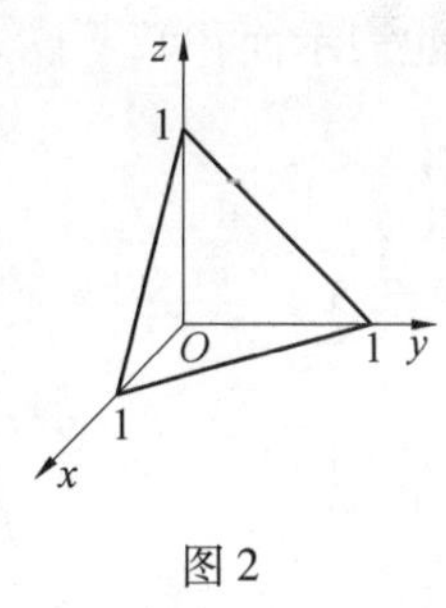

图2

例2　计算$\iint_{\Sigma}(x^2+y^2+z^2)\mathrm{d}S$，其中 Σ 是球面：

$$x^2+y^2+z^2=R^2\quad(R>0)$$

解　$\iint_{\Sigma}(x^2+y^2+z^2)\mathrm{d}S=\iint_{\Sigma}R^2\mathrm{d}S=4\pi R^4$.

10.7.2　对坐标的曲面积分（第二类曲面积分）

1. 对坐标的曲面积分的概念和性质

与对坐标的曲线积分类似，讨论对坐标的曲面积分时，先规定曲面的方向，通常遇到

的曲面有上、下两侧之分，如果是闭合曲面，则有内、外侧之分. 对于曲面 Σ，如果取它的法向量 $\boldsymbol{n}$ 的指向朝上，则认为取定曲面的上侧；反之，则认为取定曲面的内侧. 如果对于闭曲面取定的法向量的指向朝外，则认为取定曲面的外侧；反之则认为取定曲面的内侧；像这样取定了法向量亦即选定了“侧”的曲面，就称为有向曲面.

下面介绍有向曲面在坐标面上的投影，设 Σ 是有向曲面，在 Σ 上取一小块曲面 ΔS，把 ΔS 投影到 xOy 面上得一投影区域，记该投影区域面积为 $(\Delta\sigma)_{xy}$. 若 ΔS 上各点处的法向量与 z 轴的夹角 γ 的余弦 $\cos\gamma$ 有相同的符号（即 $\cos\gamma$ 都是正的或都是负的），则规定 ΔS 在 xOy 面上的投影 $(\Delta S)_{xy}$ 为

$$(\Delta S)_{xy}=\begin{cases}(\Delta\sigma)_{xy} & \cos\gamma>0\\ -(\Delta\sigma)_{xy} & \cos\gamma<0\\ 0 & \cos\gamma=0\end{cases}$$

类似地，可定义 ΔS 在 xOz 及 yOz 面上的投影.

引例　流量问题.

设有不可压缩的稳定流体（即流体的密度是不变的）的速度场由向量函数 $\boldsymbol{V}=P(x,y,z)\boldsymbol{i}+Q(x,y,z)\boldsymbol{j}+R(x,y,z)\boldsymbol{k}$ 给出，Σ 是速度场中的一片有向曲面，函数 $P(x,y,z)$，$Q(x,y,z)$，$R(x,y,z)$ 都在 Σ 上连续，求在单位时间内流向曲面 Σ 指定侧的流体的质量（称为流量），假定流体的密度为 1.

分析：如果流速场中各点的流速 $\boldsymbol{V}$ 是常向量，流体流过平面上面积为 A 的一个闭区域，又设向量 $\boldsymbol{n}$ 为该平面的法向量，那么在单位时间内流过这闭区域的流体的质量 $Q=A\boldsymbol{V}\cdot\boldsymbol{n}$，如图 3 所示，现在流速场 $\boldsymbol{V}$ 不是常向量场，流体流经的不是平面区域，而是一片有向曲面，此时要计算流向曲面一侧的流量就需要用积分的方法.

(1) 分割：如图 4 所示，把曲面 Σ 分成 n 小块，记每一小块为 $\Delta S_i(i=1,2,\cdots,n)$（$\Delta S_i$ 同时也表示面积）；

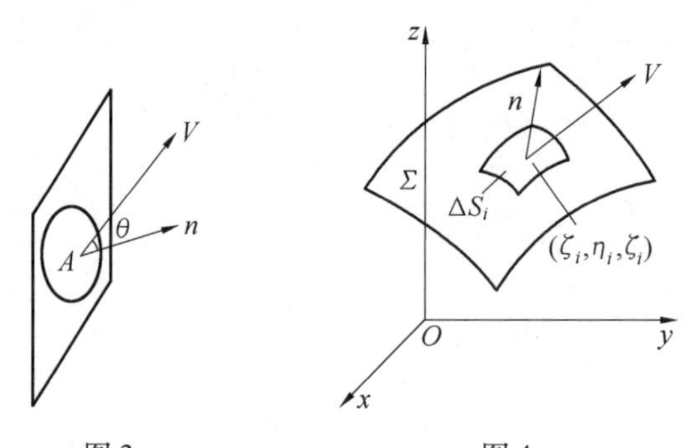

图 3　　　　图 4

(2) 近似：在 Σ 是光滑的和 $\boldsymbol{V}$ 是连续的前提下，由于 ΔS_i 很小，则可近似用 ΔS_i 上任一点 (ξ_i,η_i,ζ_i) 处的流速 $\boldsymbol{V}_i(\xi_i,\eta_i,\zeta_i)$ 代替小曲面 ΔS_i 上各点处的流速，此时也可近似地将 ΔS_i 看作小平面，则曲面 Σ 在点 (ξ_i,η_i,ζ_i) 处的单位法向量 $\boldsymbol{n}_i=\cos\alpha_i\boldsymbol{i}+\cos\beta_i\boldsymbol{j}+\cos\gamma_i\boldsymbol{k}$ 可代替 ΔS_i 上其他各点处的单位法向量，从而，通过 ΔS_i 流向指定侧的流量的近似值为 $\Delta Q_i\approx\boldsymbol{V}_i\cdot\boldsymbol{n}_i\cdot\Delta S_i(i=1,2,\cdots,n)$；

(3) 求和：通过 Σ 流向指定侧的流量 $Q=\sum\limits_{i=1}^{n}\Delta Q_i\approx\sum\limits_{i=1}^{n}\boldsymbol{V}_i\cdot\boldsymbol{n}_i\cdot\Delta S_i$；

(4) 取极限:令 λ 表示 n 个小曲面 ΔS_i 的直径的最大值,则流量为

$$Q=\lim_{\lambda\to 0}\sum_{i=1}^{n}\boldsymbol{V}_i\cdot\boldsymbol{n}_i\cdot\Delta S_i=$$

$$\lim_{\lambda\to 0}\sum_{i=1}^{n}[P(\xi_i,\eta_i,\zeta_i)\cos\alpha_i+Q(\xi_i,\eta_i,\zeta_i)\cos\beta_i+R(\xi_i,\eta_i,\zeta_i)\cos\gamma_i]\Delta S_i=$$

$$\lim_{\lambda\to 0}\sum_{i=1}^{n}[P(\xi_i,\eta_i,\zeta_i)(\Delta S_i)_{yz}+Q(\xi_i,\eta_i,\zeta_i)(\Delta S_i)_{xz}+R(\xi_i,\eta_i,\zeta_i)(\Delta S_i)_{xy}]$$

这样和式的极限在其他实际应用中经常遇见,将这种和式的极限问题抽象成数学概念就是下面对坐标的曲面积分的概念.

定义2　设 Σ 为光滑的有向曲面,函数 $R(x,y,z)$ 在 Σ 上有界,任意分割 Σ,记每一小块曲面为 ΔS_i,ΔS_i 在 xOy 面上的投影 $(\Delta S_i)_{xy}$,(ξ_i,η_i,ζ_i) 为 ΔS_i 上任一点,令 λ 表示 n 个小曲面 ΔS_i 的直径的最大值. 若 $\lim\limits_{\lambda\to 0}\sum\limits_{i=1}^{n}R(\xi_i,\eta_i,\zeta_i)(\Delta S_i)_{xy}$ 存在,则称此极限为函数 $R(x,y,z)$ 在有向曲面 Σ 上对坐标 x,y 的曲面积分,记为 $\iint\limits_{\Sigma}R(x,y,z)\mathrm{d}x\mathrm{d}y$. 即 $\iint\limits_{\Sigma}R(x,y,z)\mathrm{d}x\mathrm{d}y=\lim\limits_{\lambda\to 0}\sum\limits_{i=1}^{n}R(\xi_i,\eta_i,\zeta_i)(\Delta S_i)_{xy}$,其中 $R(x,y,z)$ 称为被积函数,Σ 称为积分曲面,对坐标的曲面积分也称为第二类曲面积分.

类似地,可定义函数 $P(x,y,z)$ 在有向曲面 Σ 上对坐标 y,z 的曲面积分为 $\iint\limits_{\Sigma}P(x,y,z)\mathrm{d}y\mathrm{d}z=\lim\limits_{\lambda\to 0}\sum\limits_{i=1}^{n}P(\xi_i,\eta_i,\zeta_i)(\Delta S_i)_{yz}$,定义函数 $Q(x,y,z)$ 在有向曲面 Σ 上对坐标 z,x 的曲面积分为 $\iint\limits_{\Sigma}Q(x,y,z)\mathrm{d}z\mathrm{d}x=\lim\limits_{\lambda\to 0}\sum\limits_{i=1}^{n}Q(\xi_i,\eta_i,\zeta_i)(\Delta S_i)_{zx}$.

注:当 $P(x,y,z)$,$Q(x,y,z)$,$R(x,y,z)$ 在有向光滑曲面 Σ 上连续时,$\iint\limits_{\Sigma}P(x,y,z)\mathrm{d}y\mathrm{d}z$,$\iint\limits_{\Sigma}Q(x,y,z)\mathrm{d}z\mathrm{d}x$,$\iint\limits_{\Sigma}R(x,y,z)\mathrm{d}x\mathrm{d}y$ 存在,以后总假定 $P(x,y,z)$,$Q(x,y,z)$,$R(x,y,z)$ 在有向光滑曲面 Σ 上连续.

在实际应用中,出现较多的是上面三个积分之和的形式:

$$\iint\limits_{\Sigma}P(x,y,z)\mathrm{d}y\mathrm{d}z+\iint\limits_{\Sigma}Q(x,y,z)\mathrm{d}z\mathrm{d}x+\iint\limits_{\Sigma}R(x,y,z)\mathrm{d}x\mathrm{d}y=$$

$$\iint\limits_{\Sigma}P(x,y,z)\mathrm{d}y\mathrm{d}z+Q(x,y,z)\mathrm{d}z\mathrm{d}x+R(x,y,z)\mathrm{d}x\mathrm{d}y$$

简记为

$$\iint\limits_{\Sigma}P\mathrm{d}y\mathrm{d}z+Q\mathrm{d}z\mathrm{d}x+R\mathrm{d}x\mathrm{d}y$$

注:(1) 若 Σ 为封闭曲面,$\iint\limits_{\Sigma}R(x,y,z)\mathrm{d}x\mathrm{d}y$ 记为 $\oint\!\!\!\oint\limits_{\Sigma}R(x,y,z)\mathrm{d}x\mathrm{d}y$.

(2) 对坐标的曲面积分与对坐标的曲线积分具有类似的性质.

① 若 Σ 可分为 Σ_1 和 Σ_2，则

$$\iint_{\Sigma} P\mathrm{d}y\mathrm{d}z + Q\mathrm{d}z\mathrm{d}x + R\mathrm{d}x\mathrm{d}y = \iint_{\Sigma_1} P\mathrm{d}y\mathrm{d}z + Q\mathrm{d}z\mathrm{d}x + R\mathrm{d}x\mathrm{d}y + \iint_{\Sigma_2} P\mathrm{d}y\mathrm{d}z + Q\mathrm{d}z\mathrm{d}x + R\mathrm{d}x\mathrm{d}y$$

② 设 Σ 是有向曲面，Σ^- 表示与 Σ 取相反侧的有向曲面，则

$$\iint_{\Sigma} P\mathrm{d}y\mathrm{d}z + Q\mathrm{d}z\mathrm{d}x + R\mathrm{d}x\mathrm{d}y = -\iint_{\Sigma^-} P\mathrm{d}y\mathrm{d}z + \mathrm{d}z\mathrm{d}x + \mathrm{d}x\mathrm{d}y$$

③ 设 Σ 是有向曲面，若 Σ 与 xOy 面垂直，则 $\iint_{\Sigma} R(x,y,z)\mathrm{d}x\mathrm{d}y = 0$；若 Σ 与 yOz 面垂直，则 $\iint_{\Sigma} P(x,y,z)\mathrm{d}y\mathrm{d}z = 0$；若 Σ 与 zOx 面垂直，则 $\iint_{\Sigma} Q(x,y,z)\mathrm{d}z\mathrm{d}x = 0$.

2. 对坐标的曲面积分的计算方法

若积分曲面 Σ 是由方程 $z = z(x,y)$ 给出，Σ 在 xOy 上的投影区域为 D_{xy}. 则

$$\iint_{\Sigma} R(x,y,z)\mathrm{d}x\mathrm{d}y = \pm\iint_{D_{xy}} R[x,y,z(x,y)]\mathrm{d}x\mathrm{d}y$$

其中，Σ 取上侧时等式右端取“+”，Σ 取下侧时等式右端取“-”.

若积分曲面 Σ 是由方程 $x = x(y,z)$ 给出，Σ 在 yOz 上的投影区域为 D_{yz}，则

$$\iint_{\Sigma} P(x,y,z)\mathrm{d}y\mathrm{d}z = \pm\iint_{D_{yz}} P[x(y,z),y,z]\mathrm{d}y\mathrm{d}z$$

其中，Σ 取前侧时等式右端取“+”，Σ 取后侧时等式右端取“-”.

若积分曲面 Σ 是由方程 $y = y(x,z)$ 给出，Σ 在 zOx 上的投影区域为 D_{zx}，则

$$\iint_{\Sigma} Q(x,y,z)\mathrm{d}z\mathrm{d}x = \pm\iint_{D_{zx}} Q[x,y(x,z),z]\mathrm{d}z\mathrm{d}x$$

其中，Σ 取右侧时等式右端取“+”，Σ 取左侧时等式右端取“-”.

例 3　计算 $\iint_{\Sigma} xz\mathrm{d}x\mathrm{d}y$，其中 Σ 是平面 $x + y + 2z = 1$ 在第一卦限部分的上侧.

解　如图 5

曲面 Σ 的方程为

$$z = \frac{1-x-y}{2},\quad D_{xy} = \{(x,y)\,|\,0 \leqslant y \leqslant 1-x, 0 \leqslant x \leqslant 1\}$$

所以

$$\iint_{\Sigma} xz\mathrm{d}x\mathrm{d}y = \iint_{D_{xy}} x\frac{1-x-y}{2}\mathrm{d}x\mathrm{d}y = \frac{1}{2}\int_0^1 \mathrm{d}x\int_0^{1-x} x(1-x-y)\mathrm{d}y =$$

$$\frac{1}{4}\int_0^1 (x - 2x^2 + x^3)\mathrm{d}x = \frac{1}{48}$$

例 4　计算 $\iint_{\Sigma} xyz\mathrm{d}x\mathrm{d}y$，其中 Σ 是球面 $x^2 + y^2 + z^2 = 1$ 的外侧在 $x \geqslant 0, y \geqslant 0$ 的部分.

解　如图 6

球面 Σ 分为 Σ_1 和 Σ_2 两个部分，Σ_1 的方程为 $z = \sqrt{1-x^2-y^2}$，取上侧；Σ_2 的方程为 $z = -\sqrt{1-x^2-y^2}$，取下侧；Σ_1 和 Σ_2 在 xOy 面上的投影区域为：$D_{xy} = \{(x,y)\,|\,x^2 + y^2 \leqslant 1,$

$x \geqslant 0, y \geqslant 0\}$,所以

$$\iint_{\Sigma} xyz\mathrm{d}x\mathrm{d}y = \iint_{\Sigma_1} xyz\mathrm{d}x\mathrm{d}y + \iint_{\Sigma_2} xyz\mathrm{d}x\mathrm{d}y =$$

$$\iint_{D_{xy}} xy\sqrt{1 - x^2 - y^2}\,\mathrm{d}x\mathrm{d}y - \iint_{D_{xy}} xy(-\sqrt{1 - x^2 - y^2})\,\mathrm{d}x\mathrm{d}y =$$

$$2\iint_{D_{xy}} xy\sqrt{1 - x^2 - y^2}\,\mathrm{d}x\mathrm{d}y = \int_0^{\frac{\pi}{2}} \sin 2\theta \int_0^1 \rho^3(1 - \rho^2)\,\mathrm{d}\rho = \frac{2}{15}$$

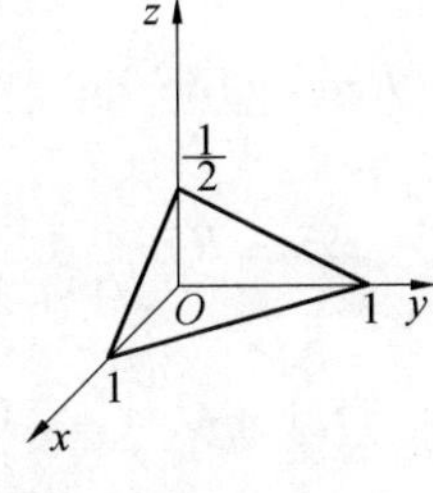

图 5

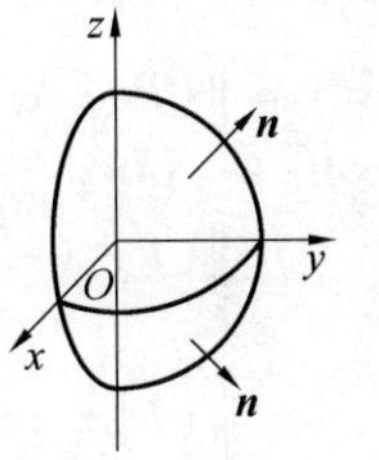

图 6

3. 两类曲面积分的关系

由多坐标的曲面积分的计算可知,当有向曲面 Σ 由方程 $z = z(x, y)$ 给出,且取其上侧,其在 xOy 面上的投影区域为 D_{xy},函数 $z = z(x,y)$ 在 D_{xy} 上具有连续的一阶偏导数,函数 $R(x,y,z)$ 在 Σ 上连续,则有 $\iint\limits_{\Sigma} R(x,y,z)\,\mathrm{d}x\mathrm{d}y = \iint\limits_{D_{xy}} R[x,y,z(x,y)]\,\mathrm{d}x\mathrm{d}y$,另外,此时有向曲面 Σ 的对应法向量(方向与 Σ 的侧对应) 为:$\{-z_x, -z_y, 1\}$,其方向余弦

$$\cos\alpha = \frac{-z_x}{\sqrt{1 + z_x^2 + z_y^2}},\quad \cos\beta = \frac{-z_y}{\sqrt{1 + z_x^2 + z_y^2}},\quad \cos\gamma = \frac{1}{\sqrt{1 + z_x^2 + z_y^2}}$$

再由对面积的曲面积分的计算公式有

$$\iint_{\Sigma} R(x,y,z)\,\mathrm{d}x\mathrm{d}y = \iint_{D_{xy}} R[x,y,z(x,y)]\,\mathrm{d}x\mathrm{d}y = \iint_{D_{xy}} R[x,y,z(x,y)]\,\mathrm{d}x\mathrm{d}y =$$

$$\iint_{D_{xy}} R[x,y,z(x,y)]\,\frac{1}{\sqrt{1 + z_x^2 + z_y^2}}\sqrt{1 + z_x^2 + z_y^2}\,\mathrm{d}x\mathrm{d}y =$$

$$\iint_{\Sigma} R(x,y,z)\cos\gamma\,\mathrm{d}S$$

若 Σ 取下侧,$\iint\limits_{\Sigma} R(x,y,z)\,\mathrm{d}x\mathrm{d}y = -\iint\limits_{D_{xy}} R[x,y,z(x,y)]\,\mathrm{d}x\mathrm{d}y$,此时 Σ 的对应的法向量(方向与 Σ 的侧对应) 为:$\{z_x, z_y, -1\}$,其方向余弦

$$\cos\alpha = \frac{z_x}{\sqrt{1 + z_x^2 + z_y^2}},\quad \cos\beta = \frac{z_y}{\sqrt{1 + z_x^2 + z_y^2}},\quad \cos\gamma = \frac{-1}{\sqrt{1 + z_x^2 + z_y^2}}$$

结论仍然成立.

类似可得

$$\iint_{\Sigma} P(x,y,z)\,\mathrm{d}y\mathrm{d}z = \iint_{\Sigma} R(x,y,z)\cos\alpha\,\mathrm{d}S$$

$$\iint_{\Sigma} Q(x,y,z)\,\mathrm{d}z\mathrm{d}x = \iint_{\Sigma} Q(x,y,z)\cos\beta\,\mathrm{d}S$$

合并上述公式可得

$$\iint_{\Sigma} P\mathrm{d}y\mathrm{d}z + Q\mathrm{d}z\mathrm{d}x + R\mathrm{d}x\mathrm{d}y = \iint_{\Sigma}(P\cos\alpha + Q\cos\beta + R\cos\gamma)\,\mathrm{d}S$$

其中 $\cos\alpha,\cos\beta,\cos\gamma$ 为有向曲面 Σ 在点 (x,y,z) 处对应法向量的方向余弦.

利用两类曲面积分的关系,可以得出对坐标的曲面积分的另一个计算公式.

设有向曲面 Σ 的方程为 $z=z(x,y)$,且取上侧,则有

$$\begin{aligned}\iint_{\Sigma} P\mathrm{d}y\mathrm{d}z + Q\mathrm{d}z\mathrm{d}x + R\mathrm{d}x\mathrm{d}y &= \iint_{\Sigma}(P\cos\alpha + Q\cos\beta + R\cos\gamma)\,\mathrm{d}S = \\ &\iint_{\Sigma}(P\cdot(-z_x) + Q\cdot(-z_y) + R)\frac{\mathrm{d}S}{\sqrt{1+z_x^2+z_y^2}} = \\ &\iint_{D_{xy}}(P[x,y,z(x,y)]\cdot(-z_x) + Q[x,y,z(x,y)]\cdot(-z_y) + \\ &R[x,y,z(x,y)])\,\mathrm{d}x\mathrm{d}y\end{aligned}$$

所以有

$$\iint_{\Sigma} P\mathrm{d}y\mathrm{d}z + Q\mathrm{d}z\mathrm{d}x + R\mathrm{d}x\mathrm{d}y = \pm\iint_{D_{xy}}(P\cdot(-z_x) + Q\cdot(-z_y) + R)\,\mathrm{d}x\mathrm{d}y$$

其中,Σ 取上侧时等式右端取“+”;Σ 取下侧时等式右端取“-”. 函数 P,Q,R 中的变量 z 用 $z(x,y)$ 代换.

习题 10.7

1. 计算 $\iint_{\Sigma}(2x+y+2z)\,\mathrm{d}S$,$\Sigma$ 是平面 $x+y+z=1$ 在第一卦限部分.

2. 计算 $\iint_{\Sigma} x\,\mathrm{d}S$,$\Sigma$ 是球面 $x^2+y^2+z^2=R^2$ 在第一卦限部分.

3. 计算 $\oiint_{\Sigma}(x^2+y^2)\,\mathrm{d}S$,$\Sigma$ 是 $z=\sqrt{x^2+y^2}$ 与 $z=1$ 所围立体的表面.

4. 计算 $\iint_{\Sigma} 2xz\,\mathrm{d}x\mathrm{d}y$,$\Sigma$ 是平面 $x+y+z=1$ 在第一卦限部分的上侧.

5. 计算 $\oiint_{\Sigma} z^2\,\mathrm{d}x\mathrm{d}y$,$\Sigma$ 是球面 $x^2+y^2+(z-R)^2=R^2$ 的外侧.

10.8　高斯公式和斯托克斯公式

10.8.1　高斯公式

格林公式建立了平面上封闭曲线 L 上的曲线积分与 L 所围成的闭区域 D 上的二重积

分之间的关系,而高斯公式所表达的则是沿闭曲面Σ的曲面积分与Σ所围成的空间闭区域Ω上的三重积分之间的关系.

定理1　设空间闭区域Ω是由分片光滑的闭曲面Σ所围成的有界区域,函数$P(x,y,z)$,$Q(x,y,z)$,$R(x,y,z)$在Ω上具有一阶连续偏导数,则有

$$\iiint_{\Omega}\left(\frac{\partial P}{\partial x}+\frac{\partial Q}{\partial y}+\frac{\partial R}{\partial z}\right)\mathrm{d}v=\oint\!\!\!\oint_{\Sigma}P\mathrm{d}y\mathrm{d}z+Q\mathrm{d}z\mathrm{d}x+R\mathrm{d}x\mathrm{d}y$$

或

$$\iiint_{\Omega}\left(\frac{\partial P}{\partial x}+\frac{\partial Q}{\partial y}+\frac{\partial R}{\partial z}\right)\mathrm{d}v=\oint\!\!\!\oint_{\Sigma}(P\cos\alpha+Q\cos\beta+R\cos\gamma)\mathrm{d}S$$

其中Σ是Ω的整个边界曲面的外侧,$\cos\alpha,\cos\beta,\cos\beta$是$\Sigma$上点$(x,y,z)$处指定侧法向量的方向余弦,此公式称为高斯公式.

***证明**　设Ω在xOy面上的投影区域为D_{xy},假定Ω的边界曲面Σ与任何平行于z轴的直线至多交于两点,这样可设曲面Σ由$\Sigma_1:z_1=z_1(x,y)$及$\Sigma_2:z_2=z_2(x,y)$两部分组成,这里$z_1(x,y)\leqslant z_2(x,y)$,$\Sigma_1$取下侧,$\Sigma_2$取上侧(图1).根据三重积分的计算方法有

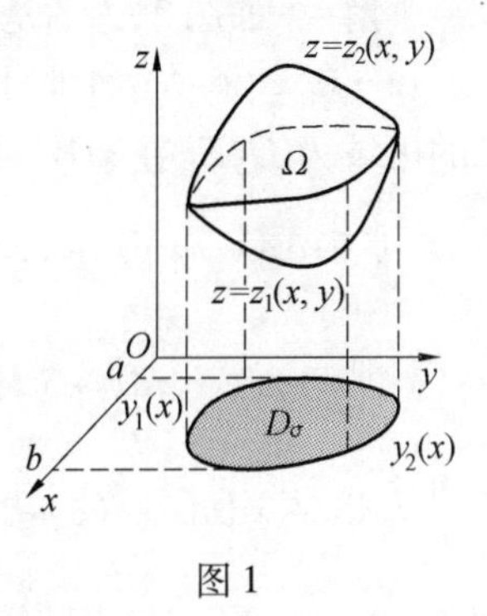

图1

$$\iiint_{\Omega}\frac{\partial R}{\partial z}\mathrm{d}v=\iint_{D_{xy}}\mathrm{d}x\mathrm{d}y\int_{z_1(x,y)}^{z_2(x,y)}\frac{\partial R}{\partial z}\mathrm{d}z=$$

$$\iint_{D_{xy}}\{R[x,y,z_2(x,y)]-R[x,y,z_1(x,y)]\}\mathrm{d}x\mathrm{d}y$$

再根据对坐标的曲面积分的计算方法有

$$\iint_{\Sigma_2}R(x,y,z)\mathrm{d}x\mathrm{d}y=\iint_{D_{xy}}R[x,y,z_2(x,y)]\mathrm{d}x\mathrm{d}y$$

$$\iint_{\Sigma_1}R(x,y,z)\mathrm{d}x\mathrm{d}y=-\iint_{D_{xy}}R[x,y,z_1(x,y)]\mathrm{d}x\mathrm{d}y$$

因此

$$\oint\!\!\!\oint_{\Sigma}R(x,y,z)\mathrm{d}x\mathrm{d}y=\iint_{\Sigma_2}R(x,y,z)\mathrm{d}x\mathrm{d}y+\iint_{\Sigma_1}R(x,y,z)\mathrm{d}x\mathrm{d}y=$$

$$\iint_{D_{xy}}\{R[x,y,z_2(x,y)]-R[x,y,z_1(x,y)]\}\mathrm{d}x\mathrm{d}y$$

从而

$$\iiint_{\Omega}\frac{\partial R}{\partial z}\mathrm{d}v=\oint\!\!\!\oint_{\Sigma}R(x,y,z)\mathrm{d}x\mathrm{d}y$$

同理可证

$$\iiint_{\Omega}\frac{\partial P}{\partial x}\mathrm{d}v=\oint\!\!\!\oint_{\Sigma}P(x,y,z)\mathrm{d}y\mathrm{d}z,\quad \iiint_{\Omega}\frac{\partial Q}{\partial y}\mathrm{d}v=\oint\!\!\!\oint_{\Sigma}Q(x,y,z)\mathrm{d}z\mathrm{d}x$$

将上面三个式子相加即得到高斯公式.

注:在证明过程中假定Σ具有性质:任何平行于z轴的直线至多与其交于两点.如果Σ不满足这样的条件,可以引进辅助曲面将Σ分成几个具有这样性质的曲面,并注意到沿辅

助曲面相反两侧的两个曲面积分的绝对值相等而符号相反,相加时正好抵消,因此高斯公式仍然成立.

例 1　计算$\oiint\limits_{\Sigma} x\mathrm{d}y\mathrm{d}z + y\mathrm{d}z\mathrm{d}x + z\mathrm{d}x\mathrm{d}y$,其中$\Sigma$为球面$x^2+y^2+z^2=a^2(a>0)$的外侧.

解　$P=x,Q=y,R=z,\dfrac{\partial P}{\partial x}=1,\dfrac{\partial Q}{\partial y}=1,\dfrac{\partial R}{\partial z}=1$,由高斯公式得

$$\oiint\limits_{\Sigma} x\mathrm{d}y\mathrm{d}z + y\mathrm{d}z\mathrm{d}x + z\mathrm{d}x\mathrm{d}y = \iiint\limits_{\Omega}\left(\frac{\partial P}{\partial x}+\frac{\partial Q}{\partial y}+\frac{\partial R}{\partial z}\right)\mathrm{d}v = \iiint\limits_{\Omega} 3\mathrm{d}v = 4\pi a^3$$

例 2　计算$\iint\limits_{\Sigma}\mathrm{d}y\mathrm{d}z + x\mathrm{d}z\mathrm{d}x + (z+1)\mathrm{d}x\mathrm{d}y$,其中$\Sigma$为上半球面$x^2+y^2+z^2=1(z\geqslant 0)$的上侧.

解　如图 2,Σ不是封闭曲面,不能直接用高斯公式,补面$\Sigma_1: z=0, x^2+y^2\leqslant 1$取下侧,则$\Sigma+\Sigma_1$构成封闭曲面,记所围成的区域为$\Omega$,$\Sigma_1$在$xOy$面的投影记为$D_{xy}$,则由高斯公式得

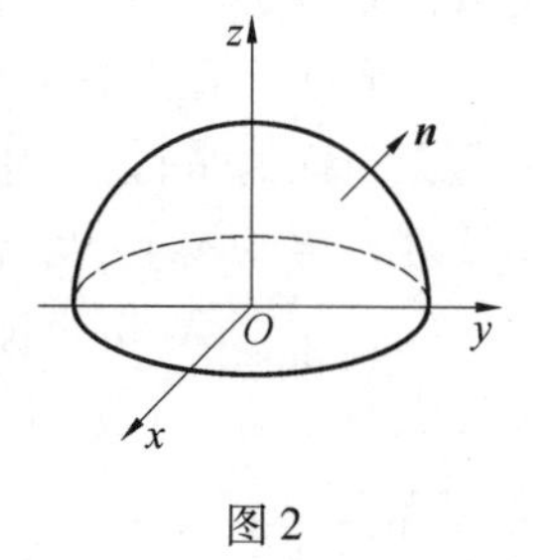

图 2

$$\oiint\limits_{\Sigma+\Sigma_1}\mathrm{d}y\mathrm{d}z + x\mathrm{d}z\mathrm{d}x + (z+1)\mathrm{d}x\mathrm{d}y = \iiint\limits_{\Omega}(0+0+1)\mathrm{d}v = \frac{2}{3}\pi$$

$$\iint\limits_{\Sigma}\mathrm{d}y\mathrm{d}z + x\mathrm{d}z\mathrm{d}x + (z+1)\mathrm{d}x\mathrm{d}y =$$

$$\oiint\limits_{\Sigma+\Sigma_1}\mathrm{d}y\mathrm{d}z + x\mathrm{d}z\mathrm{d}x + (z+1)\mathrm{d}x\mathrm{d}y -$$

$$\oiint\limits_{\Sigma_1}\mathrm{d}y\mathrm{d}z + x\mathrm{d}z\mathrm{d}x + (z+1)\mathrm{d}x\mathrm{d}y =$$

$$\iiint\limits_{\Omega}(0+0+1)\mathrm{d}v - \iint\limits_{\Sigma_1}\mathrm{d}y\mathrm{d}z + x\mathrm{d}z\mathrm{d}x + (z+1)\mathrm{d}x\mathrm{d}y =$$

$$\frac{2}{3}\pi - \iint\limits_{\Sigma_1}\mathrm{d}x\mathrm{d}y = \frac{2}{3}\pi + \iint\limits_{D_{xy}}\mathrm{d}x\mathrm{d}y = \frac{2}{3}\pi + \pi = \frac{5}{3}\pi$$

10.8.2　曲面积分与曲面无关的条件

二维单连通区域:空间有界闭区域中的任何闭曲面所包围的点全部属于此区域,则称此空间区域为空间二维单连通区域.

利用高斯公式可以证得曲面积分与所取曲面无关而只与曲面的边界曲线有关的条件. 设函数$P(x,y,z)$,$Q(x,y,z)$,$R(x,y,z)$在空间二维单连通区域Ω内具有连续的一阶偏导数,则在Ω内以下三个命题等价:

(1) 曲面积分$\iint\limits_{\Sigma}P\mathrm{d}y\mathrm{d}z + Q\mathrm{d}z\mathrm{d}x + R\mathrm{d}x\mathrm{d}y$与所取曲面$\Sigma$无关而只与曲面的边界曲线有关;

(2) $\oiint\limits_{\Sigma}P\mathrm{d}y\mathrm{d}z + Q\mathrm{d}z\mathrm{d}x + R\mathrm{d}x\mathrm{d}y = 0$,其中$\Sigma$为$\Omega$内任意一闭曲面;

(3) 在Ω内恒有$\dfrac{\partial P}{\partial x}+\dfrac{\partial Q}{\partial y}+\dfrac{\partial R}{\partial z}=0$.

可见,曲面积分与曲面无关的充要条件是(2) 或(3).

10.8.3　斯托克斯公式

斯托克斯公式是格林公式的推广,它建立了沿有向曲面Σ的边界曲线Γ上的曲线积分与Σ上的曲面积分之间的关系.

设Σ为有向曲面,Γ为它的边界曲线,现在规定Σ的正向和Γ的正向关系如下:观察者站在曲面Σ的正侧上(由脚到头的方向与曲面的法向量方向一致),当他沿着Γ前进时,曲面Σ总在他的左手边,这时规定此人前进的方向为Γ的正向. 即Γ的正方向与曲面Σ的法向量方向遵循右手法则.

定理2(斯托克斯公式)　设函数$P(x,y,z)$,$Q(x,y,z)$,$R(x,y,z)$在包含曲面Σ的空间区域Ω中有连续的一阶偏导数,则

$$\iint_{\Sigma}\left(\frac{\partial R}{\partial y}-\frac{\partial Q}{\partial z}\right)\mathrm{d}y\mathrm{d}z+\left(\frac{\partial P}{\partial z}-\frac{\partial R}{\partial x}\right)\mathrm{d}z\mathrm{d}x+\left(\frac{\partial Q}{\partial x}-\frac{\partial P}{\partial y}\right)\mathrm{d}x\mathrm{d}y=\oint_{\Gamma}P\mathrm{d}x+Q\mathrm{d}y+R\mathrm{d}z$$

其中Γ为Σ的边界,Γ和Σ的正向满足右手规则,此公式称为斯托克斯公式.

设曲面Σ的法向量的方向余弦为$\cos\alpha,\cos\beta,\cos\gamma$,又记$\dfrac{\partial P}{\partial x}=\dfrac{\partial}{\partial x}\cdot P$等,则斯托克斯公式可以用行列式表示为

$$\oint_{\Gamma}P\mathrm{d}x+Q\mathrm{d}y+R\mathrm{d}z=\iint_{\Sigma}\begin{vmatrix}\cos\alpha & \cos\beta & \cos\gamma\\ \dfrac{\partial}{\partial x} & \dfrac{\partial}{\partial y} & \dfrac{\partial}{\partial z}\\ P & Q & R\end{vmatrix}\mathrm{d}S=\iint_{\Sigma}\begin{vmatrix}\mathrm{d}y\mathrm{d}z & \mathrm{d}z\mathrm{d}x & \mathrm{d}x\mathrm{d}y\\ \dfrac{\partial}{\partial x} & \dfrac{\partial}{\partial y} & \dfrac{\partial}{\partial z}\\ P & Q & R\end{vmatrix}$$

在斯托克斯公式中,若Σ是平行于xOy面的平面,则有$\mathrm{d}z=0$,这时斯托克斯公式变为格林公式.

例3　计算曲面积分$\oint_{\Gamma}y\mathrm{d}x+z\mathrm{d}y+x\mathrm{d}z$,其中$\Gamma$是球面$x^2+y^2+z^2=2(x+y)$与平面$x+y=2$的交线,$\Gamma$的正向从原点看去是逆时针方向.

解　取平面$x+y=2$上的由曲线Γ所围成的部分作为斯托克斯公式中的曲面Σ的法向量的方向余弦为

$$\cos\alpha=-\frac{1}{\sqrt{2}},\quad\cos\beta=-\frac{1}{\sqrt{2}},\quad\cos\gamma=0$$

于是由斯托克斯公式得

$$\oint_{\Gamma}P\mathrm{d}x+Q\mathrm{d}y+R\mathrm{d}z=\iint_{\Sigma}\begin{vmatrix}\cos\alpha & \cos\beta & \cos\gamma\\ \dfrac{\partial}{\partial x} & \dfrac{\partial}{\partial y} & \dfrac{\partial}{\partial z}\\ P & Q & R\end{vmatrix}\mathrm{d}S=\iint_{\Sigma}\left(\frac{1}{\sqrt{2}}+\frac{1}{\sqrt{2}}\right)\mathrm{d}S=2\sqrt{2}\,\pi$$

10.8.4　空间曲线积分与路径无关的条件

对于空间的一个连通区域Ω,如果在Ω内以任何闭曲线Γ为边界都可以张成一个全部属于Ω的曲面Σ,则称这个连通区域Ω为空间一维单连通区域.

设函数 $P(x,y,z),Q(x,y,z),R(x,y,z)$ 及其偏导数在某一空间一维单连通区域 Ω 上连续,则下面四个命题等价:

(1) 在 Ω 中曲线积分 $\int_\Gamma P\mathrm{d}x + Q\mathrm{d}y + R\mathrm{d}z$ 与路径无关,只与起点和终点有关;

(2) 沿 Ω 中任一闭曲线 Γ 的积分为零,即 $\oint_\Gamma P\mathrm{d}x + Q\mathrm{d}y + R\mathrm{d}z = 0$;

(3) 在 Ω 上任意点恒有 $\frac{\partial R}{\partial y} - \frac{\partial Q}{\partial z} = 0,\frac{\partial P}{\partial z} - \frac{\partial R}{\partial x} = 0,\frac{\partial Q}{\partial x} - \frac{\partial P}{\partial y} = 0$;

(4) 表达式 $P\mathrm{d}x + Q\mathrm{d}y + R\mathrm{d}z$ 为 Ω 中某函数 $u(x,y,z)$ 的全微分,即在 Ω 中存在 $u(x,y,z)$ 使得 $\mathrm{d}u = P\mathrm{d}x + Q\mathrm{d}y + R\mathrm{d}z$.

习题 10.8

1. 利用高斯公式计算曲面积分:

(1) $\oiint_\Sigma (x^2 - yz)\mathrm{d}y\mathrm{d}z + (y^2 - xz)\mathrm{d}z\mathrm{d}x + (z^2 - xy)\mathrm{d}x\mathrm{d}y$,$\Sigma$ 是由 $x=0,x=1,y=0,y=1,z=0,z=1$ 围成正立方体边界曲面的外侧;

(2) $\oiint_\Sigma x\mathrm{d}y\mathrm{d}z + y\mathrm{d}z\mathrm{d}x + z\mathrm{d}x\mathrm{d}y$,$\Sigma$ 是 $z = x^2 + y^2$ 与 $z=1$ 所围立体表面的外侧.

2. 计算下列曲面积分:

(1) $\oiint_\Sigma x^3\mathrm{d}y\mathrm{d}z + y^3\mathrm{d}z\mathrm{d}x + z^3\mathrm{d}x\mathrm{d}y$,其中 Σ 是球面 $x^2 + y^2 + z^2 = a^2 (a > 0)$ 的外侧;

(2) $\oiint_\Sigma x\mathrm{d}y\mathrm{d}z + y\mathrm{d}z\mathrm{d}x + z\mathrm{d}x\mathrm{d}y$,其中 Σ 是介于 $z=0$ 和 $z=3$ 之间的圆柱体 $x^2 + y^2 \leqslant 9$ 的整个表面的外侧.

3. 计算曲线积分 $\oint_\Gamma y\mathrm{d}x + z\mathrm{d}y + x\mathrm{d}z$,其中 Γ 为圆周 $x^2 + y^2 + z^2 = a^2 (a > 0),x + y + z = 0$, 从 x 轴的正向看去为逆时针方向.

4. 计算 $\iint_\Sigma xy\mathrm{d}y\mathrm{d}z + yz\mathrm{d}z\mathrm{d}x + xz\mathrm{d}x\mathrm{d}y$,其中 Σ 是由平面 $x=0,y=0,z=0,x+y+z=1$ 所围空间的边界曲面的外侧.

* 10.9　算子 ∇ 与向量场的散度旋度简介

在本章末作为重积分的应用,介绍场论中另两个重要概念,即散度与旋度,先介绍算子 ∇ 符号.

设 $\nabla = \boldsymbol{i}\frac{\partial}{\partial x} + \boldsymbol{j}\frac{\partial}{\partial y} + \boldsymbol{k}\frac{\partial u}{\partial z}$,称其为哈密顿算子, ∇ 作用在函数 u 上,其意义是

$$\nabla u = \boldsymbol{i}\frac{\partial u}{\partial x} + \boldsymbol{j}\frac{\partial u}{\partial y} + \boldsymbol{k}\frac{\partial u}{\partial z}$$

因此,应用哈密顿算子,梯度可简记为 $\mathbf{grad}\ u = \nabla u$.

10.9.1　向量场的流量与散度

现在来介绍场论中第二个基本概念 —— 散度. 从通过闭曲面的流量的物理意义出发,引出散度的概念.

设通过闭曲面流 Σ 的流量 Q 表示为

$$Q = \iint_S \boldsymbol{v}_n \mathrm{d}A \tag{1}$$

如取 Σ 的法向量 $\boldsymbol{n}$ 的方向朝外,那么流体流出曲面 Σ 时,流速 $\boldsymbol{v}$ 与 $\boldsymbol{n}$ 相交成锐角,此时在流出的那一部分曲面上的曲面积分为正值;而在流体流入曲面时流速 $\boldsymbol{v}$ 与 $\boldsymbol{n}$ 相交成钝角,此时在流入的那一部分曲面上的曲面积分为负值,因此式(1) 是单位时间内流出和流入闭曲面流 Σ 的流量的代数和. 如果式(1) 的积分值等于零,那么由于流体是不可压缩的,所以流入与流出 Σ 所围成的区域 Ω 内的流量相等,如果式(1) 的积分值是正值,那么流出的流体量大于流入的流体量,这说明区域 Ω 内部必有产生流体的"源" 存在;如果式(1) 的积分值为负值,那么流出的流体量小于流入的流体量,这说明区域 Ω 内必有吸收流体的"沟" 存在. 由上所述就穿过闭曲面 Σ 的流量来说,可以从曲面积分值的正负来判定 Σ 所围成的区域 Ω 内有"源" 或"沟" 在 Ω 内的分布情况以及各点处"源" 或"沟" 的强度,也就是积分值还不能反映流速场的局部性质.

为了更好地描述流速场 $\boldsymbol{v}(x,y,z)$ 中任一点 M 处"源"(或"沟") 的强度问题,取包含 M 点的任意一个小闭曲面 ΔS,它所围成的小区域 $\Delta\Omega$ 的体积为 ΔV,那么通过小闭曲面 ΔS 的流量为 $\Delta Q = \iint_{\Delta S} \boldsymbol{v}_n \mathrm{d}A$,而 $\dfrac{\Delta Q}{\Delta V} = \dfrac{\iint_{\Delta S} \boldsymbol{v}_n \mathrm{d}A}{\Delta V}$,则表示小区域 $\Delta\Omega$ 上单位体积的平均"源"(或"沟") 的强度.

在其他向量场中,也要遇到上述形式的极限,从而引出散度的概念.

定义1　设 $\boldsymbol{a}$ 为一向量场,M 为场中的任一点,围绕点 M 任取小闭曲面 ΔS,它所围成的小区域 $\Delta\Omega$ 的体积为 ΔV,如果当 $\Delta V \to 0$(即 $\Delta\Omega$ 缩向一点 M) 时,极限

$$\lim_{\Delta V \to 0} \frac{\iint_{\Delta S} a_n \mathrm{d}A}{\Delta V}$$

存在,则称此极限值为向量场 $\boldsymbol{a}$ 在点 M 处的散度,记作 $\mathrm{div}\ \boldsymbol{a}$,即

$$\mathrm{div}\ \boldsymbol{a} = \lim_{\Delta V \to 0} \frac{\iint_{\Delta S} a_n \mathrm{d}A}{\Delta V}$$

由定义可见 $\mathrm{div}\ \boldsymbol{a}$ 是一数量,它表示向量场的"流量"(这里的"流量" 是一种泛称,它可以是流量、电通量、磁通量等等) 对体积的变化率. 在 M 点处,当 $\mathrm{div}\ \boldsymbol{a} > 0$ 时表示 M 点有"源";当 $\mathrm{div}\ \boldsymbol{a} < 0$ 时表示 M 点处有"沟". $|\mathrm{div}\ \boldsymbol{a}|$ 表示在 M 点处"源" 或"沟" 的强度;当 $\mathrm{div}\ \boldsymbol{a} = 0$ 时表示在 M 点既无"源" 也无"沟".

应当注意,对于场中不同点的散度 div $\boldsymbol{a}$ 一般也不同,因此,给定一向量场 $\boldsymbol{a}$ 可产生一数量场 div $\boldsymbol{a}$.

计算散度的公式为

$$\text{div}\,\boldsymbol{a} = \frac{\partial P}{\partial x} + \frac{\partial Q}{\partial y} + \frac{\partial R}{\partial z} \tag{2}$$

如果应用哈密顿算子 ∇,并规定

$$\nabla \cdot \boldsymbol{a} = \left(\boldsymbol{i}\frac{\partial}{\partial x} + \boldsymbol{j}\frac{\partial}{\partial y} + \boldsymbol{k}\frac{\partial}{\partial z}\right) \cdot (P\boldsymbol{i} + Q\boldsymbol{j} + R\boldsymbol{k}) = \frac{\partial P}{\partial x} + \frac{\partial Q}{\partial y} + \frac{\partial R}{\partial z}$$

则散度可简记为 div $\boldsymbol{a} = \nabla \cdot \boldsymbol{a}$.

(1) 若 $\boldsymbol{a}$,$\boldsymbol{b}$ 的散度都存在,则 $\text{div}(\boldsymbol{a} \pm \boldsymbol{b}) = \text{div}\,\boldsymbol{a} \pm \text{div}\,\boldsymbol{b}$;

(2) 若 $\boldsymbol{a}$ 的散度存在,c 为常数,则 $\text{div}(c\boldsymbol{a}) = c\,\text{div}\,\boldsymbol{a}$;

(3) 若 $f(x,y,z)$ 的梯度存在,$\boldsymbol{a}$ 的散度存在,则 $\text{div}(f\boldsymbol{a}) = f\,\text{div}\,\boldsymbol{a} + \boldsymbol{a} \cdot \textbf{grad}\,f$.

例 1　设 $\boldsymbol{r} = x\boldsymbol{i} + y\boldsymbol{j} + z\boldsymbol{k}$,$r = |\boldsymbol{r}|$,求 $\text{div}\,\dfrac{\boldsymbol{r}}{r}$.

解　因 $P = \dfrac{x}{r}$,$Q = \dfrac{y}{r}$,$R = \dfrac{z}{r}$,所以 $\dfrac{\partial P}{\partial x} = \dfrac{\partial}{\partial x}\left(\dfrac{x}{r}\right) = \dfrac{1}{r} - \dfrac{x}{r^2}\dfrac{\partial r}{\partial x} = \dfrac{1}{r} - \dfrac{x^2}{r^3}$

同理

$$\frac{\partial Q}{\partial y} = \frac{1}{r} - \frac{y^2}{r^3};\quad \frac{\partial R}{\partial z} = \frac{1}{r} - \frac{z^2}{r^3}$$

故

$$\text{div}\,\frac{\boldsymbol{r}}{r} = \frac{3}{r} - \frac{x^2 + y^2 + z^2}{r^3} = \frac{3}{r} - \frac{r^2}{r^3} = \frac{3}{r} - \frac{1}{r} = \frac{2}{r}$$

例 2　设 $\boldsymbol{r} = x\boldsymbol{i} + y\boldsymbol{j} + z\boldsymbol{k}$,$\boldsymbol{a} = \boldsymbol{i} + 2\boldsymbol{j} + 3\boldsymbol{k}$,求 $\text{div}(\boldsymbol{a} \times \boldsymbol{r})$.

解

$$\boldsymbol{a} \times \boldsymbol{r} = \begin{vmatrix} \boldsymbol{i} & \boldsymbol{j} & \boldsymbol{k} \\ 1 & 2 & 3 \\ x & y & z \end{vmatrix} = (2z - 3y)\boldsymbol{i} + (3x - z)\boldsymbol{j} + (y - 2x)\boldsymbol{k}$$

因

$$P = 2z - 3y, Q = 3x - z, R = y - 2x, \frac{\partial P}{\partial x} = 0, \frac{\partial Q}{\partial y} = 0, \frac{\partial R}{\partial z} = 0$$

故

$$\text{div}(\boldsymbol{a} \times \boldsymbol{r}) = \frac{\partial P}{\partial x} + \frac{\partial Q}{\partial y} + \frac{\partial R}{\partial z} = 0$$

10.9.2　向量场的环量与旋度

现在来介绍场论中的基本概念 —— 旋度. 与旋度密切相关的是环量的概念,所以先讲环量,然后引出旋度概念.

给定一个向量场 $\boldsymbol{a}(x,y,z)$,在场中任取一条封闭的有向曲线 l,称沿曲线 l 的曲线积分

$$V=\int_l \boldsymbol{a}\cdot \mathrm{d}\boldsymbol{l} \tag{3}$$

为向量场 $\boldsymbol{a}$ 沿有向曲线 $\boldsymbol{l}$ 的环量，其中 $\mathrm{d}\boldsymbol{l}=\mathrm{d}x\boldsymbol{i}+\mathrm{d}y\boldsymbol{j}+\mathrm{d}z\boldsymbol{k}$.

如果将 $\boldsymbol{a}$ 看作是力，那么曲线积分(3)表示质点沿曲线 $\boldsymbol{l}$ 移动一周时，力 $\boldsymbol{a}$ 所做的功，这个问题在曲线积分中已讨论过. 如果将 $\boldsymbol{a}$ 看作磁场强度，则由安培环路定律，曲线积分(3)表示通过 $\boldsymbol{l}$ 所张曲面的电流.

下面引入环量面密度的概念. 先考查一个电学中的问题，设 H 表示磁场强度，则环量 $\int_l H\cdot \mathrm{d}\boldsymbol{l}$ 表示通过磁场 H 中的以有向封闭曲线 $\boldsymbol{l}$ 为边界的任一曲面 S 上单位面积的平均电流，平均电流还不能反映通过曲面上各点处的电流，要想知道通过曲面上各点处的电流，就要讨论电流对曲面面积的变化率.

设 M 是磁场中的一点，在点 M 处取定一个方向 $\boldsymbol{n}$，过点 M 作一微小曲面 ΔS，使其在点 M 处的法向量为 $\boldsymbol{n}$. 记曲面 ΔS 的面积为 ΔA，ΔS 的周界为 Δl(其正向与 $\boldsymbol{n}$ 的关系按右手法则确定)(图1).

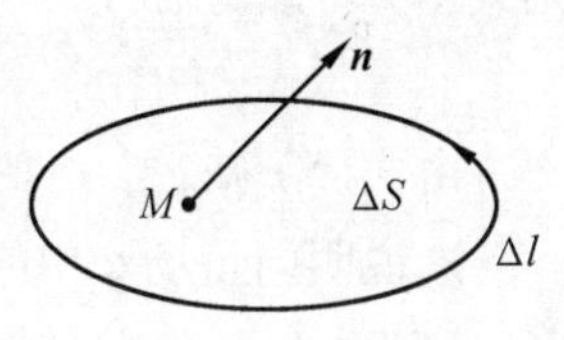

图1

如果通过 ΔS 的电流为 ΔI，则 $\dfrac{\Delta I}{\Delta A}$ 表示通过单位面积的平均电流，当缩为点 M(即 $\Delta S\to M$ 或 $\Delta A\to 0$)时，若 $\dfrac{\Delta I}{\Delta A}$ 的极限存在，此极限值就表达了在点 M 处沿方向 $\boldsymbol{n}$ 所通过的电流，物理学中称此极限值

$$\lim_{\Delta S\to M}\frac{\Delta I}{\Delta A}=\lim_{\Delta S\to M}\frac{\int_{\mathrm{d}l} H\cdot \mathrm{d}\boldsymbol{l}}{\Delta A}$$

为磁场 H 在点 M 处沿方向 $\boldsymbol{n}$ 的电流密度.

在一些其他的场合，也会遇到类似于上述形式的极限，它表示环量对面积的变化率，因而引出环量面密度的概念.

定义2　设 M 是向量场 $\boldsymbol{a}$ 中的一点，在点 M 处取定一个方向 $\boldsymbol{n}$，过点 M 作一微小曲面 ΔS(面积记为 ΔA)，使其在点 M 处的法向量为 $\boldsymbol{n}$，假定 ΔS 的边界为 Δl(其正向与 $\boldsymbol{n}$ 的关系按右手法则确定). 如果当 ΔS 收缩为点 M(即 $\Delta S\to M$)时，沿 Δl 正向的环量 ΔV 与面积 ΔA 之比的极限 $\lim\limits_{\Delta S\to M}\dfrac{\Delta V}{\Delta A}=\lim\limits_{\Delta S\to M}\dfrac{\int_{\Delta l} a\cdot \mathrm{d}\boldsymbol{l}}{\Delta A}$ 存在，则称此极限值为向量场 $\boldsymbol{a}$ 在点 M 处沿方向 $\boldsymbol{n}$ 的环量面密度，记作 $\mathrm{rot}_n\boldsymbol{a}$.

应该注意，环量面密度是和方向有关的，沿着不同方向的环量面密度不一定相同，这和数量场中的方向导数与方向有关相类似.

不难导出环量面密度的计算公式

$$\mathrm{rot}_n\boldsymbol{a}=\left(\frac{\partial R}{\partial y}-\frac{\partial Q}{\partial z}\right)\cos\alpha+\left(\frac{\partial P}{\partial z}-\frac{\partial R}{\partial x}\right)\cos\beta+\left(\frac{\partial Q}{\partial x}-\frac{\partial P}{\partial y}\right)\cos\gamma \tag{4}$$

这就是沿 $\boldsymbol{n}$ 方向的环量面密度的计算公式.

有了环量面密度的概念,现在就可以引出旋度的概念. 我们知道,向量场 $\boldsymbol{a}$ 中的某点 M 处的环量面密度与方向有关,因为过点 M 可以引出无数多个方向,所以在点 M 就有无数多个环量面密度. 与数量场中由方向导数引出梯度相类似,自然地产生这样的问题:如何从过点 M 的无数多个方向中,找出使环量面密度为最大的那个方向? 环量面密度的最大值是多少?

为此,我们令

$$\boldsymbol{A}=\left(\frac{\partial R}{\partial y}-\frac{\partial Q}{\partial z}\right)\boldsymbol{i}+\left(\frac{\partial P}{\partial z}-\frac{\partial R}{\partial x}\right)\boldsymbol{j}+\left(\frac{\partial Q}{\partial x}-\frac{\partial P}{\partial y}\right)\boldsymbol{k}$$

$$\boldsymbol{N}^{\circ}=\cos\alpha\boldsymbol{i}+\cos\beta\boldsymbol{j}+\cos\gamma\boldsymbol{k}$$

则式(4) 可改写为

$$\mathrm{rot}_n\boldsymbol{a}=\boldsymbol{A}\cdot\boldsymbol{N}^{\circ}=|\boldsymbol{A}|\cos(\boldsymbol{A},\boldsymbol{n}^{\circ})\tag{5}$$

由式(5) 知,当 $\boldsymbol{n}^{\circ}$ 的方向与 $\boldsymbol{A}$ 的方向一致时,环量面密度取得最大值 $\mathrm{rot}_n\boldsymbol{a}=|\boldsymbol{A}|$.

这说明向量场 $\boldsymbol{a}$ 中的任一点 M 处沿向量 $\boldsymbol{A}$ 的环量面密度取得最大值,其最大值为 $|\boldsymbol{A}|$. 把向量 $\boldsymbol{A}$ 称为向量场 $\boldsymbol{a}$ 在点 M 的旋度,下面给出旋度的定义.

定义 3　设有向量场 $\boldsymbol{a}(M)$. M 为场中的某一点,如果存在一个向量,其方向是 $\boldsymbol{a}$ 在点 M 处环量面密度取最大值的方向,其模恰好是环量面密度所取得的最大值,那么称此向量为向量场 $\boldsymbol{a}$ 在点 M 处的旋度,记为 $\mathrm{rot}\,\boldsymbol{a}$ 或 $\mathrm{curl}\,\boldsymbol{a}$.

从定义可知,前面所述的向量 $\boldsymbol{A}$ 就是向量场 $\boldsymbol{a}$ 在点 M 处的旋度. 即

$$\mathrm{rot}\,\boldsymbol{a}=\left(\frac{\partial R}{\partial y}-\frac{\partial Q}{\partial z}\right)\boldsymbol{i}+\left(\frac{\partial P}{\partial z}-\frac{\partial R}{\partial x}\right)\boldsymbol{j}+\left(\frac{\partial Q}{\partial x}-\frac{\partial P}{\partial y}\right)\boldsymbol{k}\tag{6}$$

为了便于记忆,采用算符写法

$$\mathrm{rot}\,\boldsymbol{a}=\begin{vmatrix}\boldsymbol{i}&\boldsymbol{j}&\boldsymbol{k}\\\frac{\partial}{\partial x}&\frac{\partial}{\partial y}&\frac{\partial}{\partial z}\\P&Q&R\end{vmatrix}=\nabla\times\boldsymbol{a}$$

由式(6) 及(4) 不难看出:旋度在 $\boldsymbol{n}$ 方向上的投影,正好等于沿 $\boldsymbol{n}$ 方向的环量面密度,这也是用记号 $\mathrm{rot}_n\boldsymbol{a}$ 表示沿 $\boldsymbol{n}$ 方向的环量面密度的缘故.

此外,由式(6) 还可推出旋度的以下性质:

1° 设向量场 $\boldsymbol{a}$ 和 $\boldsymbol{b}$ 有旋度,则 $\mathrm{rot}(\boldsymbol{a}\pm\boldsymbol{b})=\mathrm{rot}\,\boldsymbol{a}\pm\mathrm{rot}\,\boldsymbol{b}$;$\mathrm{rot}(c\boldsymbol{a})=c\,\mathrm{rot}\,\boldsymbol{a}$($c$ 为常数);

2° 设向量场 $\boldsymbol{a}$ 有旋度,函数 v 有梯度,则 $\mathrm{rot}(v\boldsymbol{a})=v\,\mathrm{rot}\,\boldsymbol{a}+\mathbf{grad}\,v\times\boldsymbol{a}$.

例 3　设有力场 $\boldsymbol{F}=(2x^2+6xy)\boldsymbol{i}+(3x^2-y^2)\boldsymbol{j}$,证明 $\mathrm{rot}\,\boldsymbol{F}$ 处处为零向量.

证

$$\mathrm{rot}\,\boldsymbol{F}=\begin{vmatrix}\boldsymbol{i}&\boldsymbol{j}&\boldsymbol{k}\\\frac{\partial}{\partial x}&\frac{\partial}{\partial y}&\frac{\partial}{\partial z}\\2x^2+6xy&3x^2-y^2&0\end{vmatrix}=(6x-6x)\boldsymbol{k}=\boldsymbol{0}$$

习题 10.9

1. 求 div $\boldsymbol{a}$ 在指定点处的值：

(1) $\boldsymbol{A} = x^2\boldsymbol{i} + y^2\boldsymbol{j} + z^2\boldsymbol{k}$ 在点 $M(1,0,-2)$ 处；

(2) $\boldsymbol{A} = xyz\boldsymbol{r}(\boldsymbol{r} = x\boldsymbol{i} + y\boldsymbol{j} + z\boldsymbol{k})$ 在点 $M(1,3,2)$ 处.

2. 求 rot $\dfrac{\boldsymbol{r}}{|\boldsymbol{r}|}$,其中 $\boldsymbol{r} = x\boldsymbol{i} + y\boldsymbol{j} + z\boldsymbol{k}$.

第11章 无穷级数

无穷级数是高等数学的一个重要内容之一,它在函数论、逼近论、近似计算等方面均有广泛的应用.本章先介绍无穷级数的基本知识,进而介绍一下在后续课及工程技术中常用的两种级数:幂级数与傅里叶(Fourier)级数.

11.1 无穷级数的概念和性质

11.1.1 无穷级数的一般概念

定义1 设给定一个数列 $u_1, u_2, \cdots, u_n, \cdots$,则表达式

$$u_1 + u_2 + \cdots + u_n + \cdots \tag{1}$$

称为无穷级数,简称为级数.其中 u_n 称为该级数的第 n 项,又称为一般项或通项.记为 $\sum_{n=1}^{\infty} u_n$,即 $\sum_{n=1}^{\infty} u_n = u_1 + u_2 + \cdots + u_n + \cdots$.

把级数的前 n 项的和

$$S_n = \sum_{i=1}^{n} u_i = u_1 + u_2 + \cdots + u_n$$

称为级数的部分和.当 n 依次取 $1,2,3,\cdots$ 时,它们构成一个新数列 $\{S_n\}$,即

$$S_1 = u_1, S_2 = u_1 + u_2, \cdots, S_n = u_1 + u_2 + \cdots + u_n, \cdots$$

数列 $\{S_n\}$ 称为部分和数列.根据数列 $\{S_n\}$ 是否存在极限,引进级数的收敛和发散.

定义2 若级数 $\sum_{n=1}^{\infty} u_n$ 的部分和数列 $\{S_n\}$ 的极限存在,即

$$\lim_{n\to\infty} S_n = S$$

则称级数 $\sum_{n=1}^{\infty} u_n$ 收敛,也称该级数收敛于 S. S 称为级数的和,并记为

$$S = \sum_{n=1}^{\infty} u_n = u_1 + u_2 + \cdots + u_n + \cdots$$

若级数的部分和数列的极限不存在,就称级数 $\sum_{n=1}^{\infty} u_n$ 发散.

当级数收敛时,称 $r_n = S - S_n$ 为其余项,易知 $r_n = \sum_{i=n+1}^{\infty} u_i$. 显然$\lim_{n\to\infty} r_n = 0$.

例1　判定级数

$$\sum_{n=1}^{\infty} \frac{1}{n(n+1)} = \frac{1}{1\cdot 2} + \frac{1}{2\cdot 3} + \cdots + \frac{1}{n(n+1)} + \cdots$$

的敛散性,若收敛,求此级数的和.

解　由$\frac{1}{n(n+1)} = \frac{1}{n} - \frac{1}{n+1}$　$(n = 1,2,\cdots)$

得

$$S_n = \frac{1}{1\cdot 2} + \frac{1}{2\cdot 3} + \frac{1}{3\cdot 4}\cdots + \frac{1}{n\cdot(n+1)} =$$

$$\left(1 - \frac{1}{2}\right) + \left(\frac{1}{2} - \frac{1}{3}\right) + \left(\frac{1}{2} - \frac{1}{3}\right) + \cdots\left(\frac{1}{n} - \frac{1}{n+1}\right) =$$

$$1 - \frac{1}{n+1}$$

因为

$$\lim_{n\to\infty} S_n = \lim_{n\to\infty}\left(1 - \frac{1}{n+1}\right) = 1$$

所以级数收敛,其和为 $S = 1$.

例2　讨论等比级数(几何级数)

$$\sum_{n=0}^{\infty} aq^n = a + aq + aq^2 + \cdots + aq^n + \cdots \quad (a \neq 0)$$

的收敛性.

解　$q \neq 1$ 时,级数的部分和

$$S_n = a + aq + \cdots + aq^{n-1} = \frac{a(1 - q^n)}{1 - q}$$

当 $|q| < 1$ 时,有$\lim_{n\to\infty} S_n = \frac{a}{1-q}$,所以级数收敛,其和为 $S = \frac{a}{1-q}$.

当 $|q| > 1$ 时,有$\lim_{n\to\infty} S_n = \infty$,所以级数发散,其和不存在.

当 $q = 1$ 时,有$\lim_{n\to\infty} S_n = \lim_{n\to\infty} na = \infty$,所以级数发散,其和不存在.

当 $q = -1$ 时,n 为奇数 $S_n = a$,n 为偶数 $S_n = 0$,$\lim_{n\to\infty} S_n = \infty$ 不存在,所以级数发散,其和不存在.

综上,等比级数

$$a + aq + aq^2 + \cdots + aq^n + \cdots \quad (a \neq 0)$$

当 $|q| < 1$ 时收敛,当 $|q| \geqslant 1$ 时发散.

注:几何级数是收敛级数中最著名的一个级数,它在判断无穷级数的敛散性、求无穷级数的和以及将一个函数展开为无穷级数等方面都有重要的应用.

例如,级数$\sum_{n=1}^{\infty} \frac{(-1)^{n-1}}{3^{n-1}} = 1 - \frac{1}{3} + \frac{1}{9} - \frac{1}{27} + \cdots + \frac{(-1)^{n-1}}{3^{n-1}} + \cdots$

公比 $q = -\frac{1}{3}$, $|q| < 1$,所以此级数收敛,其和为 $S = \frac{3}{4}$.

级数$\sum_{n=1}^{\infty} 3^{n-1} = 1 + 3 + 9 + \cdots + 3^{n-1} + \cdots$,
公比$q = 3 > 1$,所以级数发散.

例 3　将无限循环小数 3. 141 414⋯ 表示成分式的形式.

解　$$3.141\,414\cdots = 3 + \frac{14}{100} + \frac{14}{100^2} + \frac{14}{100^3} + \cdots =$$
$$3 + \frac{14}{100}\left(1 + \frac{1}{100} + \frac{1}{100^2} + \cdots\right) =$$
$$3 + \frac{14}{100} \cdot \frac{100}{99} = \frac{311}{99}$$

* **例 4**　利用级数
$$\frac{10}{11} = 1 - \frac{1}{10} + \frac{1}{10^2} - \cdots + (-1)^n \frac{1}{10^n} + \cdots$$
计算$\frac{10}{11}$的近似值,使其误差不超过 0. 000 1.

解　当利用级数的前 n 项和 S_n 来作为$\frac{10}{11}$的近似值时,误差的绝对值为
$$|r_n| = |u_{n+1} - u_{n+2} + u_{n+3} - \cdots| =$$
$$|u_{n+1} - (u_{n+2} - u_{n+3}) - \cdots| \leqslant |u_{n+1}|$$
因为$|u^5| = \frac{1}{10^4} = 0.000\,1$,所以只要取交错级数的前四项和来计算$\frac{10}{11}$的值,即$\frac{10}{11} \approx 1 - \frac{1}{10} + \frac{1}{10^2} - \frac{1}{10^3} = 0.909$,就使其误差不超过 0. 000 1.

11. 1. 2　无穷级数的基本性质

定理 1　如果级数$\sum_{n=1}^{\infty} u_n$与级数$\sum_{n=1}^{\infty} v_n$分别收敛于 S 和 U,则对于任意常数 α,β,级数$\sum_{n=1}^{\infty}(\alpha u_n \pm \beta v_n)$也收敛,且其和为 $\alpha S \pm \beta U$.

定理 2　在级数的前面增加、减少或改变有限项,级数的敛散性不变.

注:但一般会改变收敛级数的和.

定理 3　如果一个级数收敛,其项加括号后所成的级数也收敛,且与原级数有相同的和.

注:加括号后得到的级数收敛,并不能保证原级数收敛. 例如级数$\sum_{n=1}^{\infty}(1-1)$收敛,而级数$\sum_{n=1}^{\infty}(-1)^{n-1} = 1 - 1 + 1 - 1 + 1 - \cdots$发散.

推论　如果加括号后所成的级数发散,那么原级数一定发散.

例 5　求级数$\sum_{n=1}^{\infty}\left(\frac{3}{2^n} + \frac{2}{n(n+1)}\right)$的和.

解　由等比级数知$\sum\limits_{n=1}^{\infty}\frac{1}{2^n}=\frac{1/2}{1-1/2}=1$,由例1知$\sum\limits_{n=1}^{\infty}\frac{1}{n(n+1)}=1$,故

$$\sum_{n=1}^{\infty}\left(\frac{3}{2^n}+\frac{2}{n(n+1)}\right)=3\sum_{n=1}^{\infty}\frac{1}{2^n}+2\sum_{n=1}^{\infty}\frac{1}{n(n+1)}=5$$

定理4(级数收敛的必要条件)　若级数$\sum\limits_{n=1}^{\infty}u_n$收敛,则$\lim\limits_{n\to\infty}u_n=0$.

注:$\lim\limits_{n\to\infty}u_n=0$仅是级数收敛的必要条件,不是充分条件,绝不能由$\lim\limits_{n\to\infty}u_n=0$得出级数$\sum\limits_{n=1}^{\infty}u_n$收敛的结论,但是有:若$\lim\limits_{n\to\infty}u_n\neq 0$,则级数$\sum\limits_{n=1}^{\infty}u_n$发散.

例6　判断级数$\sum\limits_{n=1}^{\infty}\frac{1}{\sqrt[n]{2}}$的敛散性.

解　因为$\lim\limits_{n\to\infty}\frac{1}{\sqrt[n]{2}}=1\neq 0$,所以级数$\sum\limits_{n=1}^{\infty}\frac{1}{\sqrt[n]{2}}$发散.

习题11.1

1. 写出下列各级数的一般项:

(1) $-1+\frac{1}{2}-\frac{1}{4}+\frac{1}{8}-\cdots$;

(2) $\frac{\sqrt{x}}{2}+\frac{x}{2\cdot 4}+\frac{x\sqrt{x}}{2\cdot 4\cdot 6}+\frac{x^2}{2\cdot 4\cdot 6\cdot 8}+\cdots$;

(3) $-\frac{1}{2}+0+\frac{1}{4}+\frac{2}{5}+\frac{3}{6}+\cdots$;

(4) $1-\frac{8}{2}+\frac{27}{6}-\frac{64}{24}+\cdots$.

2. 判断下列级数的收敛性:

(1) $\sum\limits_{n=1}^{\infty}\frac{1}{a^n}(a>0)$;　　(2) $\sum\limits_{n=1}^{\infty}(\sqrt{n+1}-\sqrt{n})$;

(3) $\sum\limits_{n=1}^{\infty}\frac{2+(-1)^n}{2^n}$;　　(4) $\sum\limits_{n=0}^{\infty}\frac{1}{(n+1)(n+2)}$;

(5) $\sum\limits_{n=1}^{\infty}\frac{1}{\sqrt[n]{2}}$;

3. 已知级数$\sum\limits_{n=1}^{\infty}a_n$和$\sum\limits_{n=1}^{\infty}b_n$都收敛,且对任意的$n$都有$a_n\leqslant c_n\leqslant b_n$,证明级数$\sum\limits_{n=1}^{\infty}c_n$收敛.

11.2　正项级数及其审敛法

一般情况下,利用级数的部分和数列判别级数的敛散性是比较困难的,为了找到更简单有效的判别方法,先从最简单的一类级数即正项级数入手来研究.

定义1　若 $u_n \geqslant 0(n=1,2,3,\cdots)$，则称级数 $\sum_{n=1}^{\infty} u_n$ 为正项级数.

易知正项级数 $\sum_{n=1}^{\infty} u_n$ 的部分和数列 $\{S_n\}$ 是单调增加数列，即

$$S_1 \leqslant S_2 \leqslant \cdots \leqslant S_n \leqslant \cdots$$

根据数列的单调有界准则知，$\{S_n\}$ 收敛的充分必要条件是 $\{S_n\}$ 有界. 因此得到下述重要定理.

定理1　正项级数收敛的充分必要条件是它的部分和数列有界.

例1　试判定正项级数 $\sum_{n=1}^{\infty} \dfrac{\sin\frac{\pi}{2n}}{2^n}$ 的收敛性.

解　由于该级数为正项级数，且部分和

$$S_n = \frac{1}{2} + \frac{\sin\frac{\pi}{4}}{4} + \frac{\sin\frac{\pi}{6}}{8} + \cdots + \frac{\sin\frac{\pi}{2n}}{2^n} <$$

$$\frac{1}{2} + \frac{1}{4} + \frac{1}{8} + \cdots + \frac{1}{2^n} = \frac{\frac{1}{2}(1-\frac{1}{2^n})}{1-\frac{1}{2}} < 1$$

即其部分和数列有界，因此正项级数 $\sum_{n=1}^{\infty} \dfrac{\sin\frac{\pi}{2n}}{2^n}$ 收敛.

定理1的重要性不在于利用它来直接判别正项级数的敛散性，而在于由它可以得到下面几个简单有效的判别方法.

定理2(比较审敛法)　设有两个正项级数 $\sum_{n=1}^{\infty} u_n$ 和 $\sum_{n=1}^{\infty} v_n$，如果 $u_n \leqslant v_n(n=1,2,3,\cdots)$ 成立，那么

(1) 若级数 $\sum_{n=1}^{\infty} v_n$ 收敛，则级数 $\sum_{n=1}^{\infty} u_n$ 也收敛；

(2) 若级数 $\sum_{n=1}^{\infty} u_n$ 发散，则级数 $\sum_{n=1}^{\infty} v_n$ 也发散.

证明　设级数 $\sum_{n=1}^{\infty} u_n$，$\sum_{n=1}^{\infty} v_n$ 的部分和分别为 S_n 和 U_n，则有 $S_n \leqslant U_n$，

(1) 若级数 $\sum_{n=1}^{\infty} v_n$ 收敛，则其部分和数列 $\{U_n\}$ 有界，从而级数 $\sum_{n=1}^{\infty} u_n$ 的部分和数列 $\{S_n\}$ 有界，于是由定理1得级数 $\sum_{n=1}^{\infty} u_n$ 收敛.

(2) 若 $\sum_{n=1}^{\infty} u_n$ 发散，则 $\sum_{n=1}^{\infty} v_n$ 发散. 假如不然，$\sum_{n=1}^{\infty} v_n$ 收敛，则由结论(1)知 $\sum_{n=1}^{\infty} u_n$ 也收敛，这与条件 $\sum_{n=1}^{\infty} u_n$ 发散相矛盾，故 $\sum_{n=1}^{\infty} v_n$ 发散.

例 2　证明调和级数 $\sum_{n=1}^{\infty}\frac{1}{n}=1+\frac{1}{2}+\frac{1}{3}+\cdots+\frac{1}{n}+\cdots$ 是发散的.

证　$\sum_{n=1}^{\infty}\frac{1}{n}=1+\frac{1}{2}+\frac{1}{3}+\cdots+\frac{1}{n}+\cdots=$

$$\left(1+\frac{1}{2}\right)+\left(\frac{1}{3}+\frac{1}{4}\right)+\left(\frac{1}{5}+\frac{1}{6}+\frac{1}{7}+\frac{1}{8}\right)+\cdots$$

它的各项均大于级数

$$\frac{1}{2}+\left(\frac{1}{4}+\frac{1}{4}\right)+\left(\frac{1}{8}+\frac{1}{8}+\frac{1}{8}+\frac{1}{8}\right)+\cdots=$$

$$\frac{1}{2}+\frac{1}{2}+\frac{1}{2}+\cdots$$

的对应项,然而后一个级数是发散的. 所以,由比较判别法可知调和级数

$$\sum_{n=1}^{\infty}\frac{1}{n}=1+\frac{1}{2}+\frac{1}{3}+\cdots+\frac{1}{n}+\cdots$$

发散.

例 3　讨论级数

$$\sum_{n=1}^{\infty}\frac{1}{n^p}=1+\frac{1}{2^p}+\frac{1}{3^p}+\cdots+\frac{1}{n^p}+\cdots$$

的敛散性,其中 p 为正常数,此级数称为 p - 级数.

解　当 $p\leqslant 1$ 时,有 $\frac{1}{n^p}\geqslant\frac{1}{n}(n=1,2,3,\cdots)$,而调和级数 $\sum_{n=1}^{\infty}\frac{1}{n}$ 发散,所以 $\sum_{n=1}^{\infty}\frac{1}{n^p}$ 发散.

当 $p>1$ 时,

$$\sum_{n=1}^{\infty}\frac{1}{n^p}=1+\left(\frac{1}{2^p}+\frac{1}{3^p}\right)+\left(\frac{1}{4^p}+\frac{1}{5^p}+\frac{1}{6^p}+\frac{1}{7^p}\right)+$$

$$\left(\frac{1}{8^p}+\cdots+\frac{1}{15^p}\right)+\cdots$$

它的各项均不大于级数

$$1+\left(\frac{1}{2^p}+\frac{1}{2^p}\right)+\left(\frac{1}{4^p}+\frac{1}{4^p}+\frac{1}{4^p}+\frac{1}{4^p}\right)+\left(\frac{1}{8^p}+\cdots+\frac{1}{8^p}\right)+\cdots$$

的对应项,而后一级数是几何级数,公比 $q=\frac{1}{2^{p-1}}<1$,所以收敛,因此级数 $\sum_{n=1}^{\infty}\frac{1}{n^p}$ 收敛.

综上可知:p - 级数当 $p\leqslant 1$ 时发散;$p>1$ 时收敛.

在利用比较审敛法判定正项级数是否收敛时,首先要选定一个已知其收敛性的级数与之比较,经常用 p - 级数作为这样的级数.

例 4　证明级数 $\sum_{n=1}^{\infty}\frac{1}{\sqrt{n(n+2)}}$ 是发散的.

证明　因为 $n(n+2)<(n+1)^2$,所以 $\frac{1}{\sqrt{n(n+1)}}>\frac{1}{n+1}$. 由调和级数 $\sum_{n=1}^{\infty}\frac{1}{n}$ 发散

可知$\sum\limits_{n=1}^{\infty}\dfrac{1}{n+1}$发散. 于是由比较审敛法得级数$\sum\limits_{n=1}^{\infty}\dfrac{1}{\sqrt{n(n+2)}}$发散.

在应用比较判别法判定所给级数的敛散性时,常常需要利用放缩的方法给级数的通项建立恰当的不等式. 而建立这样的不等式关系,有时相当困难. 在实际应用时,比较判别法的下述极限形式更为方便.

定理 2′(比较审敛法的极限形式)　设两个正项级数$\sum\limits_{n=1}^{\infty}u_n$和$\sum\limits_{n=1}^{\infty}v_n$,

(1) 如果$\lim\limits_{n\to\infty}\dfrac{u_n}{v_n}=l(0<l<+\infty)$,则正项级数$\sum\limits_{n=1}^{\infty}u_n$和$\sum\limits_{n=1}^{\infty}v_n$同时收敛或同时发散;

(2) 如果$\lim\limits_{n\to\infty}\dfrac{u_n}{v_n}=0$(或$\lim\limits_{n\to\infty}\dfrac{v_n}{u_n}=\infty$),则(a) 级数$\sum\limits_{n=1}^{\infty}v_n$收敛必有$\sum\limits_{n=1}^{\infty}u_n$收敛;(b) 级数$\sum\limits_{n=1}^{\infty}u_n$发散必有$\sum\limits_{n=1}^{\infty}v_n$发散.

例 5　判断级数$\sum\limits_{n=1}^{\infty}\dfrac{1}{\sqrt{n^3-n^2+n}}$的敛散性.

解　因为$\lim\limits_{n\to\infty}\dfrac{\sqrt{n^3-n^2+n}}{\sqrt{n^3}}=1$,而级数$\sum\limits_{n=1}^{\infty}\dfrac{1}{n^{3/2}}$收敛,根据定理 2′知此级数收敛.

例 6　判断级数$\sum\limits_{n=1}^{\infty}\sin\dfrac{1}{2n+1}$的收敛性.

解　因为$\lim\limits_{n\to\infty}\dfrac{\sin\dfrac{1}{2n+1}}{\dfrac{1}{n}}=\dfrac{1}{2}$,而级数$\sum\limits_{n=1}^{\infty}\dfrac{1}{n}$发散,根据定理 2′知此级数发散.

将所给正项级数与等比级数比较,就可得到实用上很方便的比值审敛法和根值审敛法.

定理 3(达朗贝尔(D′Alembert) 比值审敛法)　设正项级数$\sum\limits_{n=1}^{\infty}u_n$,如果极限$\lim\limits_{n\to\infty}\dfrac{u_{n+1}}{u_n}=\rho$存在,则(1) 当$\rho<1$时级数收敛;(2) 当$\rho>1$时级数发散;(3) 当$\rho=1$时,本判别法失效,需另行讨论.

例 7　试证明正项级数$\sum\limits_{n=1}^{\infty}2^n\tan\dfrac{\pi}{3^n}$收敛.

证　利用比值审敛法,因为

$$\lim_{n\to\infty}\frac{u_{n+1}}{u_n}=\lim_{n\to\infty}\frac{2^{n+1}\tan\dfrac{\pi}{3^{n+1}}}{2^n\tan\dfrac{\pi}{3^n}}=\frac{2}{3}<1$$

所以级数收敛.

例 8　讨论级数$\sum\limits_{n=1}^{\infty}\dfrac{x^n}{n}(x>0)$的收敛性.

解　因为$\lim\limits_{n\to\infty}\dfrac{u_{n+1}}{u_n}=\lim\limits_{n\to\infty}\dfrac{\dfrac{x^{n+1}}{n+1}}{\dfrac{x^n}{n}}=\lim\limits_{n\to\infty}\dfrac{n}{n+1}x=x$

所以当 $0<x<1$ 时收敛，即 $x\geqslant 1$ 时发散（$x=1$ 时级数为调和级数）.

定理 4（根值审敛法，柯西审敛法）　设正项级数 $\sum\limits_{n=1}^{\infty}u_n$，如果极限 $\lim\limits_{n\to\infty}\sqrt[n]{u_n}=\rho$ 存在，则（1）当 $\rho<1$ 时级数收敛；（2）当 $\rho>1$ 时级数发散；（3）当 $\rho=1$ 时，本审敛法失效，需另行讨论.

例 9　判定级数 $\sum\limits_{n=1}^{\infty}\left(\dfrac{n}{3n-1}\right)^{2n-1}$ 的收敛性.

解　因为$\lim\limits_{n\to\infty}\sqrt[n]{u_n}=\lim\limits_{n\to\infty}\left(\dfrac{n}{3n-1}\right)^{\frac{2n-1}{n}}=\dfrac{1}{9}<1$，所以，由根值审敛法可知级数收敛.

习题 11.2

1. 用比较审敛法判别下列级数的敛散性：

（1）$\sum\limits_{n=1}^{\infty}\dfrac{1}{\sqrt{n(n^2+1)}}$；　（2）$\sum\limits_{n=1}^{\infty}\ln(1+\dfrac{1}{n})$；

（3）$\sum\limits_{n=1}^{\infty}\dfrac{1}{(n+1)(n+2)}$；　（4）$\sum\limits_{n=1}^{\infty}\sin\dfrac{\pi}{2^n}$.

2. 用达朗贝尔审敛法判别下列级数的敛散性：

（1）$\sum\limits_{n=1}^{\infty}\dfrac{3^n}{n\cdot 2^n}$；　（2）$1+\dfrac{5}{2!}+\dfrac{5^2}{3!}+\dfrac{5^3}{4!}+\cdots$；

（3）$\sum\limits_{n=1}^{\infty}n\tan\dfrac{\pi}{3^n}$；　（4）$\sum\limits_{n=1}^{\infty}\dfrac{n\cos^2\dfrac{n\pi}{3}}{2^n}$；

（5）$\sum\limits_{n=1}^{\infty}\dfrac{2^n\cdot n!}{n^n}$；　（6）$\dfrac{2}{1\cdot 2}+\dfrac{2^2}{2\cdot 3}+\dfrac{2^3}{3\cdot 4}+\cdots$；

（7）$\sum\limits_{n=1}^{\infty}\dfrac{n^3}{3^n}$.

3. 用柯西审敛法判别下列级数的敛散性：

（1）$\sum\limits_{n=1}^{\infty}\left(\dfrac{n}{2n+1}\right)^n$；　（2）$\sum\limits_{n=1}^{\infty}\left(\dfrac{4n^2}{3n^2+1}\right)^n$；

（3）$\sum\limits_{n=1}^{\infty}\left(1-\dfrac{1}{n}\right)^{n^2}$；　（4）$\sum\limits_{n=1}^{\infty}\left(\dfrac{n}{3n-1}\right)^{2n-1}$.

4. 设 $u_n>0$，如果级数 $\sum\limits_{n=1}^{\infty}u_n$ 收敛，证明级数 $\sum\limits_{n=1}^{\infty}u_n^2$ 收敛.

11.3　任意项级数及其审敛法

上一节讨论了正项级数收敛性的判别法,本节进一步讨论关于一般常数项级数收敛性的判别法.首先讨论一种正负项相间的级数,即交错级数,然后再讨论一般常数项级数.

11.3.1　交错级数及其审敛法

1.交错级数

所谓交错级数,是指它的各项是正负交错的,若 $u_n > 0(n = 1,2,\cdots)$,则称级数 $\sum\limits_{n=1}^{\infty}(-1)^{n-1}u_n$ 为交错级数.对于交错级数,有下面的判别收敛性的定理.

2.莱布尼茨(Leibniz)审敛法

定理1　设交错级数 $\sum\limits_{n=1}^{\infty}(-1)^{n-1}u_n$ 满足条件:

(1) $u_n \geqslant u_{n+1}(n = 1,2,3,\cdots)$,

(2) $\lim\limits_{n\to\infty} u_n = 0$,

则级数 $\sum\limits_{n=1}^{\infty}(-1)^{n-1}u_n$ 收敛,且其和 $S \leqslant u_1$,其余项 r_n 的绝对值 $|r_n| \leqslant u_{n+1}$.

证明　根据项数 n 是奇数或偶数分别考察 S_n.当 $n = 2m$ 为偶数时,把 S_n 写成两种形式:

$$S_n = S_{2m} = (u_1 - u_2) + (u_3 - u_4) + \cdots + (u_{2m-1} - u_{2m})$$

和

$$S_n = S_{2m} = u_1 - (u_2 - u_3) - (u_4 - u_5) - \cdots - (u_{2m-2} - u_{2m-1}) - u_{2m}$$

由条件(1)可知,每个括号内的值都是非负的,可见数列$\{S_{2m}\}$是单调有界数列,极限存在.记 $\lim\limits_{m\to\infty} S_{2m} = S$,还有 $S < u_1$.当 $n = 2m + 1$ 为奇数时,把 S_n 写成

$$S_n = S_{2m+1} = S_{2m} + u_{2m+1}$$

再由条件(2)易得

$$\lim_{m\to\infty} S_{2m+1} = \lim_{m\to\infty}(S_{2m} + u_{2m+1}) = S$$

故交错级数 $\sum\limits_{n=1}^{\infty}(-1)^{n-1}u_n$ 收敛,且有 $S < u_1$.注意 $r_n = \sum\limits_{i=n+1}^{\infty}(-1)^{i-1}u_i$,由前面的证明有

$$-u_{n+1} < \pm(u_{n+1} + u_{n+2} + \cdots) < u_{n+1}$$

即

$$|r_n| < u_{n+1}$$

例1　试判断下列交错级数的收敛性.

(1) $\sum\limits_{n=1}^{\infty}(-1)^{n-1}\dfrac{n}{2^n}$;　　　(2) $\sum\limits_{n=2}^{\infty}\dfrac{(-1)^n\ln n}{n}$.

解　(1) 因为 $u_n = \dfrac{n}{2^n}, u_{n+1} = \dfrac{n+1}{2^{n+1}}$,而

$$u_n - u_{n+1} = \frac{n-1}{2^n} \geqslant 0 \quad (n = 1,2,3,\cdots)$$

所以 $u_n \geqslant u_{n+1}(n=1,2,3,\cdots)$，又 $\lim\limits_{n\to\infty} u_n = \lim\limits_{n\to\infty}\frac{n}{2^n} = 0$，故交错级数 $\sum\limits_{n=1}^{\infty}(-1)^{n-1}\frac{n}{2^n}$ 收敛.

(2) $u_n = \frac{\ln n}{n}$，为了证明数列 $\{u_n\}$ 单调递减趋于零，利用函数的导数工具来判断. 设 $f(x) = \frac{\ln x}{x}$，则 $f'(x) = \frac{1-\ln x}{x^2} < 0(x \geqslant 3)$，所以当 $n \geqslant 3$ 时，数列 $\{u_n\}$ 单调递减. 又因为 $\lim\limits_{x\to+\infty}\frac{\ln x}{x} = \lim\limits_{x\to+\infty}\frac{1}{x} = 0$，所以 $\lim\limits_{n\to\infty} u_n = \lim\limits_{n\to\infty}\frac{\ln n}{n} = \lim\limits_{x\to+\infty}\frac{\ln x}{x} = 0$. 故交错级数 $\sum\limits_{n=2}^{\infty}\frac{(-1)^n \ln n}{n}$ 收敛.

在利用交错级数审敛法时，审敛法中的两个条件往往要借用函数的导数来判断.

11.3.2　任意项级数及其审敛法

现在来讨论任意项级数

$$\sum_{n=1}^{\infty} u_n = u_1 + u_2 + u_3 + \cdots + u_n + \cdots \tag{1}$$

其中 u_n 可以是正数、负数或零. 对应这个级数，可以构造一个正项级数

$$\sum_{n=1}^{\infty} |u_n| = |u_1| + |u_2| + |u_3| + \cdots + |u_n| + \cdots \tag{2}$$

称级数(2)为级数(1)的绝对值级数. 这两个级数的敛散性有一定的联系.

定理2　若级数 $\sum\limits_{n=1}^{\infty}|u_n|$ 收敛，则级数 $\sum\limits_{n=1}^{\infty}u_n$ 必收敛.

证明　级数 $\sum\limits_{n=1}^{\infty}|u_n|$ 收敛，由 $0 \leqslant u_n + |u_n| \leqslant 2|u_n|$，而 $\sum\limits_{n=1}^{\infty}2|u_n|$ 收敛，所以根据正项级数的比较审敛法可知级数 $\sum\limits_{n=1}^{\infty}(u_n + |u_n|)$ 收敛. 又因为级数 $\sum\limits_{n=1}^{\infty}u_n = \sum\limits_{n=1}^{\infty}[(u_n + |u_n|) - |u_n|]$，由收敛级数的性质知级数 $\sum\limits_{n=1}^{\infty}u_n$ 收敛.

注：定理2给出了一个用正项级数审敛法判定任意项级数收敛性的方法. 对于级数的这种收敛性，给出以下定义.

定义1　设级数 $\sum\limits_{n=1}^{\infty}u_n$ 为任意项收敛，则

(1) 当级数 $\sum\limits_{n=1}^{\infty}|u_n|$ 收敛时，称级数 $\sum\limits_{n=1}^{\infty}u_n$ 绝对收敛；

(2) 当级数 $\sum\limits_{n=1}^{\infty}|u_n|$ 发散，但级数 $\sum\limits_{n=1}^{\infty}u_n$ 收敛时，称级数 $\sum\limits_{n=1}^{\infty}u_n$ 条件收敛.

例如，级数 $\sum\limits_{n=1}^{\infty}(-1)^{n-1}\frac{1}{n}$ 及 $\sum\limits_{n=1}^{\infty}(-1)^{n-1}\frac{1}{n^2}$ 均为收敛级数，而 $\sum\limits_{n=1}^{\infty}\frac{1}{n}$ 发散，$\sum\limits_{n=1}^{\infty}\frac{1}{n^2}$ 收

敛,故级数$\sum\limits_{n=1}^{\infty}(-1)^{n-1}\frac{1}{n}$条件收敛,$\sum\limits_{n=1}^{\infty}(-1)^{n-1}\frac{1}{n^2}$绝对收敛.

例 2　讨论级数$\sum\limits_{n=1}^{\infty}(-1)^{\frac{n(n-1)}{2}}\frac{n^2}{2^n}$的收敛性.

解　考察级数$\sum\limits_{n=1}^{\infty}\left|(-1)^{\frac{n(n-1)}{2}}\frac{n^2}{2^n}\right|=\sum\limits_{n=1}^{\infty}\frac{n^2}{2^n}$. 利用正项级数比值审敛法易判断级数$\sum\limits_{n=1}^{\infty}\frac{n^2}{2^n}$是收敛的,即任意项级数$\sum\limits_{n=1}^{\infty}(-1)^{\frac{n(n-1)}{2}}\frac{n^2}{2^n}$绝对收敛,因此该级数收敛.

例 3　判定级数$\sum\limits_{n=1}^{\infty}\frac{\sin n}{n^3}$的收敛性.

解　因为$\left|\frac{\sin n}{n^3}\right|\leqslant\frac{1}{n^3}$,而级数$\sum\limits_{n=1}^{\infty}\frac{1}{n^3}$收敛,所以级数$\sum\limits_{n=1}^{\infty}\left|\frac{\sin n}{n^3}\right|$收敛. 从而,由定理2知所给级数收敛.

习题 11.3

1. 判断下列级数是否收敛,若收敛,指出其是绝对收敛还是条件收敛:

(1) $\sum\limits_{n=1}^{\infty}(-1)^{n-1}\frac{1}{\sqrt{n}}$;　　(2) $\sum\limits_{n=1}^{\infty}\frac{\sin\frac{n\pi}{2}}{\sqrt{n^3}}$;

(3) $\sum\limits_{n=1}^{\infty}(-1)^{n-1}\frac{n}{2n+1}$;　　(4) $\sum\limits_{n=1}^{\infty}(-1)^{\frac{n(n-1)}{2}}\frac{1}{3^n}$;

(5) $\sum\limits_{n=2}^{\infty}\frac{(-1)^n}{\ln n}$;　　(6) $\sum\limits_{n=1}^{\infty}(-1)^{n-1}\frac{1}{n^p}(p>0)$.

11.4　幂　级　数

11.4.1　函数项级数的一般概念

由定义在同一区间 I 内的函数序列$\{u_n(x)\}$构成的无穷级数

$$u_1(x)+u_2(x)+\cdots+u_n(x)+\cdots \tag{1}$$

称为函数项级数. 简记为$\sum\limits_{n=1}^{\infty}u_n(x)$.

在函数项级数(1)中,当取定 $x=x_0\in I$ 时,则得到一个数项级数

$$u_1(x_0)+u_2(x_0)+\cdots+u_n(x_0)+\cdots \tag{2}$$

如果级数(2)收敛,就称 x_0 是函数项级数(1)的收敛点;否则,就称 x_0 是函数项级数(1)的发散点. 函数项级数的所有收敛点的全体称为它的收敛域.

用 $S_n(x)$ 表示一个函数项级数的前 n 项和. 设在收敛域中的每一点 x,$\lim\limits_{n\to\infty}S_n(x)=S(x)$,则称 $S(x)$ 为这个函数项级数的和函数. 我们把 $r_n(x)=S(x)-S_n(x)$ 叫作函数项级

数的余项. 显然有$\lim\limits_{n\to\infty} r_n(x)=0$($x$ 为收敛域内的点).

11.4.2　幂级数的收敛性及其运算

形如

$$a_0+a_1x+a_2x^2+\cdots+a_nx^n+\cdots \tag{3}$$

或

$$a_0+a_1(x-x_0)+a_2(x-x_0)^2+\cdots+a_n(x-x_0)^n+\cdots \tag{4}$$

的级数称为幂级数. 其中 $a_0,a_1,a_2,\cdots,a_n,\cdots$ 为常数,称为幂级数的系数.

对于幂级数(4),只要令 $y=x-x_0$,就可以将(4) 转换成(3) 的形式. 所以,主要讨论形如(3) 的幂级数.

例1　讨论函数项级数 $1+x+x^2+\cdots+x^n+\cdots$ 的收敛域.

解　级数的前 n 项和 $S_n(x)=1+x+x^2+\cdots+x^{n-1}$,因为当 $x\neq1$ 时,$S_n(x)=\dfrac{1-x^n}{1-x}$;所以有:当 $|x|<1$ 时,$\lim\limits_{n\to\infty}S_n(x)=\dfrac{1}{1-x}$;当 $|x|>1$ 时,$\lim\limits_{n\to\infty}S_n(x)$ 不存在. 当 $x=1$ 时,级数为 $1+1+1+\cdots$ 发散,当 $x=-1$ 时,级数为 $1-1+1-1+\cdots$ 发散. 故级数的收敛域为$(-1,1)$,且和函数 $S(x)=\dfrac{1}{1-x}$.

对于幂级数(3),显然 $x=0$ 是它的收敛点.

1. 幂级数的收敛性

定理1(阿贝尔(Abel) 定理)　对于幂级数 $\sum\limits_{n=0}^{\infty}a_nx^n$,(1) 若 $x=x_0(x_0\neq0)$ 时收敛,则适合不等式 $|x|<|x_0|$ 的一切 x 使该级数绝对收敛;(2) 若 $x=x_0$ 时发散,则适合不等式 $|x|>|x_0|$ 的一切 x 使该级数发散.

证明　(1) 因 $\sum\limits_{n=0}^{\infty}a_nx_0^n$ 收敛,故 $\lim\limits_{n\to\infty}a_nx^n=0$. 于是存在一个常数 $M>0$,使得

$$|a_nx_0^n|\leqslant M\quad(n=0,1,2,\cdots)$$

从而 $|a_nx^n|=\left|a_nx_0^n\cdot\dfrac{x^n}{x_0^n}\right|=|a_nx_0^n|\cdot\left|\dfrac{x^n}{x_0^n}\right|\leqslant M\left|\dfrac{x}{x_0}\right|^n$. 因为当 $|x|<|x_0|$ 时, 等比级数 $\sum\limits_{n=0}^{\infty}M\left|\dfrac{x}{x_0}\right|^n$ 收敛,所以级数 $\sum\limits_{n=0}^{\infty}|a_nx^n|$ 收敛,故当 $|x|<|x_0|$ 时,幂级数 $\sum\limits_{n=0}^{\infty}a_nx^n$ 绝对收敛.

(2) 用反证法. 假设当 $x=x_0$ 时幂级数发散,而有一点 x',适合 $|x'|>|x_0|$ 使级数收敛,则由(1) 知级数当 $x=x_0$ 时收敛,这与所设矛盾. 定理证毕.

定义1　如果存在 $R>0$,当 $|x|<R$ 时,幂级数 $\sum\limits_{n=0}^{\infty}a_nx^n$ 绝对收敛, 当 $|x|>R$ 时,幂级数 $\sum\limits_{n=0}^{\infty}a_nx^n$ 发散,则称 R 为幂级数的收敛半径. 对于只在 $x=0$ 点收敛而其他点都发散的幂级数,定义其收敛半径为零; 对于在任意一点都收敛的幂级数, 定义其收敛半径

为 $+\infty$.

设 $R>0$ 为幂级数(3)的收敛半径,则称开区间$(-R,R)$为幂级数的收敛区间. 幂级数的收敛域为$(-R,R)$,$[-R,R)$,$(-R,R]$或$[-R,R]$,这四个区间之一.

应该指出的是,形如$\sum\limits_{n=0}^{\infty}a_n(x-x_0)^n$的幂级数的收敛区间是以 x_0 为中心的区间(x_0-R,x_0+R).

2. 收敛半径的求法

关于幂级数的收敛半径的求法,有下面的定理.

定理 2　设幂级数$\sum\limits_{n=0}^{\infty}a_nx^n$. 如果$\lim\limits_{n\to\infty}\left|\dfrac{a_{n+1}}{a_n}\right|=\rho$,则幂级数的收敛半径

$$R=\begin{cases}\dfrac{1}{\rho},0<\rho<+\infty\\ +\infty,\rho=0\\ 0,\rho=+\infty\end{cases}$$

证明　记 $u_n=|a_nx^n|$,则$\dfrac{u_{n+1}}{u_n}=\left|\dfrac{a_{n+1}x^{n+1}}{a_nx^n}\right|=\left|\dfrac{a_{n+1}}{a_n}\right|\cdot|x|$,$\lim\limits_{n\to\infty}\dfrac{u_{n+1}}{u_n}=\rho|x|$

(1) 若$0<\rho<+\infty$,由比值审敛法,当$\rho|x|<1$,即$|x|<\dfrac{1}{\rho}$时,级数$\sum\limits_{n=0}^{\infty}u_n=\sum\limits_{n=0}^{\infty}|a_nx^n|$收敛,因而$\sum\limits_{n=0}^{\infty}a_nx^n$绝对收敛. 当$\rho|x|>1$,即$|x|>\dfrac{1}{\rho}$时,级数$\sum\limits_{n=0}^{\infty}u_n=\sum\limits_{n=0}^{\infty}|a_nx^n|$发散,此时,$|a_nx^n|<|a_{n+1}x^{n+1}|$,$\lim\limits_{n\to\infty}a_nx^n\neq0$,因而级数$\sum\limits_{n=0}^{\infty}a_nx^n$发散. 故级数的收敛半径 $R=\dfrac{1}{\rho}$.

(2) 若$\rho=0$,则对任何 x 有$\rho|x|=0$. 所以级数$\sum\limits_{n=0}^{\infty}u_n=\sum\limits_{n=0}^{\infty}|a_nx^n|$收敛,因而$\sum\limits_{n=0}^{\infty}a_nx^n$绝对收敛. 故 $R=+\infty$.

(3) 若$\rho=+\infty$,则对一切 $x\neq0$ 都有$\lim\limits_{n\to\infty}\dfrac{u_{n+1}}{u_n}=+\infty$,所以$\lim\limits_{n\to\infty}a_nx^n\neq0$,因而级数$\sum\limits_{n=0}^{\infty}a_nx^n$发散. 故 $R=0$. 证毕.

例 2　求幂级数$\sum\limits_{n=1}^{\infty}\dfrac{x^n}{n}$的收敛域.

解　因 $a_n=\dfrac{1}{n}$,$a_{n+1}=\dfrac{1}{n+1}$,故$\lim\limits_{n\to\infty}\left|\dfrac{a_{n+1}}{a_n}\right|=1$,所以幂级数的收敛半径 $R=1$. 当 $x=1$ 时,级数为$\sum\limits_{n=1}^{\infty}\dfrac{1}{n}$发散;当 $x=-1$ 时,级数为$\sum\limits_{n=1}^{\infty}\dfrac{(-1)^n}{n}$收敛. 所以幂级数的收敛域为$[-1,1)$.

例 3　求幂级数$\sum\limits_{n=1}^{\infty}\dfrac{2n-1}{2^n}x^{2n-2}$的收敛半径及收敛域.

解　该级数只出现x的偶次幂,x的奇次幂的系数都为零,不满足11.3节定理1的条件,因此,不能直接利用求收敛半径的公式.考虑级数$\sum\limits_{n=1}^{\infty}\left|\frac{2n-1}{2^n}x^{2n-2}\right|$,利用比值审敛法,

$\lim\limits_{n\to\infty}\left|\dfrac{\frac{2n+1}{2^{n+1}}x^{2n}}{\frac{2n-1}{2^n}x^{2n-2}}\right|=\dfrac{1}{2}|x|^2$,可知,当$\frac{1}{2}|x^2|<1$,即$|x|<\sqrt{2}$时,幂级数绝对收敛,当

$\frac{1}{2}|x^2|>1$,即$|x|>\sqrt{2}$时,幂级数发散,故幂级数的收敛半径$R=\sqrt{2}$.当$x=\pm\sqrt{2}$时,级数为$\sum\limits_{n-1}^{\infty}\frac{2n-1}{2}$是发散的.从而幂级数的收敛域为$(-\sqrt{2},\sqrt{2})$.

例 4　求幂级数$\sum\limits_{n=1}^{\infty}\frac{n}{2^n}(x-2)^n$的收敛域.

解　设$y=x-2$,原级数转换为$\sum\limits_{n=1}^{\infty}\frac{n}{2^n}y^n$.因为$\lim\limits_{n\to\infty}\left|\frac{a_{n+1}}{a_n}\right|=\lim\limits_{n\to\infty}\frac{(n+1)2^n}{2^{n+1}n}=\frac{1}{2}$,所以收敛半径$R=2$.当$y=2$即$x=4$时,级数为$\sum\limits_{n=1}^{\infty}n$发散,当$y=-2$即$x=0$时,级数为$\sum\limits_{n=1}^{\infty}(-1)^n n$发散.所以原级数的收敛域为$(0,4)$.

3. 幂级数的运算

设幂级数$\sum\limits_{n=0}^{\infty}a_nx^n$和$\sum\limits_{n=0}^{\infty}b_nx^n$的收敛半径分别为$R_1$和$R_2$($R_1$,$R_2$均不为零),它们的和函数分别为$S_1(x)$和$S_2(x)$,那么对于收敛的幂级数可以进行如下的运算.

(1) 加法和减法

$$\sum_{n=0}^{\infty}a_nx^n \pm \sum_{n=0}^{\infty}b_nx^n=\sum_{n=0}^{\infty}(a_n \pm b_n)x^n=S_1(x) \pm S_2(x)$$

此时所得幂级数$\sum\limits_{n=0}^{\infty}(a_n \pm b_n)x^n$的收敛半径是$R_1$和$R_2$中较小的一个或为$\infty$.

(2) 乘法

$$\sum_{n=0}^{\infty}a_nx^n\cdot\sum_{n=0}^{\infty}b_nx^n=$$
$$a_0\cdot b_0+(a_0\cdot b_1+a_1\cdot b_0)x+(a_0\cdot b_2+a_1\cdot b_1+a_2\cdot b_0)x^2+\cdots+$$
$$(a_0\cdot b_n+a_1\cdot b_{n-1}+\cdots+a_n\cdot b_0)+\cdots=$$
$$S_1(x)\cdot S_2(x)$$

此时所得幂级数的收敛半径是R_1和R_2中较小的一个.

(3) 逐项求导数

若幂级数$\sum\limits_{n=0}^{\infty}a_nx^n$的收敛半径是$R$,则在$(-R,R)$内的和函数$S(x)$可导,且有

$$S'(x)=\sum_{n=0}^{\infty}(a_nx^n)'=\sum_{n=1}^{\infty}na_nx^{n-1}\quad(|x|<R)$$

逐项求导后的幂级数与原幂级数有相同的收敛半径.

(4) 逐项积分

若幂级数 $\sum_{n=0}^{\infty} a_n x^n$ 的收敛半径是 R,则在 $(-R,R)$ 内的和函数 $S(x)$ 可积,且有

$$\int_0^x S(x)\mathrm{d}x = \sum_{n=0}^{\infty} \int_0^x a_n x^n \mathrm{d}x = \sum_{n=0}^{\infty} \frac{a_n}{n+1} x^{n+1}$$

逐项积分后的幂级数与原幂级数有相同的收敛半径.

例5 已知 $\sum_{n=0}^{\infty} (-1)^n x^{2n}$ 的和函数为 $\frac{1}{1+x^2}(-1<x<1)$,求幂级数 $\sum_{n=0}^{\infty} \frac{(-1)^n}{2n+1} x^{2n+1}$ 的和函数.

解 易得幂级数 $\sum_{n=0}^{\infty} \frac{(-1)^n}{2n+1} x^{2n+1}$ 的收敛域为 $-1 \leqslant x \leqslant 1$. 设其和函数为 $S(x)$,即

$$S(x) = \sum_{n=0}^{\infty} \frac{(-1)^n}{2n+1} x^{2n+1}$$

逐项求导得

$$S'(x) = \sum_{n=0}^{\infty} (-1)^n x^{2n} = \frac{1}{1+x^2}$$

因为 $S(0)=0$,所以

$$S(x) = S(x) - S(0) = \int_0^x S'(x)\mathrm{d}x = \int_0^x \frac{1}{1+x^2}\mathrm{d}x = \arctan x$$

$$(-1 \leqslant x \leqslant 1)$$

例6 求幂级数 $\sum_{n=0}^{\infty} (n+1)x^n$ 的和函数.

解 显然幂级数的收敛域为 $-1<x<1$. 设其和函数为 $S(x)$,即

$$S(x) = \sum_{n=0}^{\infty} (n+1)x^n$$

逐项积分得

$$\int_0^x S(x)\mathrm{d}x = \sum_{n=0}^{\infty} \int_0^x (n+1)x^n \mathrm{d}x = \sum_{n=0}^{\infty} x^{n+1} = \frac{x}{1-x}$$

求导得

$$S(x) = \left(\frac{x}{1-x}\right)' = \frac{1}{(1-x)^2} \quad (-1<x<1)$$

习题 11.4

1. 求下列幂级数的收敛域:

(1) $\sum_{n=0}^{\infty} nx^n$;　　(2) $\sum_{n=0}^{\infty} (-1)^n \frac{x^{2n}}{3^n}$;

(3) $\sum_{n=0}^{\infty} \frac{1}{n!}(x-1)^n$;　　(4) $\sum_{n=1}^{\infty} \frac{(x-2)^{n-1}}{\sqrt{n}}$.

2. 求下列幂级数的和函数：

(1) $\sum_{n=1}^{\infty}(-1)^n\frac{x^n}{n}, |x|<1$；　(2) $\sum_{n=1}^{\infty}2nx^{2n-1}, |x|<1$.

11.5　幂级数展开

前面讨论了幂级数的收敛域及其和函数的性质. 但在实际问题中,我们还会遇到相反的问题:给定函数 $f(x)$,要寻找一个在某区间内收敛的幂级数,其和恰好就是给定的函数 $f(x)$. 如果这样的幂级数存在,就称此幂级数为函数 $f(x)$ 的幂级数展开式.

11.5.1　麦克劳林(Maclaurin)公式

幂级数实际上可以视为多项式的延伸,因此在考虑函数 $f(x)$ 能否展开成一个幂级数时,可以从函数 $f(x)$ 与多项式的关系入手来解决这个问题.

泰勒(Taylor)公式　如果函数 $f(x)$ 在 $x=x_0$ 的某一邻域内,有直到 $(n+1)$ 阶的导数,则在这个邻域内有如下公式:

$$f(x)=f(x_0)+f'(x_0)(x-x_0)+\frac{f''(x_0)}{2!}(x-x_0)^2+\cdots+\frac{f^{(n)}(x_0)}{n!}(x-x_0)^n+R_n(x) \tag{1}$$

其中 $R_n(x)=\frac{f^{(n+1)}(\xi)}{(n+1)!}(x-x_0)^{n+1}$($\xi$ 介于 x 与 x_0 之间),称为拉格朗日型余项. 式(1)称为泰勒公式. 如果令 $x_0=0$,就得到

$$f(x)=f(0)+f'(0)x+\frac{f''(0)}{2!}x^2+\cdots+\frac{f^{(n)}(0)}{n!}x^n+R_n(x) \tag{2}$$

这里余项又写为 $R_n(x)=\frac{f^{(n+1)}(\theta x)}{(n+1)!}x^{n+1}(0<\theta<1)$. 式(2)称为麦克劳林公式.

公式说明,任一函数只要有直到 $(n+1)$ 阶的导数,就可以表示为某个 n 次多项式与一个余项的和. 当 $f(x)$ 具有各阶导数时,下列幂级数

$$f(0)+f'(0)x+\frac{f''(0)}{2!}x^2+\cdots+\frac{f^{(n)}(0)}{n!}x^n+\cdots \tag{3}$$

称为 $f(x)$ 的麦克劳林级数. 那么,级数(2)是否以 $f(x)$ 为其和函数?

令麦克劳林级数(3)的前 $(n+1)$ 项和为 $S_{n+1}(x)$,即

$$S_{n+1}(x)=f(0)+f'(0)x+\frac{f''(0)}{2!}x^2+\cdots+\frac{f^{(n)}(0)}{n!}x^n$$

那么,级数(3)收敛于 $f(x)$ 的充要条件是 $\lim_{n\to\infty}S_{n+1}(x)=f(x)$. 注意到式(2)与式(3)的关系,可知

$$f(x)=S_{n+1}(x)+R_n(x)$$

于是,当 $\lim_{n\to\infty}R_n(x)=0$ 时,有 $\lim_{n\to\infty}S_{n+1}(x)=f(x)$. 反之,若 $\lim_{n\to\infty}S_{n+1}(x)=f(x)$,必有 $\lim_{n\to\infty}R_n(x)=0$. 这表明麦克劳林级数(3)以 $f(x)$ 为和函数的充分必要条件是麦克劳林公

式(2)中的余项 $R_n(x)\to 0$(当 $n\to\infty$).

当麦克劳林级数(3)以 $f(x)$ 为和函数时,就称 $f(x)$ 可以展开成幂级数(7),即

$$f(x)=f(0)+f'(0)x+\frac{f''(0)}{2!}x^2+\cdots+\frac{f^{(n)}(0)}{n!}x^n+\cdots \tag{4}$$

函数的幂级数展开式是唯一的.事实上,假设 $f(x)$ 可以表示成幂级数

$$f(x)=a_0+a_1x+a_2x^2+\cdots+a_nx^n+\cdots \tag{5}$$

那么,根据幂级数在收敛域内可逐项求导的性质,再令 $x=0$,就得到

$$a_n=\frac{f^{(n)}(0)}{n!}\quad(n=0,1,2,\cdots)$$

将它们代入式(5),所得与 $f(x)$ 的麦克劳林展开式(4)完全相同.

综上所述,如果函数 $f(x)$ 在 $x=0$ 的某一邻域内具有各阶导数,且在此邻域内麦克劳林公式(2)中的余项 $R_n(x)\to 0$(当 $n\to\infty$),那么,函数 $f(x)$ 就可以展开成形如式(4)的幂级数.

幂级数

$$f(x_0)+f'(x_0)(x-x_0)+\frac{f''(x_0)}{2!}(x-x_0)^2+\cdots+\frac{f^{(n)}(x_0)}{n!}(x-x_0)^n+\cdots \tag{6}$$

称为 $f(x)$ 的泰勒级数.如果函数 $f(x)$ 在 $x=x_0$ 的某一邻域内具有各阶导数,且在此邻域内泰勒公式(1)中的余项 $R_n(x)\to 0$(当 $n\to\infty$),那么,函数 $f(x)$ 就可以展开成形如式(6)的幂级数.

11.5.2　直接展开法

利用麦克劳林公式或泰勒公式将函数展开成幂级数的方法称为直接展开法.

例1　将函数 $f(x)=e^x$ 展开成 x 的幂级数.

解　因为 $f^{(n)}(x)=e^x(n=1,2,3,\cdots)$,所以

$$f(0)=f'(0)=f''(0)=\cdots=f^{(n)}(0)=1$$

于是,可得幂级数

$$1+x+\frac{1}{2!}x^2+\cdots+\frac{1}{n!}x^n+\cdots \tag{7}$$

它的收敛半径 $R\to+\infty$.考查麦克劳林公式中的余项 $R_n(x)$,因为 $R_n(x)=\frac{e^{\theta x}}{(n+1)!}x^{n+1}$ $(0<\theta<1)$,且 $\theta x\leqslant|\theta x|<|x|$,所以 $|R_n(x)|=\frac{e^{\theta x}}{(n+1)!}|x|^{n+1}<\frac{e^{|x|}}{(n+1)!}|x|^{n+1}$.

注意到,对任一确定的 x 值,$e^{|x|}$ 是一个确定的常数,而级数(7)是绝对收敛的,因此 $\lim\limits_{n\to\infty}\frac{|x|^{n+1}}{(n+1)!}=0$,所以当 $n\to\infty$ 时,$e^{|x|}\cdot\frac{|x|^{n+1}}{(n+1)!}\to 0$,由此可知 $\lim\limits_{n\to\infty}R_n(x)=0$.于是得展开式

$$e^x=1+x+\frac{1}{2!}x^2+\cdots+\frac{1}{n!}x^n+\cdots\quad(-\infty<x<+\infty)$$

例2　将函数 $f(x)=\sin x$ 展开成 x 的幂级数.

解　因为$f^{(n)}(x)=\sin\left(x+\frac{n\pi}{2}\right)$ $(n=1,2,3,\cdots)$，所以$f^{(n)}(0)$ 顺序循环地取0,1,0,-1,…($n=0,1,2,\cdots$)，于是，可得幂级数

$$x-\frac{1}{3!}x^3+\frac{1}{5!}x^5-\cdots+(-1)^{n-1}\frac{1}{(2n-1)!}x^{2n-1}+\cdots$$

它的收敛半径$R\to+\infty$. 因为函数麦克劳林公式中的余项$R_n(x)=\dfrac{\sin\left[\theta x+\frac{n+1}{2}\pi\right]}{(n+1)!}x^{n+1}$，所以可以推得$|R_n(x)|=\dfrac{\left|\sin\left[\theta x+\frac{n+1}{2}\pi\right]\right|}{(n+1)!}|x|^{n+1}\leqslant\dfrac{1}{(n+1)!}|x|^{n+1}\to0$(当$n\to\infty$时). 于是得展开式

$$\sin x=x-\frac{1}{3!}x^3+\frac{1}{5!}x^5-\cdots+(-1)^{n-1}\frac{1}{(2n-1)!}x^{2n-1}+\cdots$$
$$(-\infty<x<+\infty)$$

这种运用麦克劳林公式将函数展开成幂级数的方法，虽然过程明确，但是运算常常过于烦琐. 因此人们普遍采用下面的比较简便的间接展开法.

11.5.3　间接展开法

在此之前已经得到了函数$\frac{1}{1-x}$，e^x 及 $\sin x$ 的幂级数展开式，运用这几个已知的展开式，通过幂级数的运算(如四则运算，逐项求导，逐项积分)以及变量代换等，可以求得许多函数的幂级数展开式. 这样做不但计算简单，而且可以避免研究余项. 把这种求函数的幂级数展开式的方法称为间接展开法.

例3　求函数$f(x)=\cos x$ 的幂级数展开式.

解　因为$(\sin x)'=\cos x$，而

$$\sin x=x-\frac{1}{3!}x^3+\frac{1}{5!}x^5-\cdots+(-1)^{n-1}\frac{1}{(2n-1)!}x^{2n-1}+\cdots$$
$$(-\infty<x<+\infty)$$

所以逐项求导就得

$$\cos x=1-\frac{1}{2!}x^2+\frac{1}{4!}x^4-\cdots+(-1)^n\frac{1}{(2n)!}x^{2n}+\cdots$$
$$(-\infty<x<+\infty)$$

例4　将函数$f(x)=\ln(1+x)$ 展开成x 的幂级数.

解　因为$f'(x)=\frac{1}{1+x}$，而函数$\frac{1}{1+x}$ 的展开式可以通过$\frac{1}{1-x}$ 的幂级数展开式中的x 改写为$-x$ 得到，即

$$\frac{1}{1+x}=1-x+x^2-\cdots+(-1)^nx^n+\cdots\quad(-1<x<1)$$

将上式两端逐项积分

$$\int_0^x \frac{1}{1+x}dx = x - \frac{1}{2}x^2 + \frac{1}{3}x^3 - \cdots + (-1)^n \frac{1}{n+1}x^{n+1} + \cdots$$
$$(-1 < x \leqslant 1)$$

注意到 $\ln(1+x) = \int_0^x \frac{1}{1+x}dx$,所以有

$$\ln(1+x) = x - \frac{1}{2}x^2 + \frac{1}{3}x^3 - \cdots + (-1)^n \frac{1}{n+1}x^{n+1} + \cdots \quad (-1 < x \leqslant 1)$$

例 5　将函数 $f(x) = \frac{1}{x^2 - 3x + 2}$ 展开成 x 的幂级数.

解　因为 $f(x) = \frac{1}{x^2 - 3x + 2} = \frac{1}{1-x} - \frac{1}{2-x}$,而

$$\frac{1}{1-x} = 1 + x + x^2 + \cdots + x^n + \cdots \quad (-1 < x < 1)$$

$$\frac{1}{2-x} = \frac{1}{2} \cdot \frac{1}{1-\frac{x}{2}} = \frac{1}{2}\left[1 + \frac{x}{2} + \left(\frac{x}{2}\right)^2 + \cdots + \left(\frac{x}{2}\right)^n + \cdots\right] \quad (-2 < x < 2)$$

所以

$$f(x) = \frac{1}{x^2 - 3x + 2} = \frac{1}{1-x} - \frac{1}{2-x} =$$
$$(1 + x + x^2 + \cdots + x^n + \cdots) - \frac{1}{2}\left[1 + \frac{x}{2} + \left(\frac{x}{2}\right)^2 + \cdots + \left(\frac{x}{2}\right)^n + \cdots\right] =$$
$$\frac{1}{2} + \left(1 - \frac{1}{2^2}\right)x + \left(1 - \frac{1}{2^3}\right)x^2 + \cdots + \left(1 - \frac{1}{2^{n+1}}\right)x^n + \cdots \quad (-1 < x < 1)$$

此题也可以用幂级数相乘来解决,做法如下:

$$f(x) = \frac{1}{x^2 - 3x + 2} = \frac{1}{1-x} \cdot \frac{1}{2-x} =$$
$$(1 + x + x^2 + \cdots + x^n + \cdots) \cdot \frac{1}{2}\left[1 + \frac{x}{2} + \left(\frac{x}{2}\right)^2 + \cdots + \left(\frac{x}{2}\right)^n + \cdots\right] =$$
$$\frac{1}{2} + \left(1 - \frac{1}{2^2}\right)x + \left(1 - \frac{1}{2^3}\right)x^2 + \cdots + \left(1 - \frac{1}{2^{n+1}}\right)x^n + \cdots \quad (-1 < x < 1)$$

例 6　将函数 $f(x) = \sin x$ 展开成 $\left(x - \frac{\pi}{4}\right)$ 的幂级数.

解　$f(x) = \sin x = \sin\left[\left(x - \frac{\pi}{4}\right) + \frac{\pi}{4}\right] = \frac{\sqrt{2}}{2}\sin\left(x - \frac{\pi}{4}\right) + \frac{\sqrt{2}}{2}\cos\left(x - \frac{\pi}{4}\right)$

把前面 $\sin x, \cos x$ 的幂级数展开式中的 x 换成 $\left(x - \frac{\pi}{4}\right)$ 就得到

$$f(x) = \sin x = \frac{\sqrt{2}}{2}\left[1 + \left(x - \frac{\pi}{4}\right) - \frac{1}{2!}\left(x - \frac{\pi}{4}\right)^2 - \frac{1}{3!}\left(x - \frac{\pi}{4}\right)^3 + \cdots\right]$$
$$(-\infty < x < +\infty)$$

最后,将几个常见的函数的幂级数展开式列在下面,以便读者查用.

$$e^x = 1 + x + \frac{1}{2!}x^2 + \cdots + \frac{1}{n!}x^n + \cdots \quad (-\infty < x < +\infty)$$

$$\sin x = x - \frac{1}{3!}x^3 + \frac{1}{5!}x^5 - \cdots + (-1)^{n-1}\frac{1}{(2n-1)!}x^{2n-1} + \cdots$$
$$(-\infty < x < +\infty)$$

$$\cos x = 1 - \frac{1}{2!}x^2 + \frac{1}{4!}x^4 - \cdots + (-1)^n\frac{1}{(2n)!}x^{2n} + \cdots$$
$$(-\infty < x < +\infty)$$

$$\ln(1+x) = x - \frac{1}{2}x^2 + \frac{1}{3}x^3 - \cdots + (-1)^n\frac{1}{n+1}x^{n+1} + \cdots$$
$$(-1 < x \leqslant 1)$$

$$(1+x)^m = 1 + mx + \frac{m(m-1)}{2!}x^2 + \cdots + \frac{m(m-1)\cdots(m-n+1)}{n!}x^n + \cdots$$
$$(-1 < x < 1)$$

最后一个式子称为二项展开式,其端点的收敛性与 m 有关. 例如当 $m > 0$ 时,收敛域为$[-1,1]$,当 $-1 < m < 0$ 时,收敛域为$(-1,1]$.

习题 11.5

1. 利用间接展开法将下列函数展开成 x 幂级数,并求收敛域.

(1)$f(x) = \sin^2 x$;　　(2)$f(x) = \dfrac{1}{(1+x)^2}$;

(3)$f(x) = \ln(2 - x - x^2)$;　　(4)$f(x) = \dfrac{x}{2x^2 + 3x - 2}$.

2. 将 $f(x) = \int_0^x \frac{\sin t}{t}\mathrm{d}t$ 展开成 x 的幂级数.

3. 将 $f(x) = \cos x$ 展开成$\left(x + \frac{\pi}{3}\right)$的幂级数.

4. 将 $f(x) = \dfrac{1}{x^2 + 3x + 2}$ 展开成$(x+4)$的幂级数.

*11.6　幂级数的应用　发生函数

幂级数因为具有结构形式的简单性和近似表达函数的灵活性,因此成为一个极为有用的计算工具. 本节作为幂级数的一个应用,介绍近代数学中一种重要方法 —— 发生函数.

11.6.1　发生函数的概念

如果数列$\{A_n\}$为给定的或待定的数列,那么相应的幂级数 $F(x) = \sum\limits_{n=1}^{\infty} A_n x^n$ 就叫作数列$\{A_n\}$的发生函数,反过来,给定一个幂级数 $F(x) = \sum\limits_{n=1}^{\infty} A_n x^n$,它的系数序列$\{A_n\}$就叫作

该幂级数的生成序列. 每一个幂级数只能有一个"生成序列",即生成序列是唯一确定的,即前面所述幂级数展开式定理. 正因为有了这一定理,可以使我们把生成序列与幂级数之间的一一对应关系理解成一个变换关系,并且记作 $G\{A_k\} = \sum_{k=0}^{\infty} A_k x^k$,以后则称 $G\{A_k\}$ 为数列 $\{A_k\}$ 的发生函数.

假设 $G\{B_k\}$ 是数列 $\{B_k\}$ 的发生函数,那么由幂级数的加法和乘法运算有

$$G\{A_k\} + G\{B_k\} = \sum_{k=0}^{\infty} (A_k + B_k) x^k = G\{A_k + B_k\}$$

$$G\{A_k\} G\{B_k\} = \left(\sum_{k=0}^{\infty} A_k x^k\right)\left(\sum_{j=0}^{\infty} B_j x^j\right) = \sum_{k=0}^{\infty}\left(\sum_{j=0}^{k} A_j B_{k-j}\right) x^k = G\left\{\sum_{j=0}^{k} A_j B_{k-j}\right\}$$

这就使我们看出,数列之间的运算关系同发生函数之间的运算关系是有一种对应关系的.

大家知道,通过数学对象之间的"对应关系"来引进"变换",是近代数学中一种基本和常见的重要方法. 数学中的许多问题,不管是计算性质的还是解析性质的问题,通过适当"变换"后,就往往能化繁为简或化难为易,从而得到顺利的解决.

发生函数的方法也正是这样,把数列变换为幂级数之后,就往往能通过幂级数的分析运算,较容易地处理数列间的分析计算问题.

在碰到具体的数列计算或论证问题时,往往需要采取两个步骤:第一步,必须对于问题中出现的数列找出它们的发生函数,再按照数列出现的情况对发生函数进行适当的运算;第二步,必须把运算的最后结果表现为幂级数,再从幂级数返回到数列,这就是从最终得到的生成序列去解决原来提出的问题. 在处理幂级数运算时,常常需要按同次项比较系数. 当然这种是合理的,因为已经有了幂级数形式的展开定理,即幂级数的系数是唯一确定的. 大家已经学过许多初等函数的幂级数展开式,所以在这里立即就能写出一批特殊数列的发生函数.

最简单、最常见也是最常用的数列就是二项系数序列:

$\binom{a}{0} = 1, \binom{a}{k} = \dfrac{a(a-1)\cdots(a-k+1)}{k!}\ (k = 1,2,3,\cdots)$,此处 a 是一个异于零的任意实数.

已知有二项展开级数 $(1+x)^a = \sum_{k=0}^{\infty} \binom{a}{k} x^k\ (|x| < 1)$,如取 $a = -n-1$,则得

$$\binom{-n-1}{k}(-1)^k = \frac{(-n-1)(-n-2)\cdots(-n-k)}{k!}(-1)^k = \binom{n+k}{k} = \binom{n+k}{n}$$

因此又有二项展开式

$$(1-x)^{-n-1} = \sum_{k=0}^{\infty} \binom{-n-1}{k}(-x)^k = \sum_{k=0}^{\infty} \binom{n+k}{n} x^k$$

所以关于数列 $\left\{\binom{a}{k}\right\}$ 与 $\left\{\binom{n+k}{n}\right\}$ 的发生函数分别为 $G\left\{\binom{a}{k}\right\} = (1+x)^a$,$G\left\{\binom{n+k}{n}\right\} = (1-x)^{-n-1}$,不难得到

$$G\left\{(-1)^k \frac{a^{2k}}{(2k)!}\right\} = \cos(ax), \qquad G\left\{(-1)^k \frac{a^{2k+1}}{(2k+1)!}\right\} = \sin(ax)$$

$$G\left\{\frac{a^k}{k!}\right\} = e^{ax}, \qquad G\left\{(-1)^k \frac{a^{2k+1}}{2k+1}\right\} = \arctan(ax)$$

$$G\left\{(-1)^k \frac{a^k}{k}\right\} = -\ln(1+ax), \qquad G\left\{\frac{a^k}{k}\right\} = -\ln(1-ax)$$

11.6.2　一些应用

下面举几个简单例子来说明发生函数,再推导和论证组合恒等式的应用.

例1　设 α,β 为非零实数,证明下列组合恒等式 —— 范德蒙定理

$$\sum_{k=0}^{n}\binom{\alpha}{k}\binom{\beta}{n-k} = \binom{\alpha+\beta}{n}$$

证　鉴于和式的左端出现形如$\left\{\binom{\alpha}{k}\right\}\left\{\binom{\beta}{j}\right\}$的数列,所以立即想到发生函数

$$(1+x)^{\alpha} = \sum_{k=0}^{\infty}\binom{\alpha}{k}x^k, \quad (1+x)^{\beta} = \sum_{j=0}^{\infty}\binom{\beta}{j}x^j \quad (|x|<1)$$

将上列两式左端相乘,则得发生函数

$$G\left\{\binom{\alpha+\beta}{n}\right\} = (1+x)^{\alpha+\beta} = \sum_{n=0}^{\infty}\binom{\alpha+\beta}{n}x^n \tag{1}$$

又将两式右端相乘,则得

$$\sum_{k=0}^{\infty}\sum_{j=0}^{\infty}\binom{\alpha}{k}\binom{\beta}{j}x^{k+j} = \sum_{n=0}^{\infty}\left[\sum_{k=0}^{n}\binom{\alpha}{k}\binom{\beta}{n-k}\right]x^n \tag{2}$$

于是比较(1)(2) 两式右端的同次项系数便得到所要证明的等式

$$\binom{\alpha+\beta}{n} = \sum_{k=0}^{n}\binom{\alpha}{k}\binom{\beta}{n-k}$$

例2　考虑如下的发生函数(p 为不大于 n 的非负整数)

$$\binom{n}{p}(1+x)^{n-p} = \frac{1}{p!}\frac{d^p}{dx^p}(1+x)^n = \frac{1}{p!}\frac{d^p}{dx^p}\left[\sum_{k=0}^{n}\binom{n}{k}x^k\right] =$$

$$\frac{1}{p!}\sum\binom{n}{k}^k k(k-1)(k-2)\cdots(k-p+1)x^{k-p}$$

令 $x=1$,便得到组合恒等式$\binom{n}{p}2^{n-p} = \sum_{k=p}^{n}\binom{n}{k}\binom{k}{p}$

又如令 $x=-1$,则得恒等式$\sum\binom{n}{k}\binom{k}{p}(-1)^{k+p} = \begin{cases}1 & (p=n)\\ 0 & (p<n)\end{cases}$

这个简单恒等式在组合分析学及发散级数求和理论中都很有用.

例3　设 p,q 为任意正整数,则有组合恒等式

$$\sum_{k=0}^{n}\binom{n-k}{p}\binom{k}{q} = \binom{n+1}{p+q+1}$$

证　鉴于左端出现形如$\left\{\binom{j}{p}\right\}\left\{\binom{k}{q}\right\}$的数列,自然想到应该利用如下的两个发生函数

$$(1-x)^{-p-1}=\sum_{j=p}^{\infty}\binom{j}{p}x^{j-p},\quad (1-x)^{-q-1}=\sum_{k=q}^{\infty}\binom{k}{q}x^{k-q}\quad (|x|<1)$$

将两个发生函数相乘并且用二项展开定理则得

$$(1-x)^{-p-q-2}=\sum_{n=p+q}^{\infty}\binom{n+1}{p+q+1}x^{n-p-q}$$

又如将两个发生函数的右端相乘,则得

$$\sum_{j=p}^{\infty}\sum_{k=q}^{\infty}\binom{j}{p}\binom{k}{q}x^{j+k-p-q}=\sum_{n=p+q}^{\infty}\left\{\sum_{k=0}^{n}\binom{n-k}{p}\binom{k}{q}\right\}x^{n-p-q}$$

于是比较前两式右端 x^{n-p-q} 的系数,便得到所要证明的恒等式. 这个恒等式在概率计算与组合分析中也很有用.

下面要说明,利用某种有理分式函数作为发生函数还很容易求解如下形式的二阶差分方程:$a_0f(n)+a_1f(n-1)+a_2f(n-2)=0(n=2,3,\cdots)$,这里 a_0,a_1,a_2 皆为异于零的已知常数,$f(n)$ 为待求序列函数.

试考虑发生函数$\dfrac{1}{a_0+a_1x+a_2x^2}=A_0+A_1x+A_2x^2+\cdots$,因为 $a_0a_1a_2\neq 0$,所以在 $x=0$ 的邻域内总存在上述幂级数展开式. 在上式两端乘以 $a_0+a_1x+a_2x^2$,并比较系数即可得到下述初始值条件 $a_0A_0=1,a_0A_1+a_1A_0=0$ 及二阶齐次差分方程

$$a_0A_n+a_1A_{n-1}+a_2A_{n-2}=0\quad (n=2,3,4,\cdots)\tag{3}$$

为了求得 A_n 的一般表达式,应将上面的发生函数(分式函数)表为分项分式. 假定二次方程 $a_0+a_1x+a_2x^2=0$ 有两个相异实根 $x=r_1,r_2$,即

$$a_0+a_1x+a_2x^2=a_2(x-r_1)(x-r_2),\quad r_1r_2=\frac{a_0}{a_2},\quad r_1+r_2=-\frac{a_1}{a_2}$$

于是当 $|x|<\min\{|r_1|,|r_2|\}$ 时,可将发生函数改写成

$$\begin{aligned}\frac{1}{a_0+a_1x+a_2x^2}&=\frac{1}{a_2(x-r_1)(x-r_2)}=\\&\frac{1}{a_2(r_2-r_1)}\left\{\frac{1}{r_1-x}-\frac{1}{r_2-x}\right\}=\\&\frac{1}{a_2(r_2-r_1)}\left[\frac{1}{r_1}\left(1-\frac{x}{r_1}\right)^{-1}-\frac{1}{r_2}\left(1-\frac{x}{r_2}\right)^{-1}\right]=\\&\frac{1}{a_2(r_2-r_1)}\sum_{n=0}^{\infty}\left(\frac{1}{r_1^{n+1}}-\frac{1}{r_2^{n+1}}\right)x^n=\\&\frac{1}{a_2(r_2-r_1)}\sum_{n=0}^{\infty}\frac{r_2^{n+1}-r_1^{n+1}}{(-r_1r_2)^{n+1}}x^n=\frac{1}{a_2}\left(\frac{a_2}{a_0}\right)^{n+1}\sum_{n=0}^{\infty}\frac{r_2^{n+1}-r_1^{n+1}}{r_2-r_1}x^n\end{aligned}$$

因此由比较 x^n 的系数可得到 A_n 的一般表达式为

$$A_n=\frac{1}{a_2}\left(\frac{a_2}{a_0}\right)^{n+1}\frac{r_2^{n+1}-r_1^{n+1}}{r_2-r_1}\quad (n=0,1,2,\cdots)\tag{4}$$

这也就是关于差分方程(4) 的解的一般公式,而 A_0 与 A_1 满足初始值条件

$$a_0A_0=1,\quad a_0A_1+a_1A_0=0$$

例 4　考虑著名的斐波那契数列 1,1,2,3,5,8,13,21,34,55,…,这个数列的构造规则是,从第三个数开始,每个数都是由前两个相加而得. 设将此数列记为 $F_0,F_1,F_2,\cdots,F_n,\cdots$. 试求出 F_n 的一般表达式.

解　数列的构造规则可表示为差分方程

$$F_n - F_{n-1} - F_{n-2} = 0 \qquad (n = 2,3,4,\cdots)$$

而初始值条件为 $F_0 = F_1 = 1$. 今与一般形式的方程(3) 相比较,可知 $a_0 = 1, a_1 = a_2 = -1$. 解相应的二次方程 $1 - x - x^2 = 0$ 得二实根 $r_1 = \frac{1}{2}(-1+\sqrt{5})$, $r_2 = \frac{1}{2}(-1-\sqrt{5})$,由此代入公式(4) 并化简即得出

$$F_n = \frac{1}{\sqrt{5}}\left[\left(\frac{1+\sqrt{5}}{2}\right)^{n+1} - \left(\frac{1-\sqrt{5}}{2}\right)^{n+1}\right]$$

这便是关于斐波那契数列的普遍表达式,它在近代优选法的理论分析中是很有用的.

最后指出,发生函数的方法还能用来处理丢番图方程即线性不定方程的整数解个数的计算问题. 这只要利用下面的例子就足以说明其方法大意.

例 5　设 $a_1,a_2,\cdots,a_k$ 是一组给定的正整数,n 是任意正整数,令 A_n 表示不定方程式 $a_1x_1 + a_2x_2 + \cdots + a_kx_k = n$ 的非负整数解组 $(x_1,x_2,\cdots,x_k)$ 的个数. 求 A_n 的发生函数.

解　当 $a > 0$,下列幂级数在区间 $|z| \leqslant \delta < 1$ 内为绝对收敛:

$\frac{1}{1-z^a} = 1 + z^a + z^{2a} + z^{3a} + \cdots$,因为若干个绝对收敛的幂级数可以相乘,并可按同次项归并系数,所以有

$$\begin{aligned}F(z) &= \left(\frac{1}{1-z^{a_1}}\right)\left(\frac{1}{1-z^{a_2}}\right)\cdots\left(\frac{1}{1-z^{a_k}}\right) = \\ &\left(\sum_{x_1=0}^{\infty} z^{a_1x_1}\right)\left(\sum_{x_2=0}^{\infty} z^{a_2x_2}\right)\cdots\left(\sum_{x_k=0}^{\infty} z^{a_kx_k}\right) = \\ &\sum_{x_1=0}^{\infty}\sum_{x_2=0}^{\infty}\cdots\sum_{x_k=0}^{\infty} z^{a_1x_1+a_2x_2+\cdots+a_kx_k} = \sum_{n=0}^{\infty}\left(\sum_{a_1x_1+a_2x_2+\cdots+a_kx_k=0}^{n} 1\right) z^n = \sum_{n=0}^{\infty} A_n z^n\end{aligned}$$

注意这里 $\sum^{n}$ 的求和条件是 $a_1x_1 + a_2x_2 + \cdots + a_kx_k = n$. 那就是说,每对应一非负整数解 $(x_1,x_2,\cdots,x_k)$ 就有一个项,所以 $\sum^{n} 1 = A_n$.

由上所述,可见 $F(z)$ 正好就是 A_n 的发生函数. 按泰勒展开式还可将 A_n 表示成 $A_n = \frac{1}{n!}F^{(n)}(0)$.

发生函数的方法,在组合分析、有限差计算、特殊函数论、概率统计等数学领域中都有很广泛的应用. 上面所举的一些例子只是表明其用法而已.

习题 11.6

1. 验证下列两个发生函数:

(1) $G\left\{\binom{k}{m}\right\} = \frac{x^m}{(1-x)^{m-1}}$ (m 为固定正整数);

(2) $G\left\{\frac{1}{k(k-1)}\right\}=x+(1-x)\ln(1-x)$.

2. 应用发生函数方法求证下列组合恒等式

$$\binom{n}{n}+\binom{n+1}{n}+\binom{n+2}{n}+\cdots+\binom{n+m}{n}=\binom{n+m+1}{n+1}$$

3. 设 A_n 表示不定方程 $x+2y+3z=n(n\geqslant 15)$ 的满足条件 $x\geqslant 1, y\geqslant 2, z\geqslant 3$ 的正整数解 (x,y,z) 的个数,求 A_n 的发生函数.

11.7　傅里叶级数

本节将介绍傅里叶级数一般概念及其周期为 T 及定义有限区间上的函数的傅里叶级数展开问题.

11.7.1　傅里叶级数的概念

1. 谐波分析　三角函数系的正交性

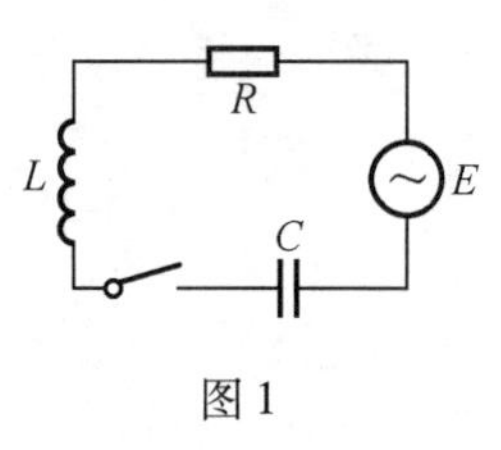

图 1

在工程技术中经常会用到函数项级数 $a_0+\sum_{n=1}^{\infty}(a_n\cos nx+b_n\sin nx)$. 例如:设有一个由电阻 R、自感 L、电容 C 和电源 E 串联组成的电路,其中 R,L 及 C 为常数,电源电动热 $E=E(t)$(图 1). 设电路中的电流为 $i(t)$,电容器两极板上的电压为 u_C,那么根据回路定律,就得到一个二阶线性常系数非齐次微分方程 $\frac{\mathrm{d}^2u_C}{\mathrm{d}t^2}+2\beta\frac{\mathrm{d}u_C}{\mathrm{d}t}+\omega_0^2u_C=f(t)$,其中 $\beta=\frac{R}{2L}$, $\omega_0=\frac{1}{\sqrt{LC}}$, $f(t)=\frac{E(t)}{LC}$,这就是串联电路的振荡方程. 如果电源电动热 $E(t)$ 非正弦变化,也就是说 $f(t)$ 不是正弦函数,那么求解这个非齐次微分方程就变得十分复杂. 在电学中解决这类问题的方法,是将自由项近似地表示成许多不同周期的正弦型函数的叠加,即 $f(t)=\sum_{k=0}^{n}A_k\sin(k\omega t+\varphi_k)$,这样串联电路的振荡方程的解 $u_C(t)$,就化成了 $n+1$ 个自由项为正弦型函数的方程解 $u_{C_k}(t)$ 的叠加,于是可求原方程解 $u_C(t)$ 的近似解,当 $n\to\infty$ 时,就得到精确解: $u_C(t)=\sum_{k=0}^{n}u_{C_k}(t)$. 这种方法称为谐波分析法. 它是将一个非正弦型的信号,分解成一系列不同频率的正弦信号的叠加,即

$$f(t)=\sum_{n=0}^{\infty}A_n\sin(n\omega t+\varphi_n)=A_0+\sum_{n=1}^{\infty}A_n\sin(n\omega t+\varphi_n)\tag{1}$$

(设 $\varphi_0=\frac{\pi}{2}$) 其中 A_0 称为直流分量, $A_1\sin(\omega t+\varphi_1)$ 称为一次谐波(基波), $A_2\sin(2\omega t+\varphi_2)$ 称为二次谐波,以下依次为三次谐波,四次谐波,等等.

一个非正弦型的函数 $f(t)$ 为何可以展开成式(1)? 原因之一是三角函数系具有正交性. 由

$$1, \cos x, \sin x, \cos 2x, \sin 2x, \cdots, \cos nx, \sin nx, \cdots$$

组成的函数序列叫作三角函数系，三角函数系的正交性是指：如果从三角函数系中任取两个不同的函数相乘，在区间$[-\pi,\pi]$上作定积分，其值都为零. 这实际上只需证明以下五个等式成立.

$$\int_{-\pi}^{\pi} \cos nx \mathrm{d}x = 0 \quad (n = 1,2,3,\cdots)$$

$$\int_{-\pi}^{\pi} \sin nx \mathrm{d}x = 0 \quad (n = 1,2,3,\cdots)$$

$$\int_{-\pi}^{\pi} \cos mx \cos nx \mathrm{d}x = 0 \quad (m = 1,2,3,\cdots, n = 1,2,3,\cdots, m \neq n)$$

$$\int_{-\pi}^{\pi} \sin mx \sin nx \mathrm{d}x = 0 \quad (m = 1,2,3,\cdots, n = 1,2,3,\cdots, m \neq n)$$

$$\int_{-\pi}^{\pi} \sin mx \cos nx \mathrm{d}x = 0 \quad (m = 1,2,3,\cdots, n = 1,2,3,\cdots)$$

读者很容易推得以上结果，这里就不证明了.

2. 傅里叶级数

改写式(1)

$$A_0 + \sum_{n=1}^{\infty} A_n \sin(n\omega t + \varphi_n) =$$

$$A_0 + \sum_{n=1}^{\infty} (A_n \sin\varphi_n \cos n\omega t + A_n \cos\varphi_n \sin n\omega t) =$$

$$\frac{a_0}{2} + \sum_{n=1}^{\infty} (a_n \cos nx + b_n \sin nx) \tag{2}$$

其中 $a_0 = 2A_0, a_n = A_n \sin\varphi_n, b_n = A_n \cos\varphi_n, x = \omega t$.

与幂级数的讨论相类似，这里也要研究三个问题：一是函数$f(x)$满足什么条件时方能展开成(2)，二是若$f(x)$能展开成式(2)，那么系数a_0, a_n, b_n怎样求，三是展开后级数在哪些点上收敛于$f(x)$.

为了求得系数 a_0, a_n, b_n 的计算公式，先假定

$$f(x) = \frac{a_0}{2} + \sum_{k=1}^{\infty} (a_k \cos kx + b_k \sin kx) \tag{3}$$

且可逐项积分，于是有

$$\int_{-\pi}^{\pi} f(x)\mathrm{d}x = \int_{-\pi}^{\pi} \frac{a_0}{2}\mathrm{d}x + \sum_{k=1}^{\infty} \left\{ \int_{-\pi}^{\pi} a_k \cos kx \mathrm{d}x + \int_{-\pi}^{\pi} b_k \sin kx \mathrm{d}x \right\}$$

因为 $a_0, a_n, b_n (n = 1,2,3,\cdots)$ 均为系数，注意到三角函数系的正交性，即有

$$\int_{-\pi}^{\pi} f(x)\mathrm{d}x = \int_{-\pi}^{\pi} \frac{a_0}{2}\mathrm{d}x = \pi a_0$$

所以

$$a_0 = \frac{1}{\pi} \int_{-\pi}^{\pi} f(x)\mathrm{d}x$$

为了求出系数 a_n，用 $\cos nx$ 乘以级数(2)，然后再逐项积分

$$\int_{-\pi}^{\pi} f(x)\cos nx\mathrm{d}x = \int_{-\pi}^{\pi} \frac{a_0}{2}\cos nx\mathrm{d}x + \sum_{k=1}^{\infty}\left\{\int_{-\pi}^{\pi} a_k\cos nx\cos kx\mathrm{d}x + \int_{-\pi}^{\pi} b_k\cos nx\sin kx\mathrm{d}x\right\}$$

由三角函数的正交性可知,等式右端的各项中,只剩下 $k=n$ 的一项,

$$\int_{-\pi}^{\pi} f(x)\cos nx\mathrm{d}x = \int_{-\pi}^{\pi} a_n\cos^2 nx\mathrm{d}x = a_n\int_{-\pi}^{\pi}\frac{1+\cos nx}{2}\mathrm{d}x = a_n\pi$$

于是

$$a_n = \frac{1}{\pi}\int_{-\pi}^{\pi} f(x)\cos nx\mathrm{d}x \quad (n=1,2,3,\cdots)$$

用类似的方法,可得到

$$b_n = \frac{1}{\pi}\int_{-\pi}^{\pi} f(x)\sin nx\mathrm{d}x \quad (n=1,2,3,\cdots)$$

注意到在求系数 a_n 的公式中,令 $n=0$ 就得到 a_0 的表达式,因此求系数 a_n,b_n 的公式可以归并为

$$a_n = \frac{1}{\pi}\int_{-\pi}^{\pi} f(x)\cos nx\mathrm{d}x \qquad (n=0,1,2,\cdots)$$

$$b_n = \frac{1}{\pi}\int_{-\pi}^{\pi} f(x)\sin nx\mathrm{d}x \qquad (n=1,2,3,\cdots) \tag{4}$$

a_n,b_n 称为傅里叶系数. 由傅里叶系数组成的级数式(1) 称为傅里叶级数.

关于函数展开成傅里叶级数的条件及其收敛性,不加证明地给出如下定理:

收敛定理(狄利克雷(Dirichlet) 充分条件)　设函数$f(x)$ 是周期为 2π 的周期函数,如果它满足条件: 在一个周期内连续或只有有限个第一类间断点,且至多有有限个极值点,则$f(x)$ 的傅里叶级数收敛,并且(1) 当x是$f(x)$ 的连续点时,级数收敛于$f(x)$;(2) 当x 是$f(x)$ 的间断点时,级数收敛于$\dfrac{f(x-0)+f(x+0)}{2}$. 其中$f(x-0)$ 表示$f(x)$ 在x处的左极限,$f(x+0)$ 表示$f(x)$ 在x处的右极限.

这个收敛定理说明,以 2π 为周期的函数$f(x)$,只要是在一个周期内连续或只有有限个第一类间断点,且至多有有限个极值点,即可以把一个周期分成有限个单调区间. 那么按式(4) 计算出傅里叶系数,得到的傅里叶级数在$f(x)$ 的连续点处收敛于函数$f(x)$. 定理中所要求的条件,一般的初等函数与分段函数都能满足,这就保证了傅里叶级数广泛的应用性.

例 1　设函数$f(x)$ 是周期为 2π 的周期函数,它在$[-\pi,\pi)$ 上的表达式为

$$f(x)=\begin{cases}-1 & (-\pi \leqslant x < 0)\\ 1 & (0 \leqslant x < \pi)\end{cases}$$

试将函数$f(x)$ 展开成傅里叶级数.

解　函数$f(x)$ 的图形如图 2 所示,这是一个矩形波. 它显然满足收敛定理的条件,由式(4) 得

$$a_0 = \frac{1}{\pi}\int_{-\pi}^{\pi} f(x)\mathrm{d}x = \frac{1}{\pi}\int_{-\pi}^{0}(-1)\mathrm{d}x + \frac{1}{\pi}\int_{0}^{\pi}\mathrm{d}x$$

$$a_n = \frac{1}{\pi}\int_{-\pi}^{\pi} f(x)\cos nx\mathrm{d}x = \frac{1}{\pi}\int_{-\pi}^{0}(-1)\cos nx\mathrm{d}x + \frac{1}{\pi}\int_{0}^{\pi}\cos nx\mathrm{d}x =$$

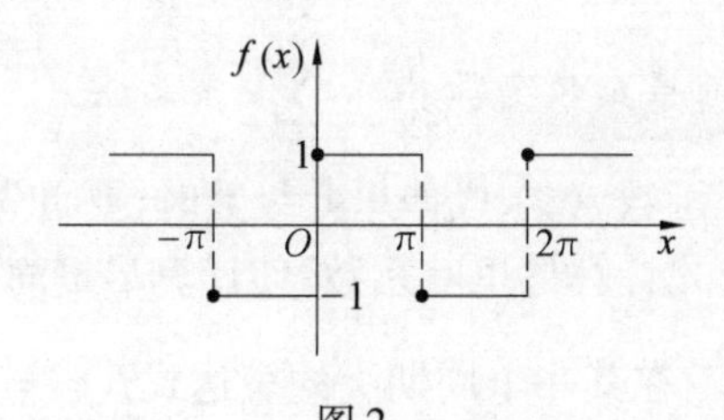

图2

$$-\frac{1}{\pi}\left[\frac{1}{n}\sin nx\right]\Big|_{-\pi}^{0}+\frac{1}{\pi}\left[\frac{1}{n}\sin nx\right]\Big|_{0}^{\pi}=0\quad(n=1,2,3,\cdots)$$

$$b_n=\frac{1}{\pi}\int_{-\pi}^{\pi}f(x)\sin nx\mathrm{d}x=\frac{1}{\pi}\int_{-\pi}^{0}(-1)\sin nx\mathrm{d}x+\frac{1}{\pi}\int_{0}^{\pi}\sin nx\mathrm{d}x=$$

$$\frac{1}{\pi}\left[\frac{1}{n}\cos nx\right]\Big|_{-\pi}^{0}-\frac{1}{\pi}\left[\frac{1}{n}\cos nx\right]\Big|_{0}^{\pi}=\frac{2}{n\pi}[1-(-1)^n]=$$

$$\begin{cases}\dfrac{4}{n\pi} & (n=1,3,5,\cdots)\\ 0 & (n=2,4,6,\cdots)\end{cases}$$

根据收敛性定理可知,当 $x\neq k\pi(k=0,\ \pm1,\ \pm2,\cdots)$ 时,傅里叶级数收敛于 $f(x)$,即

$$f(x)=\frac{4}{\pi}\left[\sin x+\frac{1}{3}\sin 3x+\cdots+\frac{1}{2n-1}\sin(2n-1)x+\cdots\right]$$

当 $x=k\pi(k=0,\ \pm1,\ \pm2,\cdots)$ 时,傅里叶级数收敛于

$$\frac{f(x-0)+f(x+0)}{2}=0$$

所求傅里叶级数和函数的图形如图3所示.

如果将 $f(x)$ 看成是矩形波,那么傅里叶级数表明,它可以用无穷多奇次谐波叠加.

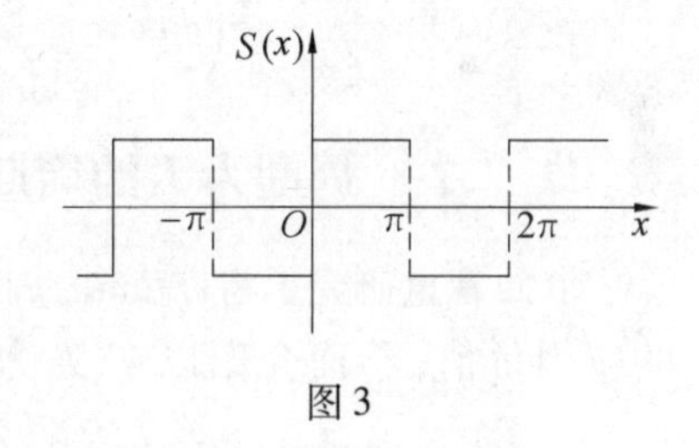

图3

3. 奇函数与偶函数的傅里叶级数

一个函数展开成傅里叶级数的结果,可能既含有余弦项又含有正弦项,也可能仅含有正弦项(如例1),或只含有余弦项及常数项. 我们把展开式(2)中只含有正弦项即 $a_n=0(n=0,1,2,\cdots)$ 的傅里叶级数称为正弦型傅里叶级数,展开式(2)中只含有余弦项或常数项即 $b_n=0(n=1,2,3,\cdots)$ 的傅里叶级数称为余弦型傅里叶级数.

当 $f(x)$ 为奇函数时,$f(x)\cos nx$ 是奇函数,$f(x)\sin nx$ 是偶函数,故

$$a_n=0\quad(n=0,1,2,\cdots),\quad b_n=\frac{2}{\pi}\int_0^{\pi}f(x)\sin nx\mathrm{d}x\quad(n=1,2,3,\cdots)$$

所以奇函数的傅里叶级数就是正弦级数 $\sum\limits_{n=1}^{\infty}b_n\sin nx$.

当 $f(x)$ 为偶函数时,$f(x)\cos nx$ 是偶函数,$f(x)\sin nx$ 是奇函数,故

$$a_n=\frac{2}{\pi}\int_0^{\pi}f(x)\cos nx\mathrm{d}x\quad(n=0,1,2,\cdots),\quad b_n=0\quad(n=1,2,3,\cdots)$$

所以偶函数的傅里叶级数就是余弦级数$\frac{a_0}{2}+\sum_{n=1}^{\infty}a_n\cos nx$.

根据以上结果,在展开函数$f(x)$成傅里叶级数时,要首先判断$f(x)$在$(-\pi,\pi)$内的奇偶性,据此选择相应的公式计算傅里叶系数,使计算尽量简化.

例2　设周期函数$f(x)$在其一个周期上的表达式$f(x)=\begin{cases}\pi+x, & -\pi\leqslant x<0\\ \pi-x, & 0\leqslant x<\pi\end{cases}$,试将$f(x)$展开成傅里叶级数.

解　函数$f(x)$的图形如图4所示,由图形的对称性可知$f(x)$是偶函数,因此傅里叶系数

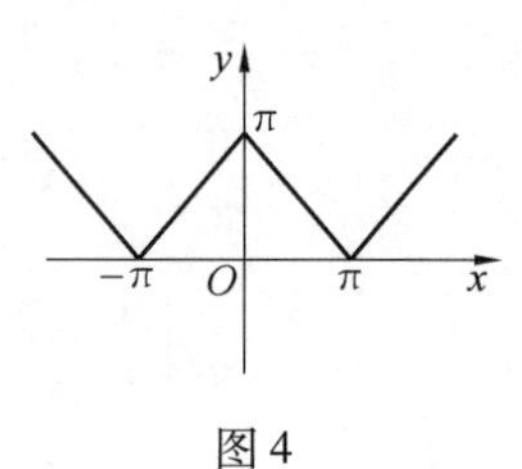

图4

$$b_n=0\quad(n=1,2,3,\cdots)$$

$$a_0=\frac{2}{\pi}\int_0^{\pi}f(x)\mathrm{d}x=\frac{2}{\pi}\int_0^{\pi}(\pi-x)\mathrm{d}x=\pi$$

$$a_n=\frac{2}{\pi}\int_0^{\pi}f(x)\cos nx\mathrm{d}x=\frac{2}{\pi}\int_0^{\pi}(\pi-x)\cos nx\mathrm{d}x=$$

$$\frac{2}{\pi}\left[\frac{\pi-x}{n}\sin nx\right]\Bigg|_0^{\pi}+\frac{2}{n\pi}\int_0^{\pi}\sin nx\mathrm{d}x=$$

$$\frac{2}{n^2\pi}[1-(-1)^n]=\begin{cases}\frac{4}{n^2\pi} & (n=1,3,5,\cdots)\\ 0 & (n=2,4,6,\cdots)\end{cases}$$

又因为$f(x)$处处连续,故所求的傅里叶级数收敛于$f(x)$,即

$$f(x)=\frac{\pi}{2}+\frac{4}{\pi}\left(\cos x+\frac{1}{3^2}\cos 3x+\frac{1}{5^2}\cos 5x+\cdots\right)\quad(-\infty<x<+\infty)$$

11.7.2　周期为T的周期函数的展开

上面着重研究了将以2π为周期的周期函数展开成傅里叶级数的方法,它有比较普遍的应用价值,下面介绍以T(T为任意非零正常数)为周期的周期函数$\varphi(t)$,在区间$\left[-\frac{T}{2},\frac{T}{2}\right)$上展开成傅里叶级数的问题.为了能按上面的方法把它展开成傅里叶级数,显然首先应当将$\varphi(t)$变换成以2π为周期,区间$\left[-\frac{T}{2},\frac{T}{2}\right)$变换成$[-\pi,\pi)$.为此做变量代换,令$x=\frac{2\pi}{T}t$,即$t=\frac{T}{2\pi}x$,于是$\varphi(t)=\varphi(\frac{T}{2\pi}x)=f(x)$.这时,函数$f(x)$就是以$2\pi$为周期的周期函数,假设在区间$[-\pi,\pi)$上满足收敛定理的条件,则可以将它展开成傅里叶级数,并且在连续点上有

$$f(x)=\frac{a_0}{2}+\sum_{n=1}^{\infty}(a_n\cos nx+b_n\sin nx)$$

其中傅里叶系数

$$a_n=\frac{1}{\pi}\int_{-\pi}^{\pi}f(x)\cos nx\mathrm{d}x\quad(n=0,1,2,\cdots)$$

$$b_n=\frac{1}{\pi}\int_{-\pi}^{\pi}f(x)\sin nx\mathrm{d}x \quad (n=1,2,3,\cdots)$$

将变量 x 再换回成变量 t,就得到周期为 T 的周期函数的傅里叶级数,并且在连续点处有

$$\varphi(t)=\frac{a_0}{2}+\sum_{n=1}^{\infty}\left(a_n\cos\frac{2n\pi}{T}t+b_n\sin\frac{2n\pi}{T}t\right) \tag{5}$$

其中傅里叶系数为

$$a_n=\frac{2}{T}\int_{-\frac{T}{2}}^{\frac{T}{2}}\varphi(t)\cos\frac{2n\pi}{T}t\mathrm{d}t \quad (n=0,1,2,\cdots)$$

$$b_n=\frac{2}{T}\int_{-\frac{T}{2}}^{\frac{T}{2}}\varphi(t)\sin\frac{2n\pi}{T}t\mathrm{d}t \quad (n=1,2,3,\cdots) \tag{6}$$

在连续点处收敛于 $\varphi(t)$,在间断点处收敛于$\frac{\varphi(t-0)+\varphi(t+0)}{2}$.

如果以 T 为周期的周期函数 $\varphi(t)$ 在$\left(-\frac{T}{2},\frac{T}{2}\right)$内是奇函数,那么其傅里叶级数一定是正弦级数且在连续点处有

$$\varphi(t)=\sum_{n=1}^{\infty}b_n\sin\frac{2n\pi}{T}t$$

其中

$$b_n=\frac{4}{T}\int_{0}^{\frac{T}{2}}\varphi(t)\sin\frac{2n\pi}{T}t\mathrm{d}t \quad (n=1,2,3,\cdots)$$

同样如果以 T 为周期的周期函数 $\varphi(t)$ 在$\left(-\frac{T}{2},\frac{T}{2}\right)$内是偶函数,那么其傅里叶级数一定是余弦级数且在连续点处有

$$\varphi(t)=\frac{a_0}{2}+\sum_{n=1}^{\infty}a_n\cos\frac{2n\pi}{T}t$$

其中

$$a_n=\frac{4}{T}\int_{0}^{\frac{T}{2}}\varphi(t)\cos\frac{2n\pi}{T}t\mathrm{d}t \quad (n=0,1,2,\cdots)$$

例3　若函数 $\varphi(t)$ 以2为周期,在区间$[-1,1)$上的表达式为

$$\varphi(t)=\begin{cases}1 & (-1\leqslant t<0)\\ 2 & (0\leqslant t<1)\end{cases}$$

试将其展开成傅里叶级数.

解　因为函数 $\varphi(t)$ 满足收敛定理条件,所以当 $t\neq k(k=0,\ \pm1,\ \pm2,\cdots)$ 时, $\varphi(t)$ 连续, $\varphi(t)$ 的傅里叶级数收敛于 $\varphi(t)$,当 $t=k(k=0,\ \pm1,\ \pm2,\cdots)$ 时, $\varphi(t)$ 的傅里叶级数收敛于$\frac{\varphi(t-0)+\varphi(t+0)}{2}=\frac{3}{2}$. 注意到 $T=2$,故可由(6)得

$$a_0=\frac{2}{2}\int_{-1}^{1}\varphi(t)\mathrm{d}t=\int_{-1}^{0}\mathrm{d}t+\int_{0}^{1}2\mathrm{d}t=3$$

$$a_n = \frac{2}{2}\int_{-1}^{1}\varphi(t)\cos n\pi t\mathrm{d}t = \int_{-1}^{0}\cos n\pi t\mathrm{d}t + \int_{0}^{1}2\cos n\pi t\mathrm{d}t =$$

$$\frac{1}{n\pi}\left[\sin n\pi t\right]\Big|_{-1}^{0} + \frac{2}{n\pi}\left[\sin n\pi t\right]\Big|_{0}^{1} = 0 \quad (n = 1,2,3,\cdots)$$

$$b_n = \frac{2}{2}\int_{-1}^{1}\varphi(t)\sin n\pi t\mathrm{d}t = \int_{-1}^{0}\sin n\pi t\mathrm{d}t + \int_{0}^{1}2\sin n\pi t\mathrm{d}t =$$

$$-\frac{1}{n\pi}\left[\cos n\pi t\right]\Big|_{-1}^{0} - \frac{2}{n\pi}\left[\cos n\pi t\right]\Big|_{0}^{1} =$$

$$\frac{1}{n\pi}\left[1-(-1)^n\right] = \begin{cases}\dfrac{2}{n\pi} & (n = 1,3,5,\cdots)\\ 0 & (n = 2,4,6,\cdots)\end{cases}$$

所以有

$$\varphi(t) = \frac{3}{2} + \frac{2}{\pi}\left(\sin \pi t + \frac{1}{3}\sin 3\pi t + \frac{1}{5}\sin 5\pi t + \cdots\right)$$

$$(-\infty < t < +\infty, t \neq 0, \pm 1, \pm 2, \cdots)$$

例 4　若矩形波以 T 为周期,且在 $\left[-\frac{T}{2},\frac{T}{2}\right)$ 上的表达式为

$$\varphi(t) = \begin{cases}0 & \left(-\dfrac{T}{2} \leqslant t < -\dfrac{T}{4}\right)\\ A & \left(-\dfrac{T}{4} \leqslant t < \dfrac{T}{4}\right)\\ 0 & \left(\dfrac{T}{4} \leqslant t < \dfrac{T}{2}\right)\end{cases}$$

试写出前五次谐波.

解　这个函数的图形如图 5 所示,$\varphi(t)$ 是偶函数,所以傅里叶系数

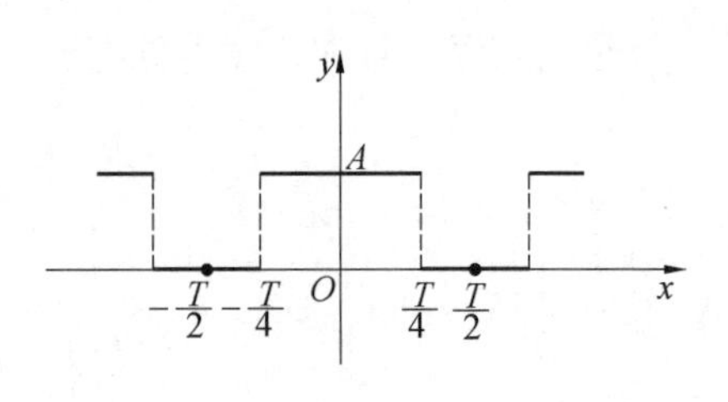

图 5

$$a_0 = \frac{4}{T}\int_{0}^{\frac{T}{2}}\varphi(t)\mathrm{d}t = \frac{4}{T}\int_{0}^{\frac{T}{4}}A\mathrm{d}t = A$$

$$a_n = \frac{4}{T}\int_{0}^{\frac{T}{2}}\varphi(t)\cos\frac{2n\pi}{T}t\mathrm{d}t =$$

$$\frac{4}{T}\int_{0}^{\frac{T}{4}}A\cos\frac{2n\pi}{T}t\mathrm{d}t =$$

$$\frac{2A}{n\pi}\left[\sin\frac{2n\pi}{T}t\right]\Bigg|_{0}^{\frac{T}{4}} =$$

$$\frac{2A}{n\pi}\sin\frac{n\pi}{2} \quad (n = 1,2,3,\cdots)$$

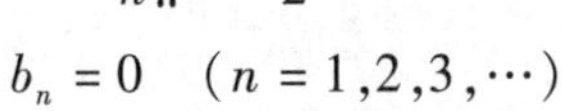

$$b_n = 0 \quad (n = 1,2,3,\cdots)$$

所以, $\varphi(t)$ 的傅里叶级数为

$$\varphi(t) = \frac{A}{2} + \frac{2A}{\pi}\left(\cos\frac{2\pi}{T}t - \frac{1}{3}\cos\frac{6\pi}{T}t + \frac{1}{5}\cos\frac{10\pi}{T}t - \cdots\right)$$

$$(-\infty < t < +\infty, t \neq (2k-1)\frac{T}{4}, k=0, \pm1, \pm2, \cdots)$$

当 $t=(2k-1)\frac{T}{4}$ $(k=0, \pm1, \pm2, \cdots)$ 时,该级数收敛于$\frac{A}{2}$.

令 $\omega=\frac{2\pi}{T}$,利用三角函数公式,则可将 $\varphi(t)$ 的傅里叶级数改写成谐波的形式

$$\varphi(t)=\frac{A}{2}+\frac{2A}{\pi}\sin\left(\omega t+\frac{\pi}{2}\right)+\frac{2A}{3\pi}\sin\left(3\omega t+\frac{3\pi}{2}\right)+\frac{2A}{5\pi}\sin\left(5\omega t+\frac{5\pi}{2}\right)+\cdots$$

如果取五次谐波,则有

$$\varphi(t)\approx\frac{A}{2}+\frac{2A}{\pi}\sin\left(\omega t+\frac{\pi}{2}\right)+\frac{2A}{3\pi}\sin\left(3\omega t+\frac{3\pi}{2}\right)+\frac{2A}{5\pi}\sin\left(5\omega t+\frac{5\pi}{2}\right)$$

若令 $t=0$,则 $\varphi(0)\approx\frac{A}{2}+\frac{2A}{\pi}-\frac{2A}{3\pi}+\frac{2A}{5\pi}$.

这是一个满足莱布尼茨审敛法条件的交错级数(从第二项开始)的前四项和,显然它的误差 $|R_4|<\frac{2A}{7\pi}\approx0.09A$. 实际上,由已知 $\varphi(t)$ 的表达式知 $\varphi(0)=A$,因此,当取五次谐波时 $\varphi(0)\approx1.05A$,实际误差为 $0.05A$. 若想要减小误差,提高精度,就再多取几次谐波.

11.7.3　定义在有限区间上的函数的展开

在实际问题中,还会遇到定义在有限区间 $[a,b]$ 上的函数 $\varphi(t)$ 展开成傅里叶级数的问题. 为了解决这类非周期函数的展开问题,根据定义区间$[a,b]$的不同情况来研究.

1. 定义在对称区间$\left[-\frac{T}{2},\frac{T}{2}\right]$上的情形

设 $\varphi(t)$ 定义在有限的对称区间$\left[-\frac{T}{2},\frac{T}{2}\right]$上,而在此区间外无意义. 为了能够利用上面的方法将$\varphi(t)$展开成傅里叶级数,首先将$\varphi(t)$在区间$(-\infty,+\infty)$上做周期性延拓,也就是说构造一个周期为 T 的周期函数 $\phi(t)$,使得 $\phi(t)$ 在区间$\left[-\frac{T}{2},\frac{T}{2}\right]$上有 $\phi(t)=\varphi(t)$. 假设函数 $\phi(t)$ 满足收敛定理条件,则可将它展开成傅里叶级数,并在连续点处有

$$\phi(t)=\frac{a_0}{2}+\sum_{n=1}^{\infty}\left(a_n\cos\frac{2n\pi}{T}t+b_n\sin\frac{2n\pi}{T}t\right)$$

如果函数 $\varphi(t)$ 在$\left(-\frac{T}{2},\frac{T}{2}\right)$上连续,则在$\left(-\frac{T}{2},\frac{T}{2}\right)$上有

$$\varphi(t)=\phi(t)=\frac{a_0}{2}+\sum_{n=1}^{\infty}\left(a_n\cos\frac{2n\pi}{T}t+b_n\sin\frac{2n\pi}{T}t\right)$$

此时,级数收敛于 $\varphi(t)$. 这就是定义在对称区间$\left[-\frac{T}{2},\frac{T}{2}\right]$上的函数 $\varphi(t)$ 的傅里叶级数展开式,其中的傅里叶系数仍用公式(6). 如果函数 $\varphi(t)$ 在$\left[-\frac{T}{2},\frac{T}{2}\right]$内有间断点,那么,在间断点处傅里叶级数同样收敛于$\frac{\varphi(t-0)+\varphi(t+0)}{2}$.

定义在对称区间$\left[-\frac{T}{2},\frac{T}{2}\right]$上的函数$\varphi(t)$的展开式的计算,与周期为$T$的周期函数$\phi(t)$的展开式的计算完全相同. 它们的区别主要在收敛域的确定上,周期函数$\phi(t)$的展开式的收敛域要在整个区间$(-\infty,+\infty)$内考虑,而函数$\varphi(t)$的展开式的收敛域仅在有限区间$\left[-\frac{T}{2},\frac{T}{2}\right]$上来考虑.

例 5　试将定义在$[-\pi,\pi]$上的函数$f(x)=x^2$展开成傅里叶级数.

解　将$f(x)$在整个数轴上做周期延拓(图 6). 由于在$[-\pi,\pi]$上$f(x)$为偶函数,所以

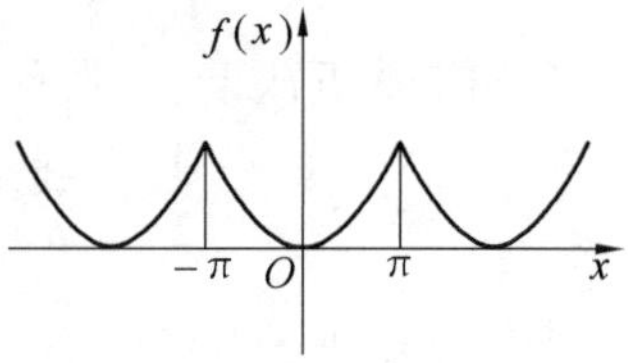

$$a_0=\frac{2}{\pi}\int_0^{\pi}f(x)\mathrm{d}x=\frac{2}{\pi}\int_0^{\pi}x^2\mathrm{d}x=\frac{2\pi^2}{3}$$

$$a_n=\frac{2}{\pi}\int_0^{\pi}f(x)\cos nx\mathrm{d}x=\frac{2}{\pi}\int_0^{\pi}x^2\cos nx\mathrm{d}x=$$

$$\frac{2}{n\pi}\left[x^2\sin nx\right]\Big|_0^{\pi}-\frac{4}{n\pi}\int_0^{\pi}x\sin nx\mathrm{d}x=$$

$$\frac{4}{n^2\pi}\left[x\cos nx\right]\Big|_0^{\pi}-\frac{4}{n^2\pi}\int_0^{\pi}\cos nx\mathrm{d}x=(-1)^n\frac{4}{n^2}\quad(n=1,2,3,\cdots)$$

$$b_n=0\quad(n=1,2,3,\cdots)$$

图 6

于是$f(x)$的展开式为

$$x^2=\frac{\pi^2}{3}-4\left(\cos x-\frac{1}{2^2}\cos 2x+\frac{1}{3^2}\cos 3x-\cdots\right)\quad(-\pi\leqslant x\leqslant\pi)$$

2. 定义在区间$\left[0,\frac{T}{2}\right]$上的情形

若需要将定义在区间$\left[0,\frac{T}{2}\right]$上的函数$\varphi(t)$展开成傅里叶级数,则首先要构造一个定义在对称区间$\left[-\frac{T}{2},\frac{T}{2}\right]$上的函数$\phi(t)$,使得在区间$\left[0,\frac{T}{2}\right]$上有$\phi(t)\equiv\varphi(t)$. 然后按照上述的方法,将$\phi(t)$在整个数轴上做周期延拓,再展开成傅里叶级数. 为了使计算简单,常常是将定义在区间$\left[0,\frac{T}{2}\right]$上的函数在区间上进行奇延拓或偶延拓.

奇延拓是指构造函数$\phi(t)$,使之在区间$\left[-\frac{T}{2},\frac{T}{2}\right]$上成为奇函数. 奇延拓后的函数展开成傅里叶级数一定是正弦级数,傅里叶级数的系数为

$$a_n=0\quad(n=0,1,2,\cdots)$$

$$b_n=\frac{4}{T}\int_0^{\frac{T}{2}}\varphi(t)\sin\frac{2n\pi}{T}t\mathrm{d}t\quad(n=1,2,3,\cdots)\tag{7}$$

偶延拓是指构造函数$\phi(t)$,使之在区间$\left[-\frac{T}{2},\frac{T}{2}\right]$上成为偶函数. 偶延拓后的函数展开成傅里叶级数一定是余弦级数,傅里叶级数的系数为

$$a_n=\frac{4}{T}\int_0^{\frac{T}{2}}\varphi(t)\cos\frac{2n\pi}{T}t\mathrm{d}t\quad(n=0,1,2,\cdots)$$

$$b_n = 0 \quad (n = 1,2,3,\cdots) \tag{8}$$

傅里叶级数的收敛情况,仍用收敛定理来判断.

例 6　将函数 $f(x) = x + 1(0 \leqslant x \leqslant \pi)$ 分别展开成正弦级数和余弦级数.

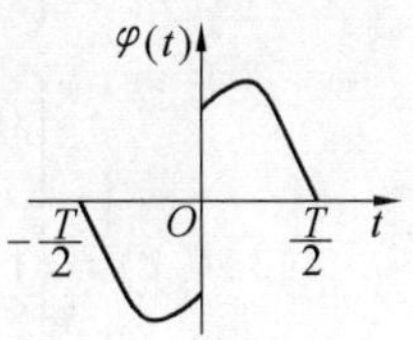

图 7

解　先求正弦级数. 为此对函数进行奇延拓,如图 7 所示. 由公式(7)有

$$b_n = \frac{2}{\pi}\int_0^{\pi} f(x)\sin nx\mathrm{d}x = \frac{2}{\pi}\int_0^{\pi}(x+1)\sin nx\mathrm{d}x =$$

$$\frac{2}{\pi}\left[-\frac{x+1}{n}\cos nx\right]\Bigg|_0^{\pi} + \frac{2}{n\pi}\int_0^{\pi}\cos nx\mathrm{d}x =$$

$$\frac{2}{n\pi}[1-(\pi+1)\cos n\pi] = \begin{cases} \dfrac{2}{\pi}\cdot\dfrac{\pi+2}{n} & (n = 1,3,5,\cdots) \\ -\dfrac{2}{n} & (n = 2,4,6,\cdots) \end{cases}$$

所以得正弦级数

$$x + 1 = \frac{2}{\pi}\left[(\pi+2)\sin x - \frac{\pi}{2}\sin 2x + \frac{1}{3}(\pi+2)\sin 3x - \frac{\pi}{4}\sin 4x + \cdots\right]$$

$$(0 < x < \pi)$$

在端点 $x = 0,\pi$ 处,级数收敛于零,它不等于原来函数 $f(x)$ 的值.

再求余弦级数. 为此对函数进行偶延拓如图 8 所示. 由公式(8)有

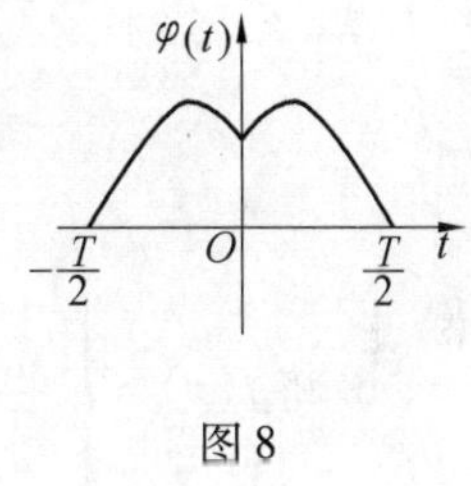

图 8

$$a_0 = \frac{2}{\pi}\int_0^{\pi} f(x)\mathrm{d}x = \frac{2}{\pi}\int_0^{\pi}(x+1)\mathrm{d}x = \pi + 2$$

$$a_n = \frac{2}{\pi}\int_0^{\pi} f(x)\cos nx\mathrm{d}x = \frac{2}{\pi}\int_0^{\pi}(x+1)\cos nx\mathrm{d}x =$$

$$\frac{2}{\pi}\left[\frac{x+1}{n}\sin nx\right]\Bigg|_0^{\pi} - \frac{2}{n\pi}\int_0^{\pi}\sin nx\mathrm{d}x =$$

$$\frac{2}{n^2\pi}(\cos n\pi - 1) = \begin{cases} 0 & (n = 2,4,6,\cdots) \\ -\dfrac{4}{n^2\pi} & (n = 1,3,5,\cdots) \end{cases}$$

所以得余弦级数

$$x + 1 = \frac{\pi+2}{2} - \frac{4}{\pi}\left(\cos x + \frac{1}{3^2}\cos 3x + \frac{1}{5^2}\cos 5x + \cdots\right) \quad (0 \leqslant x \leqslant \pi)$$

习题 11.7

1. 求证三角函数系:

$$1,\cos \omega x,\sin \omega x,\cos 2\omega x,\sin 2\omega x,\cdots,\cos n\omega x,\sin n\omega x,\cdots$$

在 $\left[-\dfrac{T}{2},\dfrac{T}{2}\right]$ 上具有正交性,其中 $T = \dfrac{2\pi}{\omega}$.

2. 将下列周期为 2π 的周期函数 $f(x)$ 展开成傅里叶级数,其中 $f(x)$ 在 $[-\pi,\pi]$ 上的

表达式为

(1)$f(x)=\begin{cases}\pi, & -\pi\leqslant x<0\\ x, & 0\leqslant x<\pi\end{cases}$;(2)$f(x)=|x|$;

(3)$f(x)=\begin{cases}0, & -\pi\leqslant x<\dfrac{\pi}{2}\\ 1, & -\dfrac{\pi}{2}\leqslant x<\dfrac{\pi}{2}.\\ 0, & \dfrac{\pi}{2}\leqslant x<\pi\end{cases}$

3. 已知下列周期函数在一个周期内表达式,试将它们展开成傅里叶级数.

(1)$\varphi(t)=\begin{cases}2, & -2\leqslant t<0\\ 2-t, & 0\leqslant t<2\end{cases}$;(2)$\varphi(t)=\begin{cases}A, & -\dfrac{T}{2}\leqslant t<0\\ -A, & 0\leqslant t<\dfrac{T}{2}\end{cases}$.

4. 若锯齿形波在一个周期内表达式为$\varphi(t)=\begin{cases}-\dfrac{2A}{T}t-A, & -\dfrac{T}{2}\leqslant t<0\\ -\dfrac{2A}{T}t+A, & 0\leqslant t<\dfrac{T}{2}\end{cases}$,试写出前五次谐波.

5. 将下列函数在指定区间内展开成傅里叶级数

$$u(t)=\begin{cases}-E & \left(-\dfrac{T}{2}\leqslant t<0\right)\\ E & \left(0\leqslant t<\dfrac{T}{2}\right)\end{cases}\quad(E\text{ 为常量})$$

6. 将$f(x)=\begin{cases}1, & 0\leqslant x<h\\ \dfrac{1}{2}, & x=h\\ 0, & h<x\leqslant\pi\end{cases}$（$h$ 为常量）展开成正弦级数.

7. 将 $\varphi(t)=\begin{cases}-t, & 0\leqslant t<\dfrac{T}{4}\\ -\dfrac{t}{4}, & \dfrac{T}{4}\leqslant t<\dfrac{T}{2}\end{cases}$展开成余弦级数.

8. 将$f(x)=1-x^2\left(0\leqslant x\leqslant\dfrac{1}{2}\right)$分别展开成正弦级数与余弦级数.

*第12章 上机计算(II)

12.1 空间图形的画法

实验目的

掌握用 Mathematica 绘制空间曲面和曲线的方法. 熟悉常用空间曲线和空间曲面的图形特征,通过作图和观察, 提高空间想象能力. 深入理解二次曲面方程及其图形.

基本命令

1. 空间直角坐标系中作三维图形的命令 Plot3D

命令 Plot3D 主要用于绘制二元函数 $z=f(x,y)$ 的图形,该命令的基本格式为

```
Plot3D[f(x,y),{x,x1,x2},{y,y1,y2},选项]
```

其中 f[x,y] 是 x,y 的二元函数,x1,x2 表示 x 的作图范围,y1,y2 表示 y 的作图范围.

例如,输入

```
Plot3D[x^2 + y^2,{x, -2,2},{y, -2,2}]
```

则输出函数 $z=x^2+y^2$ 在区域 $-2\leqslant x\leqslant 2,-2\leqslant y\leqslant 2$ 上的图形.

与 Plot 命令类似,Plot3D 有许多选项, 其中常用的如 PlotPoints,ViewPoint 和 PlotPoints 的用法与以前形同. 由于其默认值为 PlotPoints -> 15,所以常常需要增加一些点以使曲面更加精致,因此,可能要用更多的时间才能完成作图,选项 ViewPoint 用于选择图形的视点(视角),其默认值为 ViewPoint -> {1.3, -2.4,2.0},需要时可以改变视点.

2. 利用参数方程作空间曲面或曲线的命令 ParametricPlot3D

用于作曲面时,ParametricPlot3D 命令的基本格式为

```
ParametricPlot3D[{x[u,v],y[u,v],z[u,v]},{u,u1,u2},{v,v1,v2},选项]
```

其中 x[u,v],y[u,v],z[u,v] 是曲线的参数方程,u1,u2 是参数 u 的范围,v1,v2 是参数 v 的范围.

例如,对于前面的旋转抛物面,输入

```
ParametricPlot3D[{u*Cos[v],u*Sin[v],u^2},{u,0,3},{v,0,2*Pi}]
```

同样得到曲面 $z=x^2+y^2$ 的图像.

由于变量的取值范围不同,图形也不同,不过,后者比较好地反映了旋转曲面的特点,

因而是常用的方法.

用于作空间曲线时,ParametricPlot3D 的基本格式为

ParametricPlot3D[{x[t],y[t],z[t]},{t,t1,t2},选项]

其中 x[t],y[t],z[t] 是曲线的参数方程表达式,t1,t2 是作图时参数 t 的取值范围.

例如,空间螺旋线的参数方程为

$$x=\cos t,\quad y=\sin t,\quad z=t/10\quad (0\leqslant t\leqslant 18\pi)$$

输入

ParametricPlot3D[{Cos[t],Sin[t]},{t,0,18 * Pi}]

则会输出一条螺旋线.

3. 作三维动画的命令 MoviePlot3D

无论是在平面还是空间,先作一系列的图形,再连续不断地放映,便得到动画.

例如,输入调用作图软件包命令

<< Graphics\Animation. m

执行后再输入

MoviePlot3D[Cos[t] * x * Sin[t * y],{x, - Pi,Pi},{y, - Pi,Pi},{t,1,2},Framet - > 12]

则会作出 12 幅曲面图,选中任一图形,双击它便可形成动画.

实验举例

1. 一般二元函数作图

例 1　作出平面 $z=6-2x-3y$ 的图形,其中 $0\leqslant x\leqslant 3,0\leqslant y\leqslant 2$.

输入

Plot3D[6 - 2x - 3y,{x,0,3},{y,0,2}]

则输出所作平面的图形.

例 2　作出函数 $z=\dfrac{4}{1+x^2+y^2}$ 的图形.

输入

```
k[x_,y_]: = 4/(1 + x^2 + y^2)
Plot3D[k[x,y],{x, - 2,2},{y, - 2,2},PlotPoints - > 30,
       PlotRange - > {0,4},BoxRatios - > {1,1,1}]
```

则输出函数的图形如(图 1),观察图形, 理解选项 PlotRange - > {0,4} 和 BoxRatios - > {1,1,1} 的含义. 选项 BoxRatios 的默认值是{1,1,0.4}.

例 3　作出函数 $z=-xye^{-x^2-y^2}$ 的图形.

输入命令

```
Plot3D[ - x * y * Exp[ - x^2 - y^2],{x, - 3,3},{y, - 3,3},
       PlotPoints - > 30,AspectRatio - > Automatic];
```

则输出所求图形(图 2).

例 4　作出函数 $z=\cos(4x^2+9y^2)$ 的图形.

输入

```
Plot3D[Cos[4x^2 + 9y^2],{x, - 1,1},{y, - 1,1},Boxed - > False,
```

Axes - > Automatic, PlotPoints - > 30, Shading - > False]

则输出网格形式的曲面图 3,这是选项 Shading - > False 起的作用, 同时注意选项 Boxed - > False 的作用.

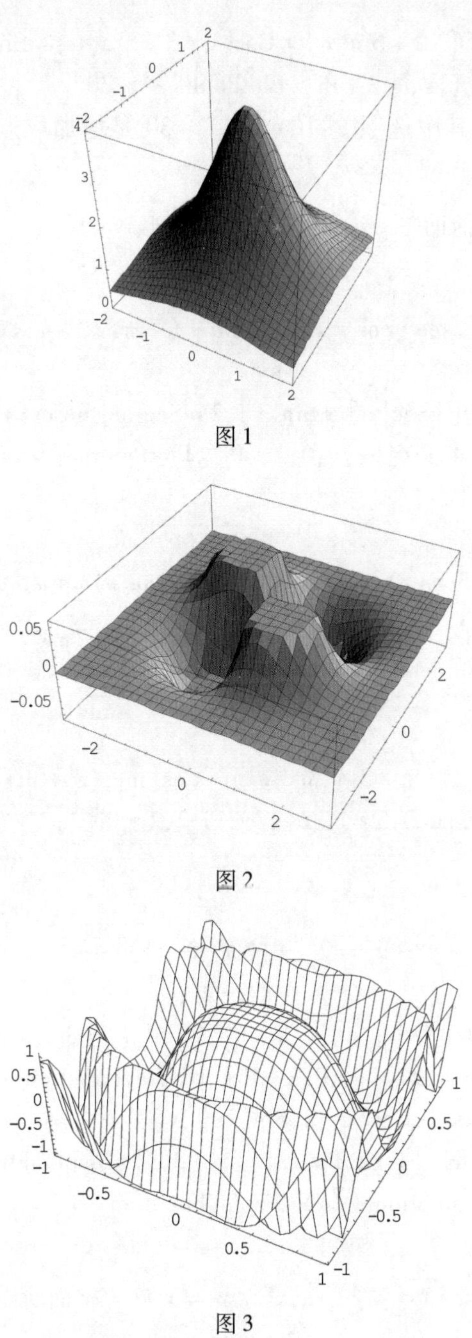

图 1

图 2

图 3

2. 二次曲面

例 5　作出椭球面$\frac{x^2}{4}+\frac{y^2}{9}+\frac{z^2}{1}=1$ 的图形.

这是多值函数，用参数方程作图的命令 ParametricPlot3D. 该曲面的参数方程为

$$x = 2\sin u\cos v, y = 3\sin u\sin v, z = \cos u \quad (0 \leqslant u \leqslant \pi, 0 \leqslant v \leqslant 2\pi)$$

输入

```
ParametricPlot3D[{2 * Sin[u] * Cos[v],3 * Sin[u] * Sin[v], Cos[u]},
    {u,0,Pi},{v,0,2 * Pi},PlotPoints -> 30]
```

则输出椭球面的图形. 其中选项 PlotPoints -> 30 是增加取点的数量，可使图形更加光滑.

例 6　作出单叶双曲面$\frac{x^2}{1}+\frac{y^2}{4}-\frac{z^2}{9}=1$的图形.

曲面的参数方程为

$$x = \sec u\sin v, y = 2\sec u\cos v, z = 3\tan u \quad (-\pi/2 < u < \pi/2, 0 \leqslant v \leqslant 2\pi)$$

输入

```
ParametricPlot3D[{Sec[u] * Sin[v],2 * Sec[u] * Cos[v], 3 * Tan[u]},
    {u, - Pi/4,Pi/4},{v,0,2 * Pi},PlotPoints -> 30]
```

则输出单叶双曲面的图形.

例 7　作出圆环

$$x = (8+3\cos v)\cos u, \quad y = (8+3\cos v)\sin u, \quad z = 7\sin v$$

$$(0 \leqslant u \leqslant 3\pi/2, \pi/2 \leqslant v \leqslant 2\pi)$$

的图形.

输入

```
ParametricPlot3D[{(8 + 3 * Cos[v]) * Cos[u],(8 + 3 * Cos[v]) * Sin[u],
    7 * Sin[v]},{u,0,3 * Pi/2},{v,Pi/2,2 * Pi}];
```

则输出所求圆环的图形.

3. 曲面相交

例 8　作出球面 $x^2+y^2+z^2=2^2$ 和柱面$(x-1)^2+y^2=1$ 相交的图形.

输入

```
g1 = ParametricPlot3D[{2Sin[u] * Cos[v],2Sin[u] * Sin[v],2Cos[u]},
        {u,0,Pi},{v,0,2 * Pi},DisplayFunction -> Identity];
g2 = ParametricPlot3D[{2Cos[u]^2,Sin[2u],v},
        {u, - Pi/2,Pi/2},{v, - 3,3},DisplayFunction -> Identity];
Show[g1,g2,DisplayFunction -> $ DisplayFunction]
```

则输出所求图形.

例 9　作出曲面 $z=\sqrt{1-x^2-y^2}$, $x^2+y^2=x$ 及 xOy 面所围成的立体图形.

输入

```
g1 = ParametricPlot3D[{r * Cos[t],r * Sin[t],r^2},{t,0,2 * Pi},
        {r,0,1},PlotPoints -> 30];
g2 = ParametricPlot3D[{Cos[t] * Sin[r],Sin[t] * Sin[r],Cos[r] + 1},
```

```
        {t,0,2*Pi},{r,0,Pi/2},PlotPoints->30];
    Show[g1,g2]
```

则输出所求图形.

例 10　作出螺旋线 $x = 10\cos t, y = 10\sin t, z = 2t(t \in \mathbf{R})$ 在 xOz 面上的正投影曲线的图形.

所给螺旋线在 xOz 面上的投影曲线的参数方程为

$$x = 10\cos t, \quad z = 2t$$

输入

```
ParametricPlot[{2*t,10*Cos[t]},{t,-2*Pi,2*Pi}];
```

则输出所求图形.

注:将表示曲线的方程组，消去其中一个变量，即得到曲线在相应于这一变量方向上的正投影曲线的方程，不考虑曲线所在平面，它就是投影柱面方程；对于参数方程，只要注意将方程中并不存在的那个变元看成第二参数而添加第三个方程即可.

例 11　作出默比乌斯带(单侧曲面)的图形.

输入

```
Clear[r,x,y,z];
r[t_,v_]:=2+0.5*v*Cos[t/2];
x[t_,v_]:=r[t,v]*Cos[t];
y[t_,v_]:=r[t,v]*Sin[t];
z[t_,v_]:=0.5*v*Sin[t/2];
ParametricPlot3D[{x[t,v],y[t,v],z[t,v]},{t,0,2*Pi},
        {v,-1,1},PlotPoints->{40,4},Ticks->False]
```

则输出所求图形. 观察所得到的曲面，理解它是单侧曲面.

4. 空间曲线

例 12　作出空间曲线 $x = t\cos t, y = t\sin t, z = 2t\ (0 \leqslant t \leqslant 6\pi)$ 的图形.

输入

```
ParametricPlot3D[{t*Cos[t],t*Sin[t],2*t,RGBColor[1.0,0,0.5]},{t,0,6*Pi}]
```

则输出所求图形.

5. 动画制作

例 13　作模拟水波纹运动的动画.

输入调用软件包命令

```
<<Graphics\Animation.m
```

执行后再输入

```
MoviePlot3D[Sin[Sqrt[x^2+y^2]+t*2*Pi],{x,-8*Pi,8*Pi},
    {y,-8*Pi,8*Pi},{t,1,0},PlotPoints->50,AspectRatio->0.5,
    ViewPoint->{0.911,-1.682,2.791},Frames->12]
```

则输出12幅具有不同相位的水面图形，双击屏幕上任意一幅图，均可观察动画效果.

例 14　用动画演示由曲线 $y=\sin z, z\in[0,\pi]$ 绕 z 轴旋转产生旋转曲面的过程.

该曲线绕 z 轴旋转所得旋转曲面的方程为 $x^2+y^2=\sin^2 z$, 其参数方程为

$$x=\sin z\cos u,\quad y=\sin z\sin u,\quad z=z\quad (z\in[0,\pi],u\in[0,2\pi])$$

输入

```
For[i = 1,i <= 30,i ++,ParametricPlot3D[{Sin[z] * Cos[u],Sin[z] * Sin[u],z},
  {z,0,Pi},{u,0,2 * Pi * i/30},
  AspectRatio -> 1,AxesLabel -> {"X","Y","Z"}]];
```

则输出连续变化的 30 幅图形. 双击屏幕上任意一幅图, 均可观察动画效果.

上机习题

1. 用 Plot3D 命令作出函数 $z=-\cos 2x\sin 3y$ 的图形,采用选项 PlotPoints -> 40, 其中 $-3\leqslant x\leqslant 3$, $-3\leqslant y\leqslant 3$.

2. 作出函数 $z=\sin(\pi\sqrt{x^2+y^2})$ 的图形.

3. 用 Plot3D 命令作出函数 $z=e^{-(x^2+y^2)/8}(\cos^2 x+\sin^2 y)$ 的图形, 采用选项 PlotPoints -> 60, 其中 $-\pi\leqslant x\leqslant\pi$, $-\pi\leqslant y\leqslant\pi$.

4. 二元函数 $z=\dfrac{xy}{x^2+y^2}$ 在点(0,0)处不连续,用 Plot3D 命令作出在区域 $-2\leqslant x\leqslant 2$, $-2\leqslant y\leqslant 2$ 上的图形(采用选项 PlotPoints -> 40). 观察曲面在(0,0)附近的变化情况.

5. 一个环面的参数方程为

$$x=(3+\cos u)\cos v,\quad y=(3+\cos u)\sin v,\quad z=\sin u\quad (0\leqslant u\leqslant 2\pi, 0\leqslant v\leqslant 2\pi)$$

试用命令 ParametricPlot3D 作出它的图形.

6. 一个称为正螺面的曲面参数方程为

$$x=u\cos v,\quad y=u\sin v,\quad z=v/3$$

试用命令 ParametricPlot3D 作出它的图形.

7. 用命令 Plot3D 作双曲抛物面 $z=\dfrac{x^2}{1}-\dfrac{y^2}{4}$,采用选项 BoxRatios -> {1,1,1}, 其中 $-6\leqslant x\leqslant 6$, $-14\leqslant y\leqslant 14$.

8. 用命令 ParametricPlot3D 作出圆柱面 $x^2+y^2=1$ 和圆柱面 $x^2+z^2=1$ 相交的图形.

9. 用命令 ParametricPlot3D 作出抛物面 $x=y^2$ 和平面 $x+z=1$ 相交的图形.

10. 用命令 ParametricPlot3D 作出圆柱面 $x^2+y^2=1$ 和圆柱面 $x^2+z^2=1$ 相交所成的空间曲线在第一卦限内的图形.

12.2　多元函数微分学

实验目的

掌握利用 Mathematica 计算多元函数偏导数和全微分的方法, 掌握计算二元函数极值和条件极值的方法. 理解和掌握曲面的切平面的作法. 通过作图和观察, 理解二元函

数的性质、方向导数、梯度和等高线的概念.

基本命令

1. 求偏导数的命令 D

命令 D 既可以用于求一元函数的偏导数，也可以用于求多元函数的偏导数. 例如：

求 $f(x,y,z)$ 对 x 的偏导数，则输入 D[f[x,y,z],x]

求 $f(x,y,z)$ 对 y 的偏导数，则输入 D[f[x,y,z],y]

求 $f(x,y,z)$ 对 x 的二阶偏导数，则输入 D[f[x,y,z],{x,2}]

求 $f(x,y,z)$ 对 x,y 的混合偏导数，则输入 D[f[x,y,z],x,y]

……

2. 求全微分的命令 Dt

该命令只用于求二元函数 $f(x,y)$ 的全微分时，其基本格式为

Dt[f[x,y]]

其输出的表达式中含有 Dt[x],Dt[y]，它们分别表示自变量的微分 dx,dy. 若函数 $f(x,y)$ 的表达式中还含有其他用字符表示的常数，例如 a，则 Dt[f[x,y]] 的输出中还会有 Dt[a]，若采用选项 Constants -> {a}，就可以得到正确结果，即只要输入

Dt[f[x,y],Constants -> {a}]

3. 在 *Oxy* 平面上作二元函数 $f(x,y)$ 的等高线的命令 ContourPlot

命令的基本格式为

ContourPlot[f[x,y],{x,x1,x2},{y,y1,y2}]

例如，输入

ContourPlot[x^2 - y^2,{x, -2,2},{y, -2,2}]

则输出函数 $z=x^2-y^2$ 的等高线图(图 1). 该命令的选项比较多(详细的内容参见光盘中的实验案例库). 如选项 Contours -> 15 表示作 15 条等高线，选项 Contours -> {0} 表示只作函数值为 0 的等高线.

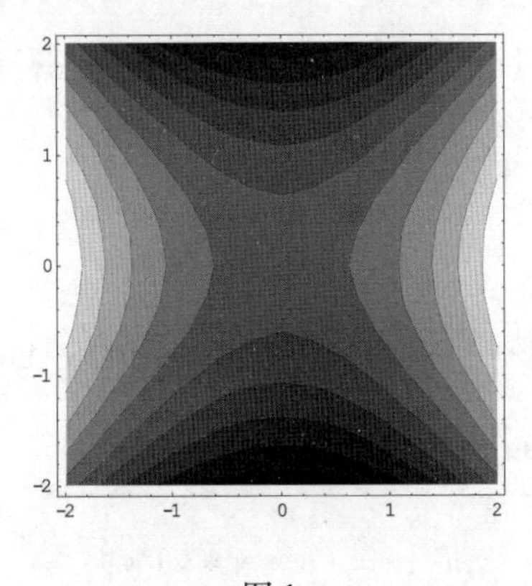

图 1

实验举例

1. 求多元函数的偏导数与全微分

例 1　设 $z=\sin(xy)+\cos^2(xy)$，求 $\frac{\partial z}{\partial x},\frac{\partial z}{\partial y},\frac{\partial^2 z}{\partial x^2},\frac{\partial^2 z}{\partial x\partial y}$.

输入

```
Clear[z];
z = Sin[x * y] + Cos[x * y]^2;
D[z,x]
D[z,y]
D[z,{x,2}]
D[z,x,y]
```

则输出所求结果.

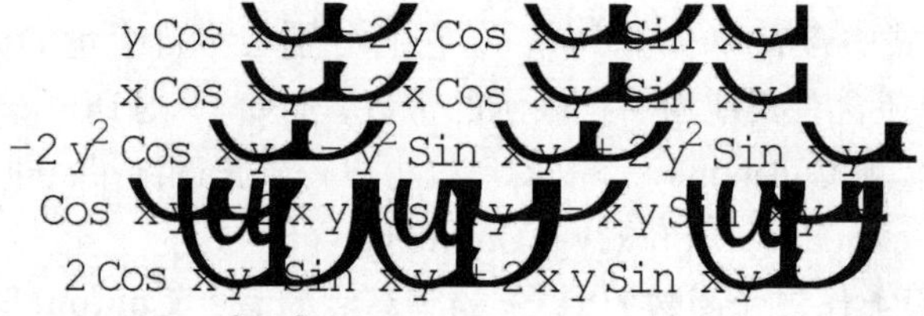

例 2　设 $z=(1+xy)^y$，求 $\frac{\partial z}{\partial x},\frac{\partial z}{\partial y}$ 和全微分 dz.

输入

```
Clear[z];z = (1 + x * y)^y;
D[z,x]
D[z,y]
```

则有输出

$$y^2(1+xy)^{-1+y}$$

$$(1+xy)^y\left(\frac{xy}{1+xy}+\text{Log}[1+xy]\right)$$

再输入

```
Dt[z]
```

则得到输出

$$(1+xy)^y\left(\frac{y(y\text{Dt}[x]+x\text{Dt}[y])}{1+xy}+\text{Dt}[y]\text{Log}[1+xy]\right)$$

例 3　设 $z=(a+xy)^y$，其中 a 是常数，求 dz.

输入

```
Clear[z,a];z = (a + x * y)^y;
wf = Dt[z,Constants - > {a}]//Simplify
```

则输出结果：

$$(a+xy)^{-1+y}(y^2\text{Dt}[x,\text{Constants}->\{a\}]+$$
$$\text{Dt}[y,\text{Constants}->\{a\}](xy+(a+xy)\text{Log}[a+xy]))$$

其中 Dt[x,Constants -> {a}] 就是 dx,Dt[y,Constants -> {a}] 就是 dy. 可以用代换命令"/."把它们换掉. 输入

```
wf/.{Dt[x,Constants -> {a}] -> dx,Dt[y,Constants -> {a}] -> dy}
```

输出为

```
(a + xy)^(-1+y)(dxy^2 + dy(xy + (a + xy)Log[a + xy]))
```

例 4　设 $x = e^u + u\sin v, y = e^u - u\cos v$,求$\frac{\partial u}{\partial x},\frac{\partial u}{\partial y},\frac{\partial v}{\partial x},\frac{\partial v}{\partial y}$.

输入

```
eq1 = D[x == E^u + u * Sin[v],x,NonConstants -> {u,v}]
(* 第一个方程两边对 x 求导数, 把 u,v 看成 x,y 的函数 *)
eq2 = D[y == E^u - u * Cos[v],x,NonConstants -> {u,v}]
(* 第二个方程两边对 x 求导数, 把 u,v 看成 x,y 的函数 *)
Solve[{eq1,eq2},{D[u,x,NonConstants -> {u,v}],
      D[v,x,NonConstants -> {u,v}]}]//Simplify
      (* 解求导以后由 eq1,eq2 组成的方程组 *)
```

则输出

```
{{D[u,x,NonConstants -> {u,v}] -> Sin[v]/(1 - E^u Cos[v] + E^u Sin[v]),
D[v,x,NonConstants -> {u,v}] -> (E^u - Cos[v])/(u(-1 + E^u Cos[v] - E^u Sin[v]))}}
```

其中 D[u,x,NonConstants -> {u,v}] 表示 u 对 x 的偏导数, 而 D[v,x,NonConstants -> {u,v}] 表示 v 对 x 的偏导数. 类似地可求得 u,v 对 y 的偏导数.

2. 微分学的几何应用

例 5　求出曲面 $z = 2x^2 + y^2$ 在点(1,1)处的切平面、法线方程, 并画出图形.

解　(1) 画出曲面的图形. 曲面的参数方程为

$$\begin{cases} x = r\sin u/\sqrt{2} \\ y = r\cos u, u \in [0,2\pi], r \in [0,2] \\ z = r^2 \end{cases}$$

输入命令

```
Clear[f];
f[x_,y_] = 2 * x^2 + y^2;p1 = Plot3D[f[x,y],{x, - 2,2},{y, - 2,2}];
g1 = ParametricPlot3D[{r * Sin[u]/Sqrt[2.],r * Cos[u],r^2},{u,0,2 * Pi},{r,0,2}]
```

则输出相应图形(图2).

(2) 画出切平面的图形. 输入命令

```
a = D[f[x,y],x]/.{x -> 1,y -> 1};
b = D[f[x,y],y]/.{x -> 1,y -> 1};
p[x_,y_] = f[1,1] + a(x - 1) + b(y - 1);
g2 = Plot3D[p[x,y],{x, - 2,2},{y, - 2,2}];
```

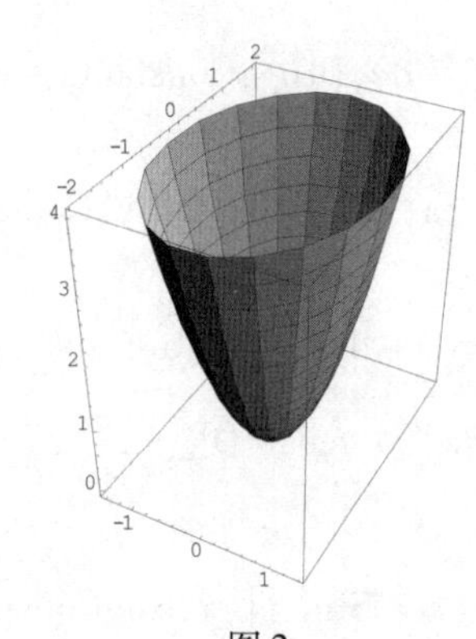

图 2

则输出切平面方程为 $2x+y-1=0$,及相应图形(图 3).

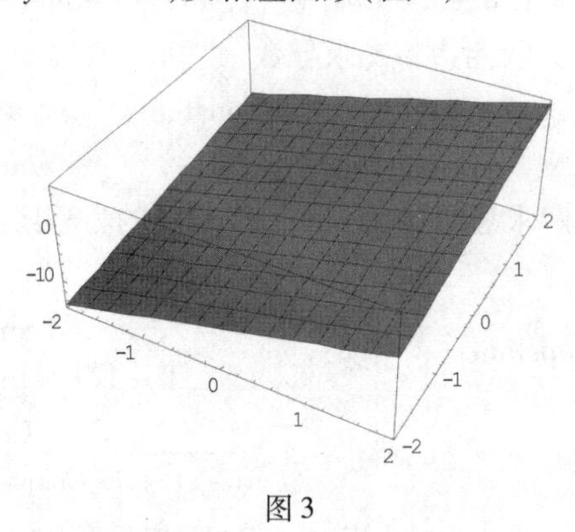

图 3

(3) 画出法线的图形. 输入命令

```
ly[x_] = 1 + b(x - 1)/a;lz[x_] = f[1,1] - (x - 1)/a;
g3 = ParametricPlot3D[{x,ly[x],lz[x]},{x, - 2,2}];
Show[p1,g2,g3,AspectRatio - > Automatic,
      ViewPoint - > { - 2.530, - 1.025,2.000}];
```

则输出相应图形(图 4).

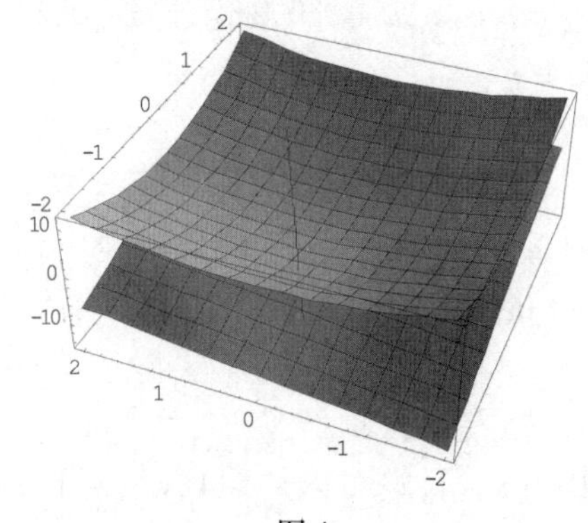

图 4

例 6　求曲面 $k(x,y)=\dfrac{4}{x^2+y^2+1}$ 在点 $\left(\dfrac{1}{4},\dfrac{1}{2},\dfrac{64}{21}\right)$ 处的切平面方程, 并把曲面和它

的切平面作在同一图形里.

输入

```
Clear[k,z];
k[x_,y_] = 4/(x^2 + y^2 + 1);
  (* 定义函数 k(x,y) *)
kx = D[k[x,y],x]/.{x -> 1/4,y -> 1/2};
  (* 求函数 k(x,y) 对 x 的偏导数，并代入在指定点的值 *)
ky = D[k[x,y],y]/.{x -> 1/4,y -> 1/2};
  (* 求函数 k(x,y) 对 y 的偏导数，并代入在指定点的值 *)
z = kx*(x - 1/4) + ky*(y - 1/2) + k[1/4,1/2];
  (* 定义在指定点的切平面函数 *)
```

再输入

```
qm = Plot3D[k[x,y],{x, -2,2},{y, -2,2},PlotRange -> {0,4},
        BoxRatios -> {1,1,1},PlotPoints -> 30,
        DisplayFunction -> Identity];
qpm = Plot3D[z,{x, -2,2},{y, -2,2},
        DisplayFunction -> Identity];
Show[qm,qpm,DisplayFunction -> $DisplayFunction];
```

则输出所求曲面与切平面的图形(5).

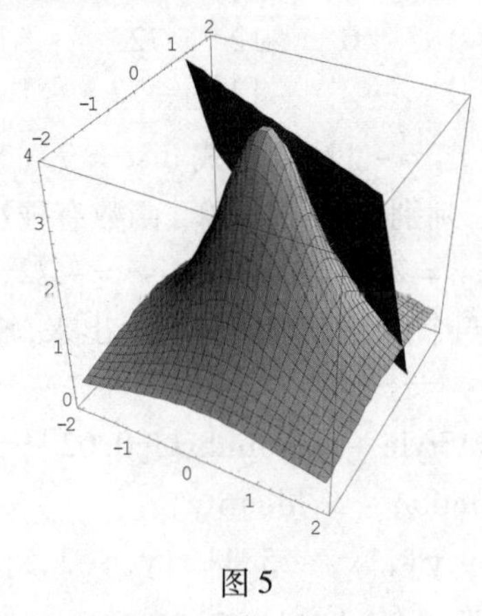

图5

3. 多元函数的极值

例7　求 $f(x,y) = x^3 - y^3 + 3x^2 + 3y^2 - 9x$ 的极值.

输入

```
Clear[f];
f[x_,y_] = x^3 - y^3 + 3x^2 + 3y^2 - 9x;
fx = D[f[x,y],x]
fy = D[f[x,y],y]
critpts = Solve[{fx == 0,fy == 0}]
```

则分别输出所求偏导数和驻点：

```
-9 + 6x + 3x^2
6y - 3y^2
{{x -> -3,y -> 0},{x -> -3,y -> 2},{x -> 1,y -> 0},{x -> 1,y -> 2}}
```

再输入求二阶偏导数和定义判别式的命令

```
fxx = D[f[x,y],{x,2}];
fyy = D[f[x,y],{y,2}];
fxy = D[f[x,y],x,y];
disc = fxx * fyy - fxy^2
```

输出为判别式函数 $f_{xx}f_{yy}-f_{xy}^2$ 的形式：

```
(6 + 6x)(6 - 6y)
```

再输入

```
data = {x,y,fxx,disc,f[x,y]}/. critpts;
TableForm[data,TableHeadings -> {None,
{"x","y","fxx","disc","f"}}]
```

最后得到了四个驻点处的判别式与 f_{xx} 的值列出如下：

x	y	fxx	disc	f
-3	0	-12	-72	27
-3	2	-12	72	31
1	0	12	72	-5
1	2	12	-72	-1

易见，当 $x=-3, y=2$ 时 $f_{xx}=-12$，判别式 disc = 72，函数有极大值 31；

当 $x=1, y=0$ 时 $f_{xx}=12$，判别式 disc = 72，函数有极小值 -5；

当 $x=-3, y=0$ 和 $x=1, y=2$ 时，判别式 disc =-72，函数在这些点没有极值.

最后，把函数的等高线和四个极值点用图形表示出来，输入

```
d2 = {x,y}/. critpts;
g4 = ListPlot[d2,PlotStyle -> PointSize[0.02],
        DisplayFunction -> Identity];
g5 = ContourPlot[f[x,y],{x, -5,3},{y, -3,5},Contours -> 40,
        PlotPoints -> 60,ContourShading -> False,
        Frame -> False,Axes -> Automatic,
        AxesOrigin -> {0,0},DisplayFunction -> Identity];
Show[g4,g5,DisplayFunction -> $DisplayFunction];
```

则输出图 6.

从上图可见，在两个极值点附近，函数的等高线为封闭的. 在非极值点附近，等高线不封闭. 这也是从图形上判断极值点的方法.

注：上册上机计算一章中，曾用命令 FindMinimum 来求一元函数的极值，实际上，也可以用它求多元函数的极值，不过输入的初值要在极值点的附近. 对本例，可以输入以

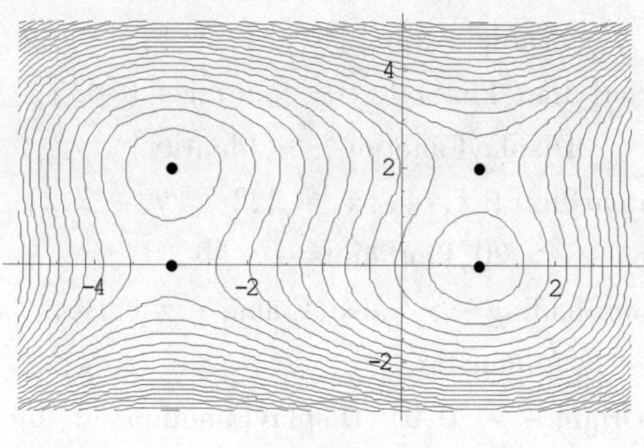

图6

下命令

```
FindMinimum[f[x,y],{x,-1},{y,1}]
```

则输出

```
{-5.,{x->1.,y->-2.36603×10^-8}}
```

从中看到在 $x=1,y=0$ 的附近函数 $f(x,y)$ 有极小值 -5，但 y 的精度不够好.

例8　求函数 $z=x^2+y^2$ 在条件 $x^2+y^2+x+y-1=0$ 下的极值.

输入

```
Clear[f,g,la];
f[x_,y_] = x^2 + y^2;
g[x_,y_] = x^2 + y^2 + x + y - 1;
la[x_,y_,r_] = f[x,y] + r*g[x,y];
extpts = Solve[{D[la[x,y,r],x] == 0,
    D[la[x,y,r],y] == 0,D[la[x,y,r],r] == 0}]
```

得到输出

$$\left\{\left\{r->\frac{1}{3}(-3-\sqrt{3}),x->\frac{1}{2}(-1-\sqrt{3}),y->\frac{1}{2}(-1-\sqrt{3})\right\},\right.$$
$$\left.\left\{r->\frac{1}{3}(-3+\sqrt{3}),x->\frac{1}{2}(-1+\sqrt{3}),y->\frac{1}{2}(-1+\sqrt{3})\right\}\right\}$$

再输入

```
f[x,y]/.extpts//Simplify
```

得到两个可能是条件极值的函数值 $\{2+\sqrt{3},2-\sqrt{3}\}$. 但是否真的取到条件极值呢？ 可利用等高线作图来判断.

输入

```
dian = {x,y}/. Table[extpts[[s,j]],{s,1,2},{j,2,3}]
g1 = ListPlot[dian,PlotStyle -> PointSize[0.03],
            DisplayFunction -> Identity]
cp1 = ContourPlot[f[x,y],{x, -2,2},{y, -2,2},
     Contours -> 20,PlotPoints -> 60,
     ContourShading -> False,Frame -> False,
     Axes -> Automatic,
     AxesOrigin -> {0,0},DisplayFunction -> Identity];
cp2 = ContourPlot[g[x,y],{x, -2,2},{y, -2,2},
     PlotPoints -> 60,Contours -> {0},ContourShading ->
     False,Frame -> False,Axes -> Automatic,
     ContourStyle -> Dashing[{0.01}],
     AxesOrigin -> {0,0},DisplayFunction -> Identity];
Show[g1,cp1,cp2,AspectRatio -> 1,DisplayFunction ->
            $DisplayFunction];
```

输出为

$$\left\{\left\{-\frac{1}{2}-\frac{\sqrt{3}}{2},\frac{1}{2}(-1-\sqrt{3})\right\},\left\{-\frac{1}{2}+\frac{\sqrt{3}}{2},\frac{1}{2}(-1+\sqrt{3})\right\}\right\}$$

及图7. 从图可见,在极值可能存在点

$$\left(-\frac{1}{2}-\frac{\sqrt{3}}{2},-\frac{1}{2}-\frac{\sqrt{3}}{2}\right),\left(-\frac{1}{2}+\frac{\sqrt{3}}{2},-\frac{1}{2}+\frac{\sqrt{3}}{2}\right)$$

处，函数 $z=f(x,y)$ 的等高线与曲线 $g(x,y)=0$(虚线) 相切. 函数 $z=f(x,y)$ 的等高线是一系列同心圆，由里向外，函数值在增大，在 $x=\frac{1}{2}(-1-\sqrt{3}),y=\frac{1}{2}(-1-\sqrt{3})$ 的附近观察，可以得出 $z=f(x,y)$ 取条件极大的结论. 在 $x=\frac{1}{2}(-1+\sqrt{3})$，$y=\frac{1}{2}(-1+\sqrt{3})$ 的附近观察，可以得出 $z=f(x,y)$ 取条件极小的结论.

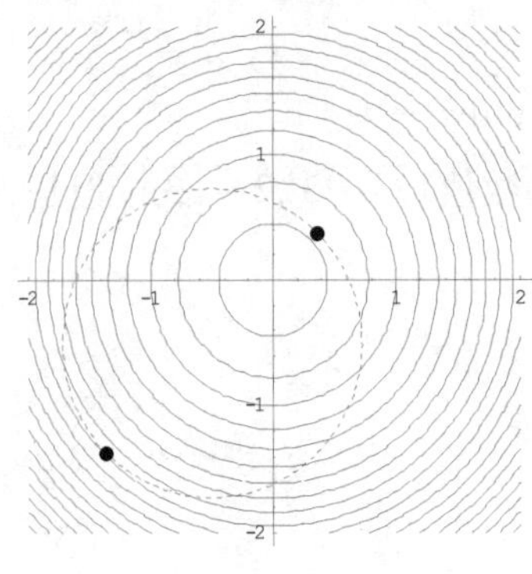

图7

4. 梯度场

例 9　画出函数 $f(x,y,z)=z^2-x^2-y^2$ 的梯度向量.

解　输入命令

```
<< Graphics 'ContourPlot3D'
<< Graphics 'PlotField3D'
<< Calculus 'VectorAnalysis'
SetCoordinates[Cartesian[x,y,z]];f = z^2 - x^2 - y^2;
cp3d = ContourPlot3D[f,{x, - 1.1,1.1},{y, - 1.1,1.1},{z, - 2,2},
        Contours - > {1.0},Axes - > True,AxesLabel - > {"x","y","z"}];
vecplot3d = PlotGradientField3D[f,{x, - 1.1,1.1},{y, - 1.1,1.1},{z, - 2,2},
        PlotPoints - > 3,VectorHeads - > True];
Show[vecplot3d, cp3d];
```

则输出相应图形(图 8).

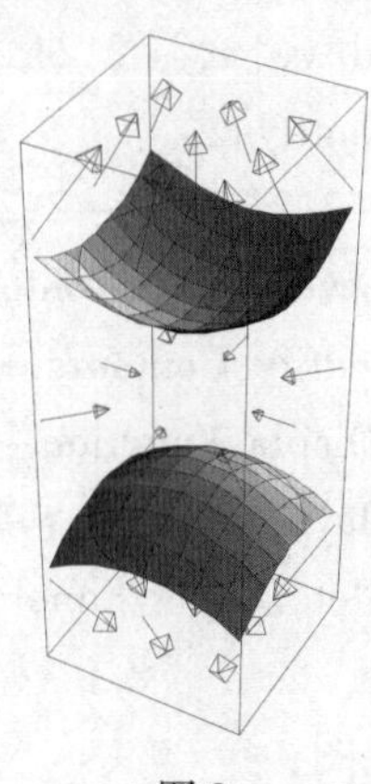

图 8

例 10　在同一坐标面上作出

$$u(x,y)=x\left(1+\frac{1}{x^2+y^2}\right) \text{ 和 } v(x,y)=y\left(1-\frac{1}{x^2+y^2}\right)$$

的等高线图($x>0$), 并给出它们之间的关系.

解　输入命令

```
<<Calculus 'VectorAnalysis'
<<Graphics 'PlotField'
SetCoordinates[Cartesian[x,y,z]];
check[u_,v_]:={Grad[u][[1]]-Grad[v][[2]],
    Grad[v][[1]]+Grad[u][[2]]}
u=x(1+1/(x^2+y^2));v=y(1-1/(x^2+y^2));
check[u,v]//Simplify
ugradplot=PlotGradientField[u,{x,-2,2},{y,-2,2},
    DisplayFunction->Identity];
uplot=ContourPlot[u,{x,-2,2},{y,-2,2},
    ContourStyle->GrayLevel[0],ContourShading->False,
    DisplayFunction->Identity,Contours->40,PlotPoints->40];
g1=Show[uplot,ugradplot,DisplayFunction->$DisplayFunction];
vgradplot=PlotGradientField[v,{x,-2,2},{y,-2,2},
    DisplayFunction->Identity];
vplot=ContourPlot[v,{x,-2,2},{y,-2,2},
    ContourStyle->GrayLevel[0.7],ContourShading->False,
    DisplayFunction->Identity,Contours->40,PlotPoints->40];
g2=Show[vplot,vgradplot,DisplayFunction->$DisplayFunction];
g3=Show[uplot,vplot,DisplayFunction->$DisplayFunction];
g4=Show[ugradplot,vgradplot,DisplayFunction->$DisplayFunction];
```

则输出相应图形(图9),其中

(a) 为 $u(x,y)$ 的梯度与等高线图;

(b) 为 $v(x,y)$ 的梯度与等高线图;

(c) 为 $u(x,y)$ 与 $v(x,y)$ 的等高线图;

(d) 为 $u(x,y)$ 与 $v(x,y)$ 的梯度图.

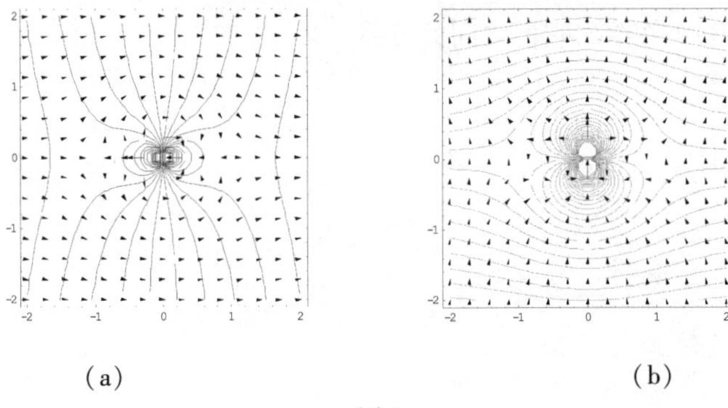

(a)　　(b)

图9

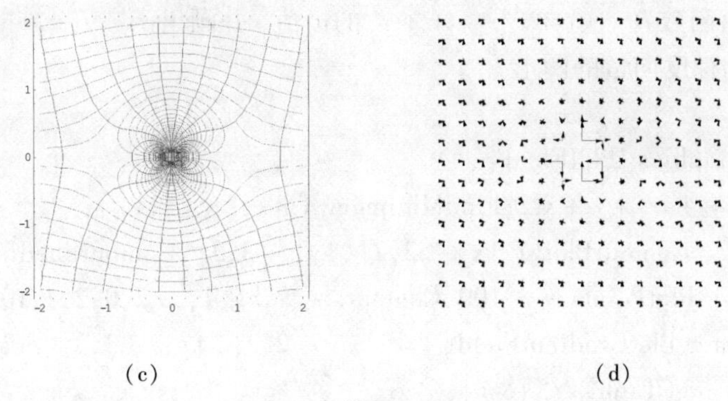

(c)　　　　(d)

续图 9

从上述图中可以看出它们的等高线为一族正交曲线. 事实上，有

$$\frac{\partial u}{\partial x}=\frac{x}{x^2+y^2}=\frac{\partial v}{\partial y},\quad \frac{\partial u}{\partial y}=\frac{x}{x^2+y^2}=-\frac{\partial v}{\partial x}$$

且 $\nabla u\cdot\nabla v=0$,它们满足拉普拉斯方程

$$\frac{\partial^2 u}{\partial x^2}+\frac{\partial^2 u}{\partial y^2}=\frac{\partial^2 v}{\partial x^2}+\frac{\partial^2 v}{\partial y^2}=0$$

例 11　设 $f(x,y)=xe^{-(x^2+y^2)}$,作出 $f(x,y)$ 的图形和等高线，再作出它的梯度向量 **grad** f 的图形. 把上述等高线和梯度向量的图形叠加在一起，观察它们之间的关系.

输入调用作向量场图形的软件包命令

```
< < Graphics\PlotField. m
```

再输入

```
Clear[f];
f[x_,y_] = x * Exp[ - x^2 - y^2];
dgx = ContourPlot[f[x,y],{x, - 2,2},{y, - 2,2},PlotPoints - > 60,
        Contours - > 25,ContourShading - > False,
        Frame - > False,Axes - > Automatic,
        AxesOrigin - > {0,0}];
td = PlotGradientField[f[x,y],{x, - 2,2},{y, - 2,2},Frame - > False]
Show[dgx,td];
```

输出为图 10. 从图可以看到 Oxy 平面上过每一点的等高线和梯度向量是垂直的，且梯度的方向是指向函数值增大的方向.

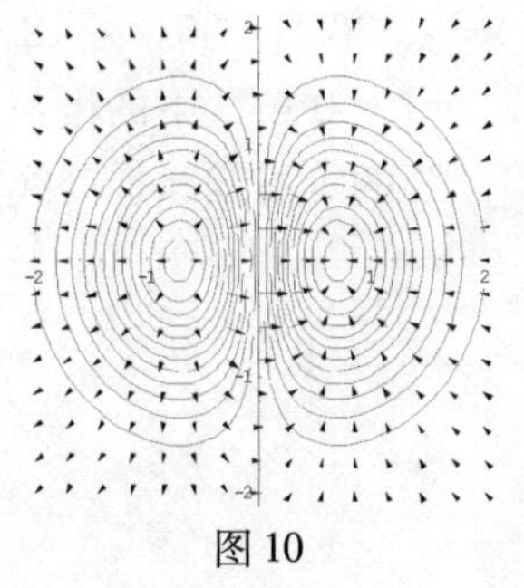

图 10

例 12　求出函数 $f(x,y)=x^4-4xy+y^2$ 的极值，并画出函数 $f(x,y)$ 的等高线、驻点以及 $-f(x,y)$ 的梯度向量的图形.

输入命令

```
<< Graphics 'PlotField'
f = x^4 - 4 * x * y + y^2;FindMinimum[f,{x,1},{y,1}];
conplot = ContourPlot[f,{x, - 2,2},{y, - 3,3},ContourShading -> False,
        PlotPoints -> 100,Contours -> {- 4, - 2,0,2,4,10,20}];
fieldplot = PlotGradientField[- f,{x, - 2,2},{y, - 3,3},ScaleFunction ->
        (Tanh[#/5]&)];
critptplot = ListPlot[{{- Sqrt[2], - 2 * Sqrt[2]},{0,0},{Sqrt[2],
        2 * Sqrt[2]}},PlotStyle -> {PointSize[0.03]}];
Show[conplot,fieldplot,critptplot];
```

则得到 $f(x,y)$ 的最小值 $f(1.41421,2.82843)=-4$，以及函数的图形(图 11).

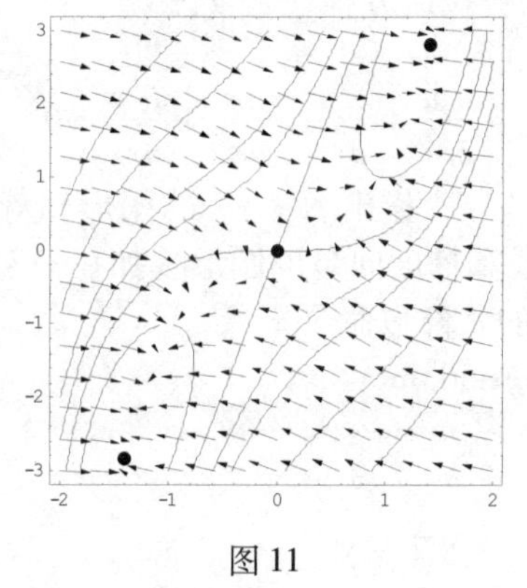

图 11

上机习题

1. 设 $z=e^{\frac{y}{x}}$，求 dz.

2. 设 $z=f(xy,y)$，求 $\frac{\partial^2 z}{\partial x^2},\frac{\partial^2 z}{\partial y^2},\frac{\partial^2 z}{\partial x\partial y}$.

3. 设 $g(x,y)=e^{-(x^2+y^2)/8}(\cos^2 x+\sin^2 y)$，求 $\frac{\partial z}{\partial x},\frac{\partial z}{\partial y},\frac{\partial^2 z}{\partial x\partial y}$.

4. 试用例 7 的方法求 $f(x,y)=-120x^3-30x^4+18x^5+5x^6+30xy^2$ 的极值.

5. 求 $z=x^2+4y^3$ 在 $x^2+4y^2-1=0$ 条件下的极值.

6. 作出函数 $f(x,y)=e^{-(x^2+2y^2)/10^4}$ 的等高线和梯度线的图形，并观察梯度线与等高线的关系.

12.3　多元函数积分学

实验目的

掌握用 Mathematica 计算二重积分与三重积分的方法；深入理解曲线积分、曲面积分的概念和计算方法. 提高应用重积分和曲线、曲面积分解决各种问题的能力.

基本命令

1. 计算重积分的命令 Integrate 和 NIntegrate

例如,计算$\int_0^1\int_0^x xy^2\mathrm{d}y\mathrm{d}x$，输入

Integrate[x * y^2, {x,0,1}, {y,0,x}]

则输出

$$\frac{1}{15}$$

又如,计算$\int_0^1\int_0^1 \sin(xy^2)\mathrm{d}y\mathrm{d}x$ 的近似值，输入

NIntegrate[Sin[x * y^2], {x,0,1}, {y,0,1}]

则输出

0. 160 839

注：Integrate 命令先对后边的变量积分.

计算三重积分时,命令 Integrate 的使用格式与计算二重积分时类似. 由此可见，利用 Mathematica 计算重积分，关键是确定各个积分变量的积分限.

2. 柱坐标系中作三维图形的命令 CylindricalPlot3D

使用命令 CylindricalPlot3D，首先要调出作图软件包. 输入

<< Graphics 'ParametricPlot3D'

执行成功后便可继续下面的工作.

使用命令 CylindricalPlot3D 时,一定要把 z 表示成 r,θ 的函数. 例如,在直角坐标系中方程 $z=x^2+y^2$ 是一旋转抛物面，在柱坐标系中它的方程为 $z=r^2$. 因此,输入

CylindricalPlot3D[r^2, {r,0,2}, {t,0,2 * Pi}]

则在柱坐标系中作出了该旋转抛物面的图形.

3. 球面坐标系中作三维图形命令 SphericalPlot3D

使用命令 SphericalPlot3D，首先要调出作图软件包. 输入

<< Graphics 'ParametricPlot3D'

执行成功后便可继续下面的工作.

命令 SphericalPlot3D 的基本格式为

SphericalPlot3D[r[φ,θ], {φ,φ1,φ2}, {θ,θ1,θ2}]

其中 $r[\varphi,\theta]$ 是曲面的球面坐标方程，使用时一定要把球面坐标中的 r 表示成 φ,θ 的函数. 例如,在球面坐标系中作出球面 $x^2+y^2+z^2=2^2$，输入

```
SphericalPlot3D[2,{u,0,Pi},{v,0,2*Pi},PlotPoints->40]
```

则在球面坐标系中作出了该球面的图形.

4. 向量的内积

用“.”表示两个向量的内积. 例如,输入

```
vec1 = {a1,b1,c1}
vec2 = {a2,b2,c2}
```

则定义了两个三维向量，再输入

```
vec1. vec2
```

则得到它们的内积

```
a1a2 + b1b2 + c1c2
```

实验举例

1. 计算重积分

例 1　计算$\iint\limits_D xy^2 \mathrm{d}x\mathrm{d}y$，其中 D 为由 $x+y=2, x=\sqrt{y}$，$y=2$ 所围成的有界区域. 先作出区域 D 的草图，易直接确定积分限,且应先对 x 积分，因此，输入

```
Integrate[x*y^2,{y,1,2},{x,2-y,Sqrt[y]}]
```

则输出所求二重积分的计算结果

$$\frac{193}{120}$$

例 2　计算$\iint\limits_D \mathrm{e}^{-(x^2+y^2)} \mathrm{d}x\mathrm{d}y$,其中 D 为 $x^2+y^2 \leqslant 1$.

如果用直角坐标计算,输入

```
Clear[f,r];
f[x,y] = Exp[-(x^2+y^2)];
Integrate[f[x,y],{x,-1,1},{y,-Sqrt[1-x^2],Sqrt[1-x^2]}]
```

则输出为

$$\sqrt{\pi}\int_{-1}^{1} \mathrm{e}^{-x^2}\mathrm{Erf}[\sqrt{1-x^2}]\,\mathrm{d}x$$

其中 Erf 是误差函数. 显然积分遇到了困难.

如果改用极坐标来计算，也可用手工确定积分限. 输入

```
Integrate[(f[x,y]/.{x->r*Cos[t],y->r*Sin[t]})*r,{t,0,2*Pi},{r,0,1}]
```

则输出所求二重积分的计算结果

$$\pi-\frac{\pi}{\mathrm{e}}$$

如果输入

```
NIntegrate[(f[x,y]/.{x->r*Cos[t],y->r*Sin[t]})*r,{t,0,2*Pi},{r,0,1}]
```

则输出积分的近似值

```
1.985 87
```

例 3　计算 $\iiint\limits_{\Omega}(x^2+y^2+z)\mathrm{d}x\mathrm{d}y\mathrm{d}z$, 其中 Ω 由曲面 $z=\sqrt{2-x^2-y^2}$ 与 $z=\sqrt{x^2+y^2}$ 围成.

先作出区域 Ω 的图形. 输入

```
g1 = ParametricPlot3D[{Sqrt[2] * Sin[fi] * Cos[th],
    Sqrt[2] * Sin[fi] * Sin[th], Sqrt[2] * Cos[fi]}, {fi,0,Pi/4}, {th,0,2 * Pi}];
g2 = ParametricPlot3D[{z * Cos[t], z * Sin[t], z}, {z,0,1}, {t,0,2 * Pi}];
Show[g1, g2, ViewPoint -> {1.3, -2.4, 1.0}];
```

则分别输出三个图形(图 1(a), (b), (c)).

考查上述图形, 可用手工确定积分限. 如果用直角坐标计算, 输入

```
g[x_,y_,z_] = x^2 + y^2 + z;
Integrate[g[x,y,z], {x, -1,1}, {y, -Sqrt[1 - x^2], Sqrt[1 - x^2]},
    {z, Sqrt[x^2 + y^2], Sqrt[2 - x^2 - y^2]}];
```

执行后计算时间很长, 且未得到明确结果.

现在改用柱面坐标和球面坐标来计算. 如果用柱坐标计算, 输入

```
Integrate[(g[x,y,z]/. {x -> r * Cos[s], y -> r * Sin[s]}) * r,
    {r,0,1}, {s,0,2 * Pi}, {z,r,Sqrt[2 - r^2]}]
```

则输出

$$2\left(-\frac{5}{12}+\frac{8\sqrt{2}}{15}\right)\pi$$

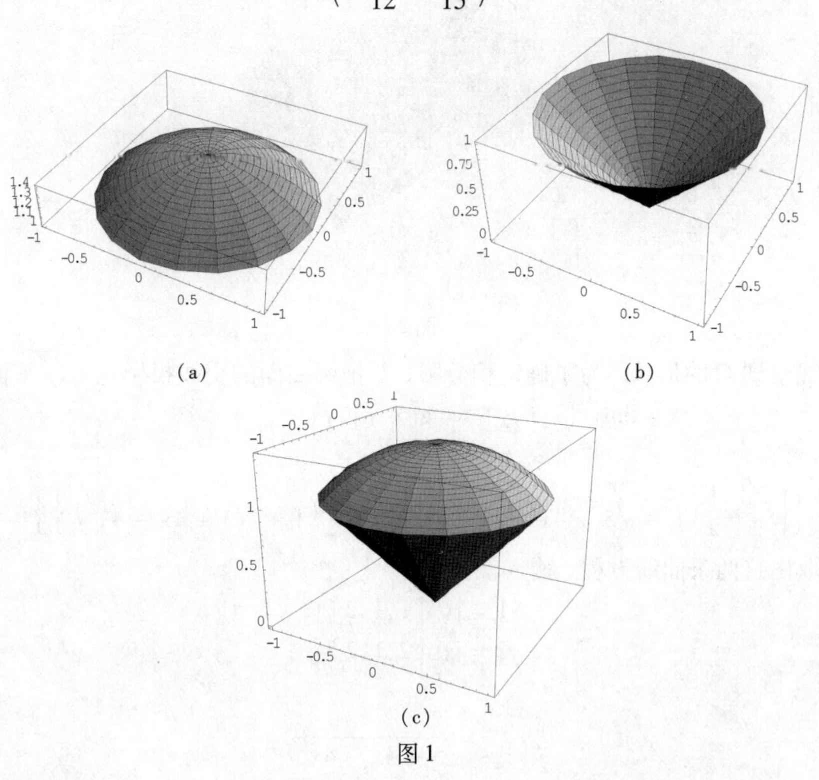

(a)　(b)　(c)

图 1

如果用球面坐标计算,输入

```
Integrate[(g[x,y,z]/.{x -> r * Sin[fi] * Cos[t],y -> r * Sin[fi] * Sin[t],
    z -> r * Cos[fi]}) * r^2 * Sin[fi],{s,0,2 * Pi},{fi,0,Pi/4},{r,0,Sqrt[2]}]
```

则输出

$$\frac{1}{5}\left(-\frac{25}{6}+\frac{16\sqrt{2}}{3}\right)\pi$$

这与柱面坐标的结果相同.

2. 重积分的应用

例4　求由曲面$f(x,y)=1-x-y$与$g(x,y)=2-x^2-y^2$所围成的空间区域Ω的体积.

输入

```
Clear[f,g];
f[x_,y_] = 1 - x - y;
g[x_,y_] = 2 - x^2 - y^2;
Plot3D[f[x,y],{x, - 1,2},{y, - 1,2}];
Plot3D[g[x,y],{x, - 1,2},{y, - 1,2}];
Show[% ,%% ]
```

一共输出三个图形, 最后一个图形是图2.

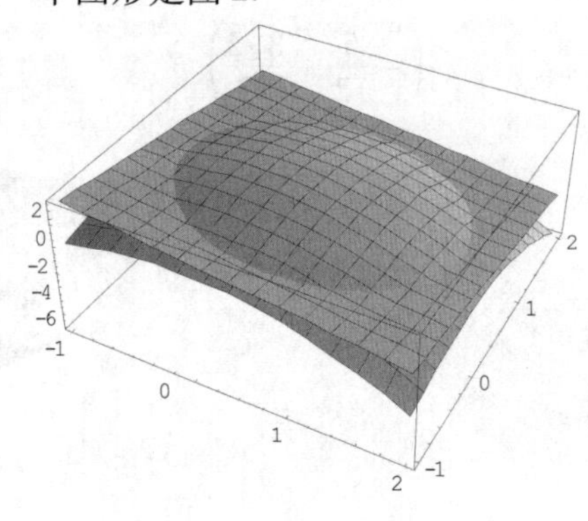

图2

首先观察到Ω的形状. 为了确定积分限, 要把两曲面的交线投影到Oxy平面上输入

```
jx = Solve[f[x,y] == g[x,y],y]
```

得到输出

$$\left\{\left\{y\to\frac{1}{2}(1-\sqrt{5+4x-4x^2})\right\},\left\{y\to\frac{1}{2}(1+\sqrt{5+4x-4x^2})\right\}\right\}$$

为了取出这两条曲线方程, 输入

```
y1 = jx[[1,1,2]]
y2 = jx[[2,1,2]]
```

输出为

$$\frac{1}{2}(1-\sqrt{5+4x-4x^2})$$

$$\frac{1}{2}(1+\sqrt{5+4x-4x^2})$$

再输入

```
tu1 = Plot[y1,{x, - 2,3},PlotStyle - > {Dashing[{0.02}]},
     DisplayFunction - > Identity];
tu2 = Plot[y2,{x, - 2,3},DisplayFunction - > Identity];
Show[tu1,tu2,AspectRatio - > 1, DisplayFunction - >
     $ DisplayFunction];
```

输出为图 3, 由此可见,y_1 是下半圆(虚线),y_2 是上半圆,因此投影区域是一个圆.

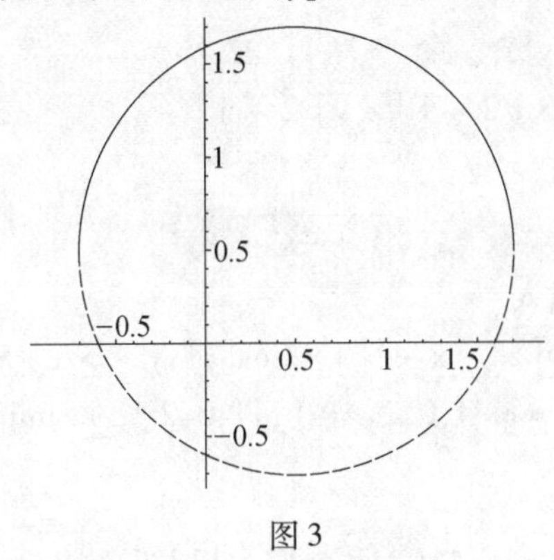

图 3

设 $y_1=y_2$ 的解为 x_1 与 x_2,则 x_1,x_2 为 x 的积分限. 输入

```
xvals = Solve[y1 == y2,x]
```

输出为

$$\left\{\left\{x\to\frac{1}{2}(1-\sqrt{6})\right\},\left\{x\to\frac{1}{2}(1+\sqrt{6})\right\}\right\}$$

为了取出 x_1,x_2, 输入

```
x1 = xvals[[1,1,2]]
x2 = xvals[[2,1,2]]
```

输出为

$$\frac{1}{2}(1-\sqrt{6})$$

$$\frac{1}{2}(1+\sqrt{6})$$

这时可以进行最后的计算. 输入

```
Volume = Integrate[g[x,y] - f[x,y],{x,x1,x2},
     {y,y1,y2}]//Simplify
```

输出结果为

$$\frac{9\pi}{8}$$

例 5　求旋转抛物面 $z=4-x^2-y^2$ 在 Oxy 平面上部的面积 S.

先调用软件包，输入

```
< < Graphics 'ParametricPlot3D'
```

再输入

```
CylindricalPlot3D[4 - r^2,{r,0,2},{t,0,2 * Pi}]
```

则输出图 4.

利用计算曲面面积的公式 $S=\iint\limits_{D_{xy}}\sqrt{1+z_x^2+z_y^2}\,\mathrm{d}x\mathrm{d}y$，输入

```
Clear[z,z1];
z = 4 - x^2 - y^2;
z = Sqrt[D[z,x]^2 + D[z,y]^2 + 1]
```

输出为

$$\sqrt{1+4x^2+4y^2}$$

因此,利用极坐标计算. 再输入

```
z1 = Simplify[z/. {x - > r * Cos[t],y - > r * Sin[t]}];
Integrate[z1 * r,{t,0,2 * Pi},{r,0,2}]//Simplify
```

则输出所求曲面的面积

$$\frac{1}{6}(-1+17\sqrt{17})\pi$$

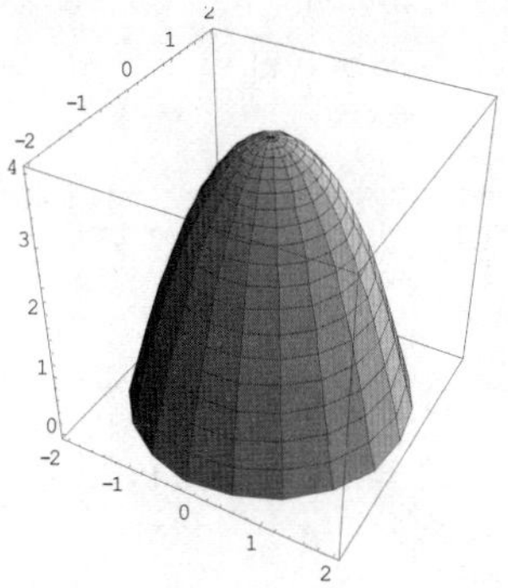

图 4

例 6　在 Oxz 平面内有一个半径为 2 的圆，它与 z 轴在原点 O 相切，求它绕 z 轴旋转一周所得旋转体体积.

先作出这个旋转体的图形. 因为圆的方程是

$$x^2+z^2=4x$$

它绕 z 轴旋转所得的圆环面的方程为 $(x^2+y^2+z^2)^2=16(x^2+y^2)$，所以圆环面的球坐标方程是 $r=4\sin\varphi$. 输入

```
SphericalPlot3D[4 * Sin[t],{t,0,Pi},{s,0,2 * Pi},
        PlotPoints - > 30,ViewPoint - > {4.0,0.54,2.0}]
```

输出为图 5.

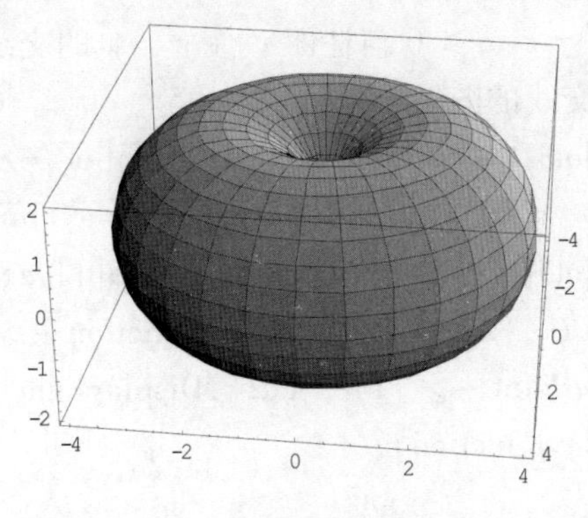

图 5

这是一个环面，它的体积可以用三重积分计算(用球坐标). 输入

```
Integrate[r^2 * Sin[t],{s,0,2 * Pi},{t,0,Pi},{r,0,4 * Sin[t]}]
```

得到这个旋转体的体积为 $16\pi^2$.

3. 计算曲线积分

例 7　求 $\int_L f(x,y,z)\,\mathrm{d}s$, 其中 $f(x,y,z)=\sqrt{1+30x^2}+10y$, 积分路径为

$$L: x=t,\quad y=t^2,\quad z=3t^2,\quad 0\leqslant y\leqslant 2$$

注意到，弧长微元 $\mathrm{d}s=\sqrt{x_t^2+y_t^2+z_t^2}\,\mathrm{d}t$, 将曲线积分化为定积分，输入

```
Clear[x,y,z];
luj = {t,t^2,3t^2};
D[luj,t]
```

则输出 x,y,z 对 t 的导数

```
{1,2t,6t}
```

再输入

```
ds = Sqrt[D[luj,t].D[luj,t]];
Integrate[(Sqrt[1 + 30x^2 + 10y]/.{x -> t, y -> t^2,z -> 3t^2}) * ds,{t,0,2}]
```

则输出所求曲线积分的结果

```
326/3
```

例 8　求 $\int_L \boldsymbol{F}\cdot\mathrm{d}\boldsymbol{r}$, 其中

$$\boldsymbol{F}=xy^6\boldsymbol{i}+3x(xy^5+2)\boldsymbol{j},\quad \boldsymbol{r}(t)=2\cos t\boldsymbol{i}+\sin t\boldsymbol{j},\quad 0\leqslant t\leqslant 2\pi$$

输入

```
vecf = {x * y^6,3x * (x * y^5 + 2)};
vecr = {2 * Cos[t],Sin[t]};
Integrate[(vecf.D[vecr,t])/.{x -> 2Cos[t],y -> Sin[t]}, {t,0,2 * Pi}]
```

则输出所求积分的结果

```
12π
```

例 9　求锥面 $x^2+y^2=z^2,z\geqslant 0$ 与柱面 $x^2+y^2=x$ 的交线的长度.

先画出锥面和柱面的交线的图形. 输入

```
g1 = ParametricPlot3D[{Sin[u] * Cos[v], Sin[u] * Sin[v],
        Sin[u]}, {u,0,Pi},{v,0,2 * Pi},DisplayFunction -> Identity];
g2 = ParametricPlot3D[{Cos[t]^2,Cos[t] * Sin[t],z},
        {t,0,2 * Pi},{z,0,1.2}, DisplayFunction -> Identity];
Show[g1,g2,ViewPoint -> {1, -1,2},DisplayFunction ->
          $DisplayFunction];
```

输出为图 6.

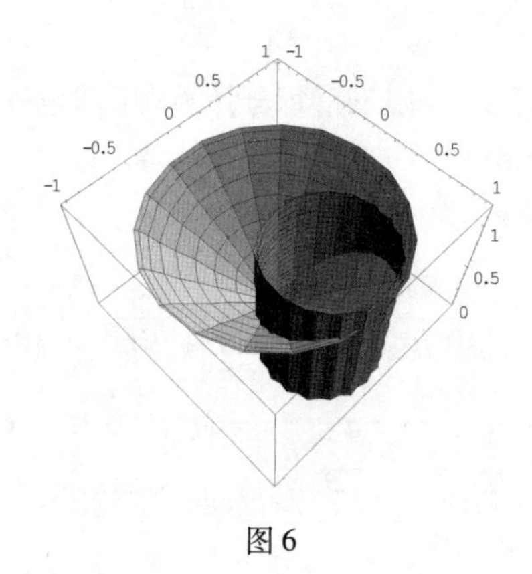

图 6

输入直接作曲线的命令

```
ParametricPlot3D[{Cos[t]^2,Cos[t] * Sin[t],Cos[t]},
          {t, -Pi/2,Pi/2}, ViewPoint -> {1, -1,2},Ticks -> False]
```

输出为图 7.

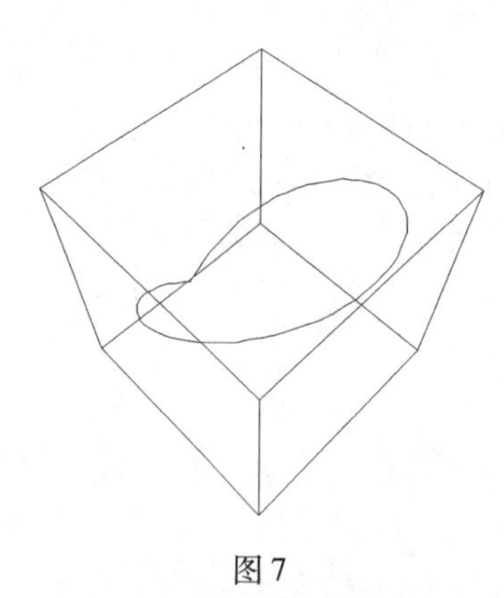

图 7

为了用线积分计算曲线的弧长, 必须把曲线用参数方程表示出来. 因为空间曲线的投影曲线的方程为 $x^2+y^2=x$, 它可以化成 $x=\cos^2 t, y=\cos t\sin t$ 再代入锥面方程 $x^2+y^2=z^2$, 得

$$z=\cos t\quad (t\in[-\pi/2,\pi/2])$$

因为空间曲线的弧长计算公式是

$$s = \int_{t_1}^{t_2} \sqrt{x'^2(t) + y'^2(t) + z'^2(t)}\,\mathrm{d}t$$

因此输入

```
Clear[x,y,z];
x = Cos[t]^2;
y = Cos[t] * Sin[t];
z = Cos[t];
qx = {x,y,z};
Integrate[Sqrt[D[qx,t]. D[qx,t]]//Simplify,
        {t, - Pi/2,Pi/2}]
```

输出为

```
2Elliptice[-1]
```

这是椭圆积分函数. 换算成近似值,输入

```
%//N
```

输出为

```
3.820 2
```

4. 计算曲面积分

例 10　计算曲面积分 $\iint\limits_{\Sigma}(xy + yz + zx)\mathrm{d}S$, 其中 Σ 为锥面 $z = \sqrt{x^2 + y^2}$ 被柱面 $x^2 + y^2 = 2x$ 所截得的有限部分.

注意到,面积微元 $\mathrm{d}S = \sqrt{1 + z_x^2 + z_y^2}\,\mathrm{d}x\mathrm{d}y$, 投影曲线 $x^2 + y^2 = 2x$ 的极坐标方程为

$$r = 2\cos t \quad \left(-\frac{\pi}{2} \leqslant t \leqslant \frac{\pi}{2}\right)$$

将曲面积分化为二重积分,并采用极坐标计算重积分.

输入

```
Clear[f,g,r,t];
f[x_,y_,z_] = x * y + y * z + z * x;
g[x_,y_] = Sqrt[x^2 + y^2];
mj = Sqrt[1 + D[g[x,y],x]^2 + D[g[x,y],y]^2]//Simplify;
Integrate[(f[x,y,g[x,y]] * mj/. {x - > r * Cos[t],
        y - > r * Sin[t]}) * r,{t, - Pi/2,Pi/2},{r,0,2 * Cos[t]}];
```

则输出所求曲面积分的计算结果

$$\frac{64\sqrt{2}}{15}$$

例 11　计算曲面积分 $\oiint\limits_{\Sigma} x^3\mathrm{d}y\mathrm{d}z + y^3\mathrm{d}z\mathrm{d}x + z^3\mathrm{d}x\mathrm{d}y$, 其中 Σ 为球面 $x^2 + y^2 + z^2 = a^2$ 的外侧.

可以利用两类曲面积分的关系, 化为对曲面面积的曲面积分 $\iint\limits_{\Sigma}\boldsymbol{A} \cdot \boldsymbol{n}\mathrm{d}S$. 这里 $\boldsymbol{A} =$

$\{x^3, y^3, z^3\}$，$\boldsymbol{n} = \{x, y, z\}/a$. 因为球坐标的体积元素 $dV = r^2\sin\varphi dr d\varphi d\theta$，注意到在球面 Σ 上 $r = a$，取 $dr = 1$ 后得到面积元素的表示式

$$dS = a^2\sin\theta d\varphi d\theta \quad (0 \leqslant \varphi \leqslant \pi, 0 \leqslant \theta \leqslant 2\pi)$$

把对面积的曲面积分直接化为对 φ, θ 的二重积分. 输入

```
Clear[A,fa,dS];
A = {x^3,y^3,z^3};
fa = {x,y,z}/a;
dS = a^2 * Sin[u];
Integrate[(A. fa/. {x -> a * Sin[u] * Cos[v],y -> a * Sin[u] * Sin[v],
     z -> a * Cos[u]}) * dS//Simplify,{u,0,Pi},{v,0,2 * Pi}]
```

输出为

$$\frac{12a^2\pi}{5}$$

如果用高斯公式计算，则化为三重积分

$$\iiint_{\Omega} 3(x^2 + y^2 + z^2)\,dv$$

其中 Ω 为 $x^2 + y^2 + z^2 \leqslant a^2$.

采用球坐标计算，输入

```
<< Calculus 'VectorAnalysis'
```

执行后再输入

```
SetCoordinates[Cartesian[x,y,z]];(* 设定坐标系 *)
diva = Div[A];(* 求向量场的散度 *)
Integrate[(diva/. {x -> r * Sin[u] * Cos[v],y ->
     r * Sin[u] * Sin[v],z -> r * Cos[u]}) * r^2 * Sin[u],
     {v,0,2 * Pi},{u,0,Pi},{r,0,a}]
```

输出结果相同.

上机习题

1. 计算 $\int_0^{\frac{\pi}{6}}\int_0^{\frac{\pi}{2}} y\sin x - x\sin y\,dy dx$.

2. 计算下列积分的近似值：

(1) $\int_0^{\sqrt{\pi}}\int_0^{\sqrt{\pi}}\cos(x^2 - y^2)\,dy dx$;　　(2) $\int_0^1\int_0^1\sin(e^{xy})\,dy dx$.

3. 计算下列积分：

(1) $\int_0^3\int_1^x\int_{z-x}^{z+x} e^{2x}(2y - z)\,dy dz dx$;　　(2) $\int_0^1\int_0^1 \arctan(xy)\,dy dx$.

4. 交换积分次序并计算下列积分:

(1) $\int_0^3 \int_{x^2}^9 x\cos(y^2)\,\mathrm{d}y\mathrm{d}x$;　　　　(2) $\int_0^2 \int_{2y}^4 \mathrm{e}^{x^2}\,\mathrm{d}x\mathrm{d}y$.

5. 用极坐标计算下列积分:

(1) $\int_0^1 \int_x^1 \frac{y}{x^2+y^2}\,\mathrm{d}y\mathrm{d}x$;　　　　(2) $\int_0^1 \int_{-\frac{y}{3}}^{\frac{y}{3}} \frac{y}{\sqrt{x^2+y^2}}\,\mathrm{d}x\mathrm{d}y$.

6. 用适当方法计算下列积分:

(1) $\iiint\limits_{\Omega} \frac{z}{(x^2+y^2+z^2)^{3/2}}\,\mathrm{d}v$, 其中 Ω 是由 $z=\sqrt{x^2+y^2}$ 与 $z=1$ 围成;

(2) $\iiint\limits_{\Omega} (x^4+y^2+z^2)\,\mathrm{d}v$,其中 Ω 是 $x^2+y^2+z^2 \leqslant 1$.

7. 求 $\int_L f(x,y,z)\,\mathrm{d}s$ 的近似值. 其中 $f(x,y,z)=\sqrt{1+x^3+5y^3}$,路径

$$L: x=t,\quad y=t^2/3,\quad z=\sqrt{t},\quad 0 \leqslant t \leqslant 2$$

8. 求 $\int_L \boldsymbol{F}\cdot \mathrm{d}\boldsymbol{r}$, 其中 $\boldsymbol{F}=\frac{3}{1+x^2}\boldsymbol{i}+\frac{2}{1+y^2}\boldsymbol{j}$, $\boldsymbol{r}(t)=\cos t\boldsymbol{i}+\sin t\boldsymbol{j}$, $0 \leqslant t \leqslant \pi$.

9. 用柱面坐标作图命令作出 $z=xy$ 被柱面 $x^2+y^2=1$ 所围部分的图形,并求出其面积.

10. 求曲面积分 $\iint\limits_{\Sigma} x^2y^2z\,\mathrm{d}x\mathrm{d}y$,其中 Σ 为球面 $x^2+y^2+z^2=a^2$ 的下半部分的下侧.

11. 求曲面积分 $\iint\limits_{\Sigma} (x+y+z)\,\mathrm{d}S$,其中 Σ 为球面 $x^2+y^2+z^2=a^2$ 上 $z \geqslant h(0<a)$ 的部分.

12.4　无穷级数

实验目的

观察无穷级数部分和的变化趋势,进一步理解级数的审敛法以及幂级数部分和对函数的逼近. 掌握用Mathematica求无穷级数的和,求幂级数的收敛域,展开函数为幂级数以及展开周期函数为傅里叶级数的方法.

基本命令

1. 求无穷和的命令 Sum

该命令可用来求无穷和. 例如,输入

```
Sum[1/n^2,{n,1,Infinity}]
```

则输出无穷级数的和为 $\pi^2/6$. 命令 Sum 与数学中的求和号 $\sum$ 相当.

2. 将函数展开为幂级数的命令 Series

该命令的基本格式为

```
Series[f[x],{x,x0,n}]
```

它将 $f(x)$ 展开成关于 $x-x_0$ 的幂级数. 幂级数的最高次幂为 $(x-x_0)^n$, 余项用 $(x-x_0)^{n+1}$ 表示. 例如,输入

Series[y[x],{x,0,5}]

则输出带皮亚诺余项的麦克劳林级数

$$y[0]+y'[0]x+\frac{1}{2}y''[0]x^2+\frac{1}{6}y^{(3)}[0]x^3+\frac{1}{24}y^{(4)}[0]x^4+\frac{1}{120}y^{(5)}[0]x^5+o[x]^6$$

3. 去掉余项的命令 Normal

在将 $f(x)$ 展开成幂级数后，有时为了近似计算或作图，需要把余项去掉. 只要使用 Normal 命令. 例如,输入

Series[Exp[x],{x,0,6}]

Normal[%]

则输出

$$1+x+\frac{x^2}{2!}+\frac{x^3}{3!}+\frac{x^4}{4!}+\frac{x^5}{5!}+\frac{x^6}{6!}+o[x]^7$$

$$1+x+\frac{x^2}{2!}+\frac{x^3}{3!}+\frac{x^4}{4!}+\frac{x^5}{5!}+\frac{x^6}{6!}$$

4. 强制求值的命令 Evaluate

如果函数是用 Normal 命令定义的，则当对它进行作图或数值计算时，可能会出现问题. 例如,输入

fx = Normal[Series[Exp[x],{x,0,3}]]

Plot[fx,{x, - 3,3}]

则只能输出去掉余项后的展开式

$$1+x+\frac{x^2}{2}+\frac{x^3}{6}$$

而得不到函数的图形. 这时要使用强制求值命令 Evaluate，改成输入

Plot[Evaluate[fx],{x, - 3,3}]

则输出上述函数的图形.

5. 作散点图的命令 ListPlot

ListPlot[　] 为平面内作散点图的命令，其对象是数集,例如,输入

ListPlot[Table[j^2,{j,16}],PlotStyle - > PointSize[0.012]]

则输出坐标为$\{1,1^2\},\{2,2^2\},\{3,3^2\},\cdots,\{16,16^2\}$ 的散点图(图 1).

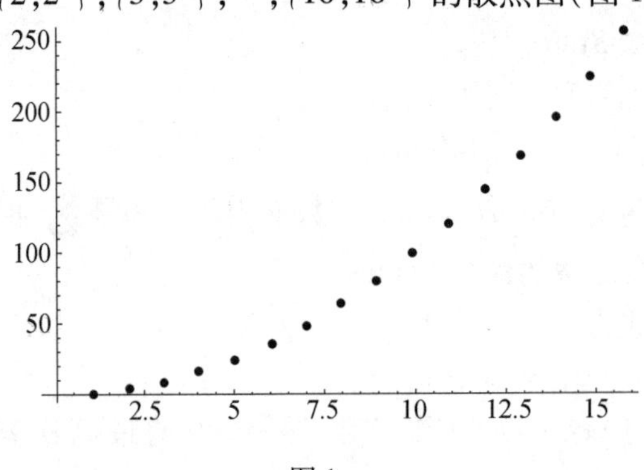

图 1

6. 符号"/;"用于定义某种规则,"/;"后面是条件.

例如,输入

```
Clear[g,gf];
g[x_]: = x/;0 <= x < 1
g[x_]: =- x/; - 1 <= x < 0
g[x_]: = g[x - 2]/;x >= 1
```

则得到分段的周期函数

$$g(x)=\begin{cases}-x & -1\leqslant x<0\\ x & 0\leqslant x<1\\ g(x-2) & x\geqslant 1\end{cases}$$

再输入

```
gf = Plot[g[x],{x, - 1,6}]
```

则输出函数 $g(x)$ 的图形 2.

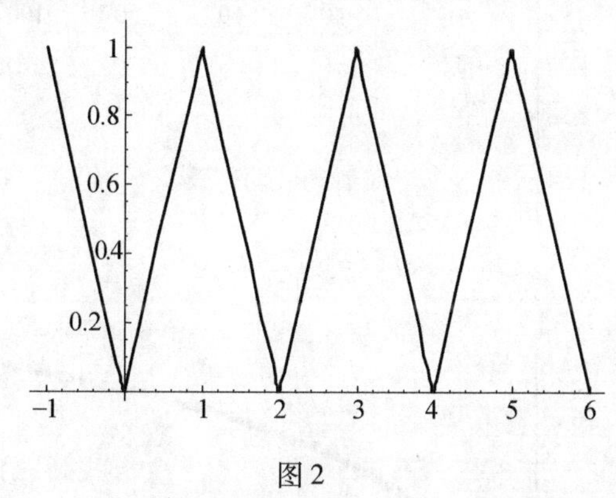

图2

注:用Which命令也可以定义分段函数,从这个例子中看到用"…(表达式)/; …(条件)"来定义周期性分段函数更方便些. 用Plot命令可以作出分段函数的图形,但用Mathematica命令求分段函数的导数或积分时往往会有问题. 用Which定义的分段函数可以求导但不能积分. Mathematica内部函数中有一些也是分段函数. 如:Mod[x,1],Abs[x],Floor[x]和UnitStep[x]. 其中只有单位阶跃函数UnitStep[x]可以用Mathematica命令来求导和求定积分. 因此在求分段函数的傅里叶系数时,对分段函数的积分往往要分区来积. 在被积函数可以用单位阶跃函数UnitStep的四则运算和复合运算表达时,计算傅里叶系数就比较方便了.

实验举例

1. 数项级数

例1　(1) 观察级数 $\sum_{n=1}^{\infty}\frac{1}{n^2}$ 的部分和序列的变化趋势.

(2) 观察级数 $\sum_{n=1}^{\infty}\frac{1}{n}$ 的部分和序列的变化趋势.

输入

```
s[n_] = Sum[1/k^2,{k,n}];data = Table[s[n],{n,100}];
ListPlot[data];
N[Sum[1/k^2,{k,Infinity}]]
N[Sum[1/k^2,{k,Infinity}],40]
```

则输出(1)中级数部分和的变化趋势图3.

级数的近似值为1.644 93.

输入

```
s[n_] = Sum[1/k,{k,n}];data = Table[s[n],{n,50}];
ListPlot[data,PlotStyle -> PointSize[0.02]];
```

则输出(2)中级数部分和的变化趋势图4.

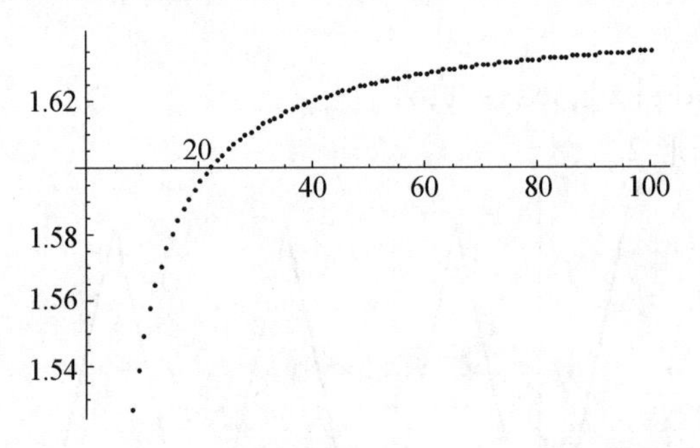

图3

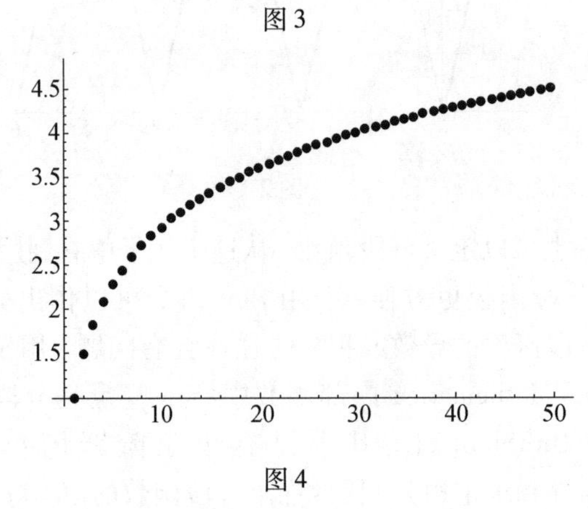

图4

例2　画出级数$\sum_{n=1}^{\infty}(-1)^{n-1}\frac{1}{n}$的部分和分布图.

输入命令

```
Clear[sn,g];sn = 0;n = 1;g = {};m = 3;
While[1/n > 10^ - m,sn = sn + (-1)^(n - 1)/n;
g = Append[g,Graphics[{RGBColor[Abs[Sin[n]],0,1/n],
        Line[{{sn,0},{sn,1}}]}]];n ++];
Show[g,PlotRange -> {-0.2,1.3},Axes -> True];
```

则输出所给级数部分和的图形(图5),从图中可观察到它是收敛于0.693附近的一个数.

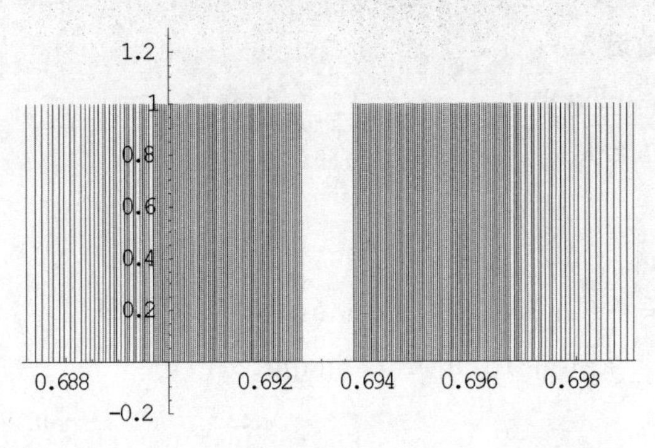

图5

例3　求$\sum_{n=1}^{\infty}\frac{1}{4n^2+8n+3}$的值.

输入

```
Sum[x^(3k),{k,1,Infinity}]
```

得到和函数

$$-\frac{x^3}{-1+x^3}$$

例4　设$a_n=\frac{10^n}{n!}$, 求$\sum_{n=1}^{\infty}a_n$.

输入

```
Clear[a];
a[n_]=10^n/(n!);
vals=Table[a[n],{n,1,25}];
ListPlot[vals,PlotStyle->PointSize[0.012]]
```

则输出a_n的散点图(图6),从图中可观察a_n的变化趋势. 输入

```
Sum[a[n],{n,1,Infinity}]
```

则输出所求级数的和.

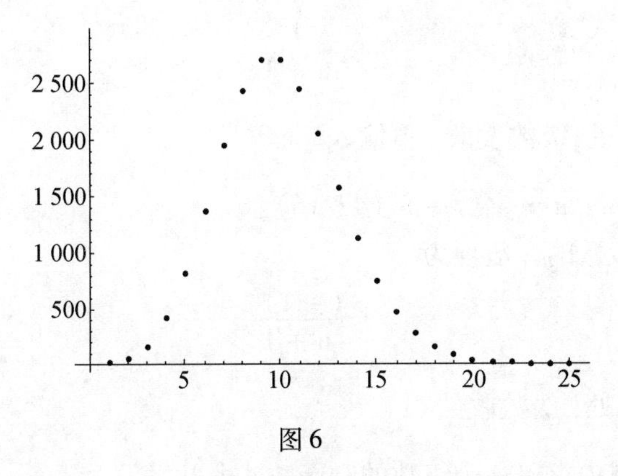

图6

2. 求幂级数的收敛域

例 5　求$\sum\limits_{n=0}^{\infty}\dfrac{4^{2n}(x-3)^n}{n+1}$的收敛域与和函数.

输入

```
Clear[a];
a[n_] = 4^(2n) * (x - 3)^n/(n + 1);
stepone = a[n + 1]/a[n]//Simplify
```

则输出

$$\frac{16(1+n)(-3+x)}{2+n}$$

再输入

```
steptwo = Limit[stepone,n - > Infinity]
```

则输出

$$16(-3+x)$$

这里对 a[n + 1] 和 a[n] 都没有加绝对值. 因此上式的绝对值小于 1 时, 幂级数收敛,大于 1 时发散. 为了求出收敛区间的端点, 输入

```
ydd = Solve[steptwo == 1,x]
zdd = Solve[steptwo ==- 1,x]
```

则输出

$$\left\{\left\{x\to\frac{49}{16}\right\}\right\}\text{与}\left\{\left\{x\to\frac{47}{16}\right\}\right\}$$

由此可知,当$\frac{47}{16}<x<\frac{49}{16}$时,级数收敛;当$x<\frac{47}{16}$或$x>\frac{49}{16}$时,级数发散.

为了判断端点的敛散性, 输入

```
Simplify[a[n]/. x - > (49/16)]
```

则输出右端点处幂级数的一般项为

$$\frac{1}{n+1}$$

因此,在端点$x=\frac{49}{16}$处,级数发散. 再输入

```
Simplify[a[n]/. x - > (47/16)]
```

则输出左端点处幂级数的一般项为

$$\frac{(-1)^n}{n+1}$$

因此,在端点$x=\frac{47}{16}$处, 级数收敛.

也可以在收敛域内求得这个级数的和函数. 输入

```
Sum[4^(2n) * (x - 3)^n/(n + 1),{n,0,Infinity}]
```

则输出

$$-\frac{\text{Log}[1-16(-3+\text{x})]}{16(-3+\text{x})}$$

3. 函数的幂级数展开

例6　求 cos x 的6阶麦克劳林展开式.

输入

```
Series[Cos[x], {x,0,6}]
```

则输出

$$1-\frac{x^2}{2}+\frac{x^4}{24}-\frac{x^6}{720}+o[x]^7$$

注:这是带皮亚诺余项的麦克劳林展开式.

例7　求 arctan x 的5阶泰勒展开式.

输入

```
serl = Series[ArcTan[x], {x,0,5}];
Poly = Normal[serl]
```

则输出 arctan x 的近似多项式

$$x-\frac{x^3}{3}+\frac{x^5}{5}$$

通过作图把 arctan x 和它的近似多项式进行比较. 输入

```
Plot[Evaluate[{ArcTan[x],Poly}],{x, -3/2,3/2},
    PlotStyle -> {Dashing[{0.01}],GrayLevel[0]},AspectRatio -> 1]
```

则输出所作图形(图7),图中虚线为函数 arctan x,实线为它的近似多项式.

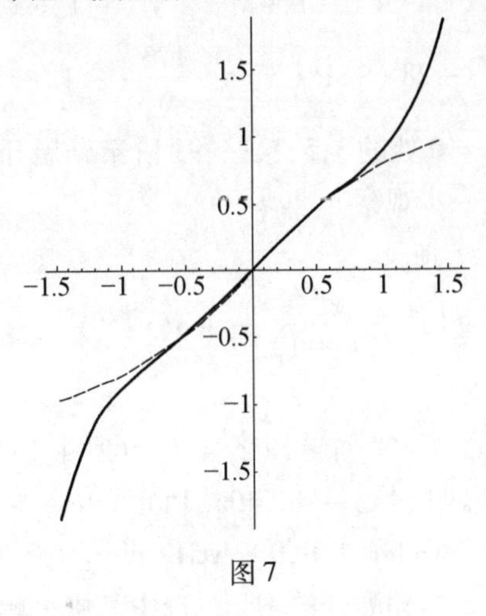

图7

例 8　求 $e^{-(x-1)^2(x+1)^2}$ 在 $x=1$ 处的 8 阶泰勒展开，并通过作图比较函数和它的近似多项式.

输入

```
Clear[f];
f[x_] = Exp[-(x - 1)^2 * (x + 1)^2];
poly2 = Normal[Series[f[x],{x,1,8}]]
Plot[Evaluate[{f[x],poly2}],{x, -1.75,1.75},PlotRange ->
    {-2,3/2},PlotStyle -> {Dashing[{0.01}],
    GrayLevel[0]}];
```

则得到近似多项式和它们的图形 8.

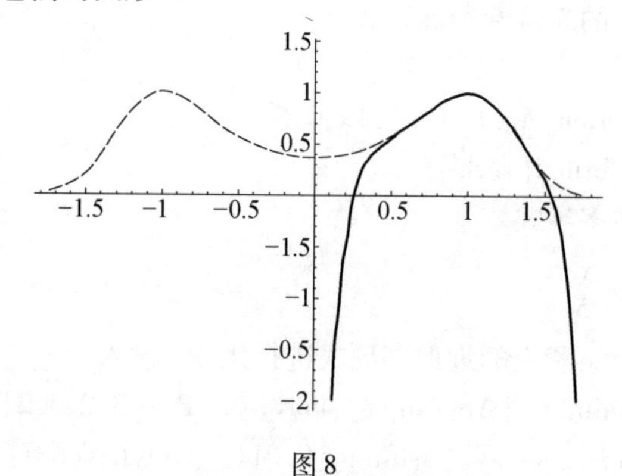

图 8

$$1-4(-1+x)^2-4(-1+x)^3+7(-1+x)^4+16(-1+x)^5+\frac{4}{3}(-1+x)^6-28(-1+x)^7-\frac{173}{6}(-1+x)^8$$

例 9　求函数 $\sin x$ 在 $x=0$ 处的 3,5,7,…,91 阶泰勒展开，通过作图比较函数和它的近似多项式，并形成动画进一步观察.

因为

$$\sin x=\sum_{k=0}^{n}(-1)^k\frac{x^{2k+1}}{(2k+1)!}+o(x^{2n+2})$$

所以输入

```
Do[Plot[{Sum[(-1)^j * x^(2j + 1)/(2j + 1)!,{j,0,k}],
        Sin[x]},{x, -40,40},PlotStyle ->
         {RGBColor[1,0,0],RGBColor[0,0,1]}],{k,1,45}]
```

则输出为 $\sin x$ 的 3 阶和 91 阶泰勒展开的图形. 选中其中一幅图形，双击后形成动画. 图 9 是最后一幅图.

例 10　利用幂级数展开式计算 $\sqrt[5]{240}$（精确到 10^{-10}）.

因为

$$\sqrt[5]{240}=\sqrt[5]{243-3}=3\left(1-\frac{1}{3^4}\right)^{\frac{1}{5}}$$

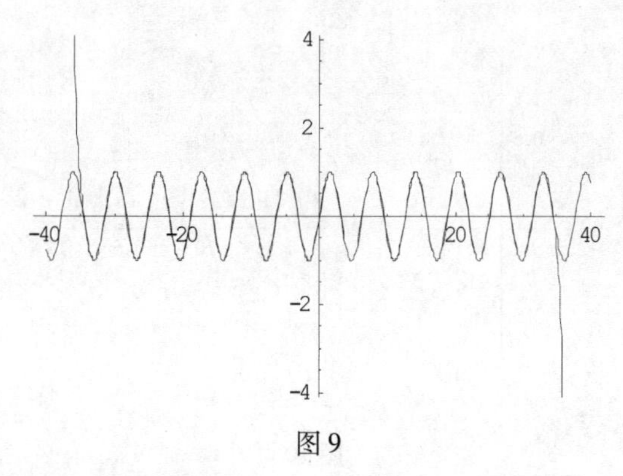

图 9

根据$(1+x)^m$在$x=0$处的展开式有

$$\sqrt[5]{240}=3\left(1-\frac{1}{5}\cdot\frac{1}{3^4}-\frac{1\cdot 4}{5^2\cdot 2!}\cdot\frac{1}{3^8}-\frac{1\cdot 4\cdot 9}{5^3\cdot 3!}\frac{1}{3^{12}}-\cdots\right)$$

故前$n(n>2)$项部分和为

$$S_n=3\left(1-\frac{1}{5}\cdot\frac{1}{3^4}-\sum_{k=2}^{n-1}\frac{\prod_{i=1}^{k-1}(5i-1)}{5^k\cdot k!}\cdot\frac{1}{3^{4k}}\right)$$

输入命令

```
s[n_] = 3(1 - 1/(5 * 3^4) - Sum[Product[5i - 1,{i,1,k - 1}]/(5^k
        k! 3^(4k)),{k,2,n - 1}]);
r[n_] = Product[5i - 1,{i,1,n - 1}]/5^n/n! 3^(4n - 5)/80;
delta = 10^( - 10);n0 = 100;
Do[Print["n =",n,",","s[n] =",N[s[n],20]];
If[r[n] < delta,Break[]];If[n == n0,Print["failed"]],{n,n0}]
```

则输出结果为

$$\sqrt[5]{240}\approx 2.992\,555\,739$$

4. 傅里叶级数

例 11　设$g(x)$是以2π为周期的周期函数,它在$[-\pi,\pi]$的表达式是

$$g(x)=\begin{cases}-1 & -\pi\leqslant x<0\\ 1 & 0\leqslant x<\pi\end{cases}$$

将$g(x)$展开成傅里叶级数.

输入

```
Clear[g];
g[x_]: =- 1/; - Pi <= x < 0
g[x_]: = 1/;0 <= x < Pi
g[x_]: = g[x - 2 * Pi]/;Pi <= x
Plot[g[x],{x, - Pi,5 * Pi},PlotStyle - > {RGBColor[0,1,0]}];
```

则输出$g(x)$的图形(图 10).

因为$g(x)$是奇函数,所以它的傅里叶展开式中只含正弦项. 输入

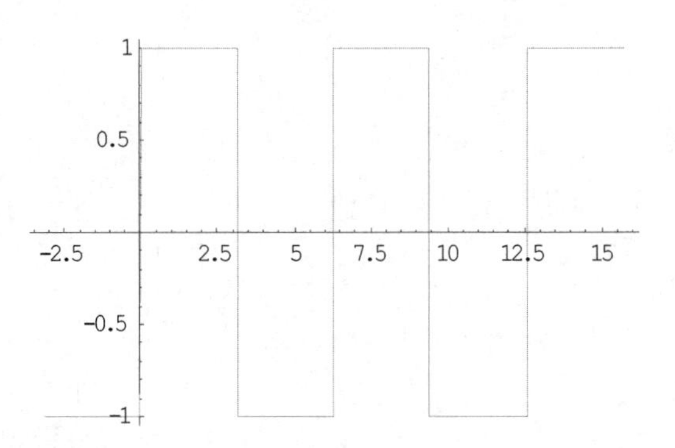

图 10

```
b2[n_]:=b2[n]=2Integrate[1*Sin[n*x],{x,0,Pi}]/Pi;
fourier2[n_,x_]:=Sum[b2[k]*Sin[k*x],{k,1,n}];
tu[n_]:=Plot[{g[x],Evaluate[fourier2[n,x]]},{x,-Pi,5*Pi},
        PlotStyle->{RGBColor[0,1,0],RGBColor[1,0.3,0.5]},
        DisplayFunction->Identity];
    (*tu[n]是以n为参数的作图命令 *)
tu2=Table[tu[n],{n,1,30,5}];
    (*tu2是用Table命令作出的6个图形的集合 *)
toshow=Partition[tu2,2];
    (*Partition是对集合tu2作分割,2为分割的参数 *)
Show[GraphicsArray[toshow]]
    (*GraphicsArray是把图形排列的命令 *)
```

则输出 6 个排列着的图形(图 11),每两个图形排成一行. 可以看到 n 越大, $g(x)$ 的傅里叶级数的前 n 项和与 $g(x)$ 越接近.

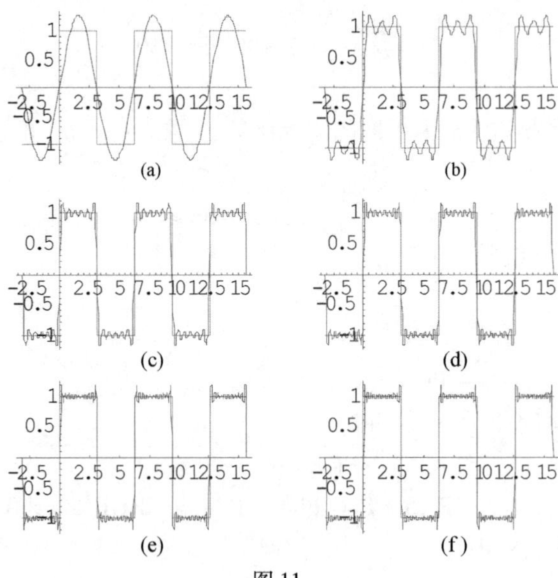

图 11

上机习题

1. 求下列级数的和：

(1) $\sum_{k=1}^{\infty} \frac{k}{2^k}$；　　(2) $\sum_{k=1}^{\infty} \frac{1}{(2k-1)^2}$；

(3) $\sum_{k=1}^{\infty} \frac{1}{(2k)^2}$；　　(4) $\sum_{k=1}^{\infty} \frac{(-1)^{k-1}}{k}$.

2. 求幂级数 $\sum_{n=0}^{\infty} \frac{(x-1)^{2n+1}}{(-5)^n}$ 的收敛域与和函数.

3. 求函数 $(1+x)\ln(1+x)$ 的 6 阶麦克劳林多项式.

4. 求 $\arcsin x$ 的 6 阶麦克劳林多项式.

5. 设 $f(x)=\frac{x}{x^2+1}$，求 $f(x)$ 的5阶和10阶麦克劳林多项式，把两个近似多项式和函数的图形作在一个坐标系内.

6. 设 $f(x)$ 在一个周期内的表达式为 $f(x)=1-x^2\left(-\frac{1}{2}\leqslant x<\frac{1}{2}\right)$，将它展开为傅里叶级数(取 6 项)，并作图.

7. 设 $f(x)$ 在一个周期内的表达式为 $f(x)=\begin{cases}1, & 0\leqslant x<1\\ 2-x, & 1\leqslant x<2\end{cases}$，将它展开为傅里叶级数(取 8 项)，并作图.

8. 求级数 $\sum_{k=1}^{\infty} \frac{\sin k}{k}$ 的和的近似值.

附　　录

常用的曲面

(1) 柱面

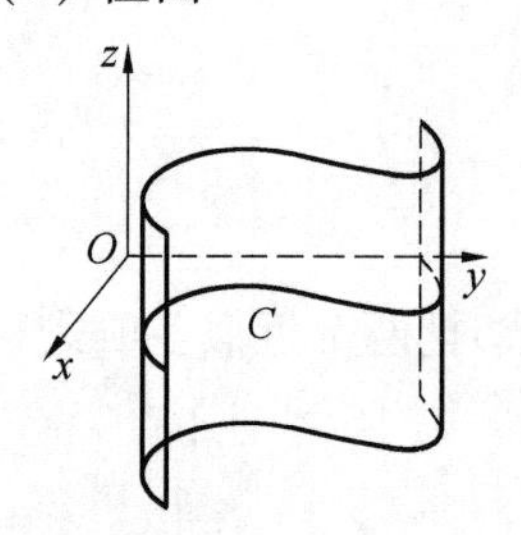

$F(x,y)=0$

(2) 圆柱面

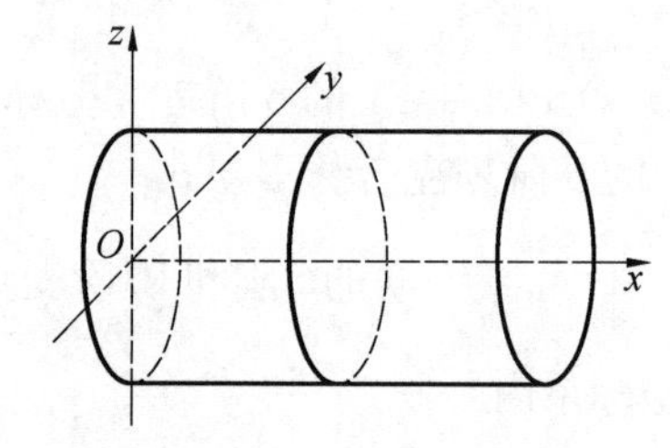

$y^2+z^2=R^2$

(3) 椭圆柱面

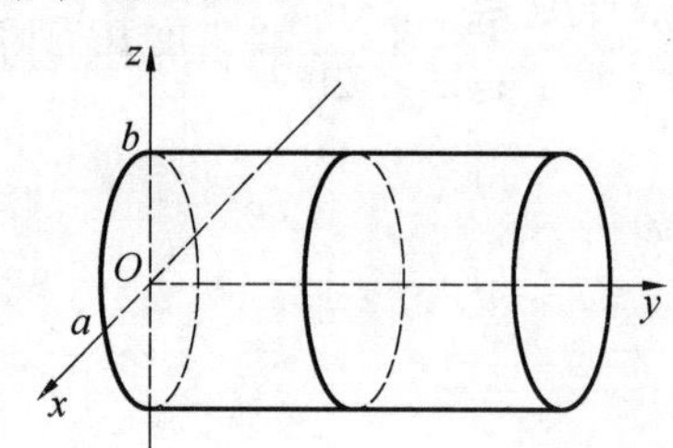

$\frac{x^2}{a^2}+\frac{z^2}{b^2}=1$

(4) 双曲柱面

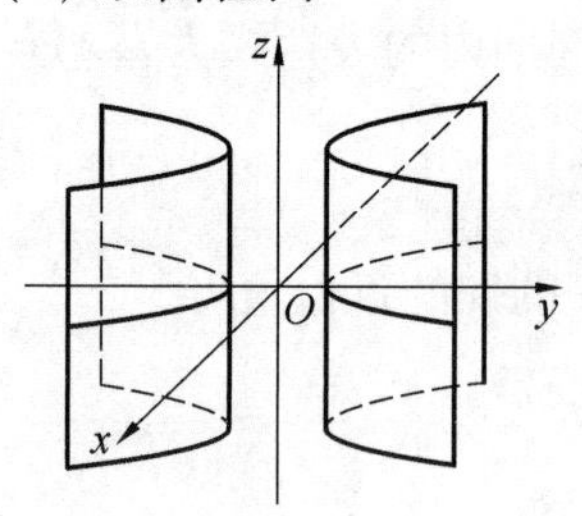

$-\frac{x^2}{a^2}+\frac{y^2}{b^2}=1$

(5) 抛物柱面

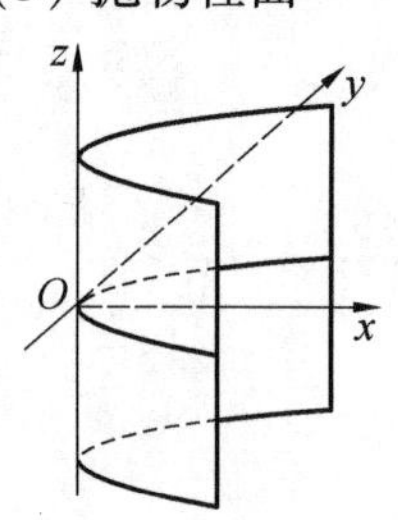

$y^2=2x$

(6) 椭球面

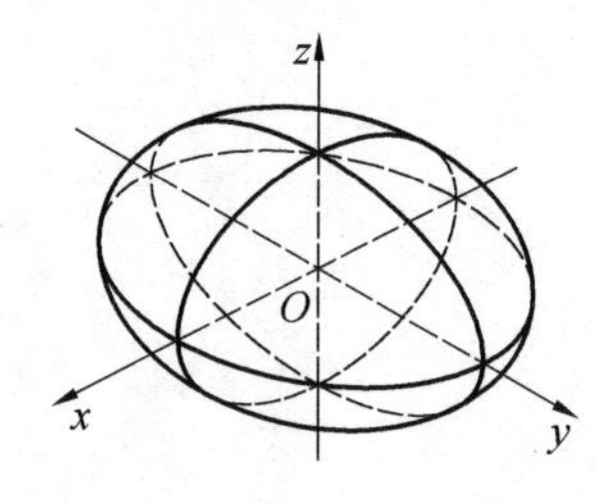

$\frac{x^2}{a^2}+\frac{y^2}{b^2}+\frac{z^2}{c^2}=1$

(7) 椭圆抛物面

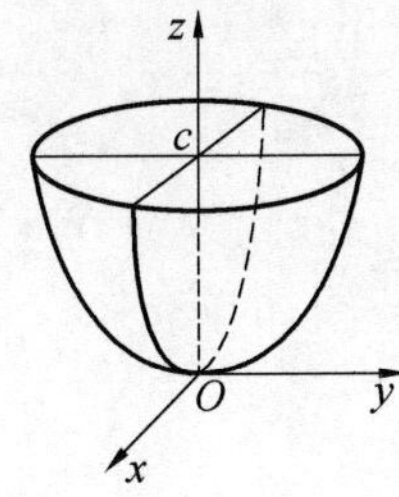

$$\frac{x^2}{2p}+\frac{y^2}{2q}=z(p\cdot q>0)$$

(8) 球面方程

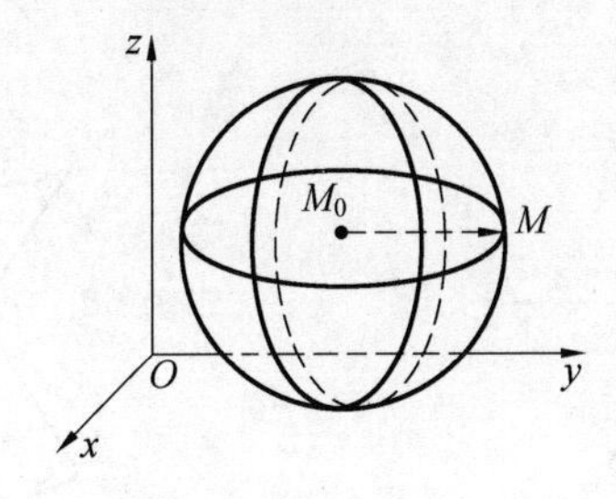

$$(x-x_0)^2+(y-y_0)^2+(z-z_0)^2=R^2$$

(9) 旋转曲面

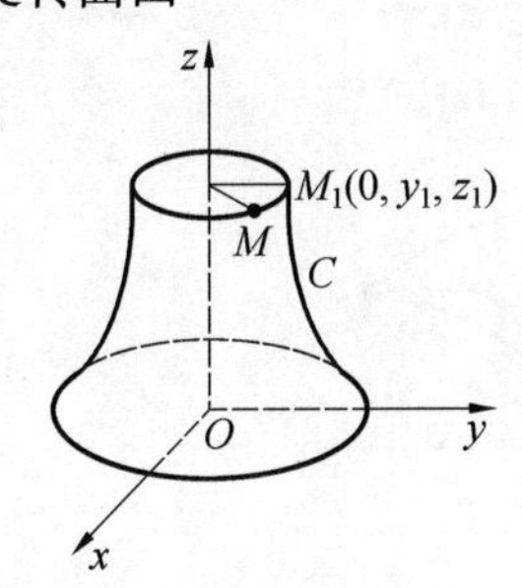

$$f(\pm\sqrt{x^2+y^2},z)=0$$

(10) 双曲抛物面(马鞍面)

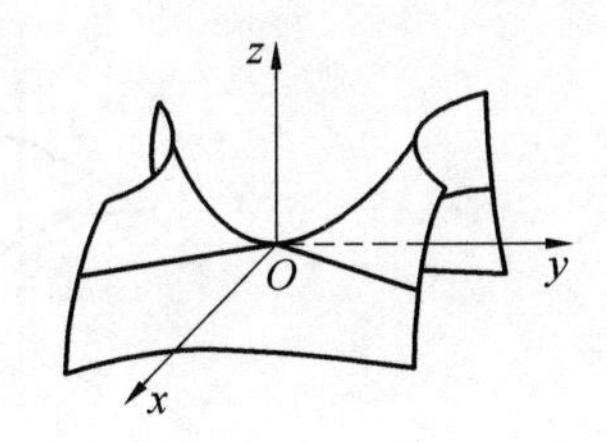

$$-\frac{x^2}{2p}+\frac{y^2}{2q}=z(p\cdot q>0)$$

(11) 圆锥面

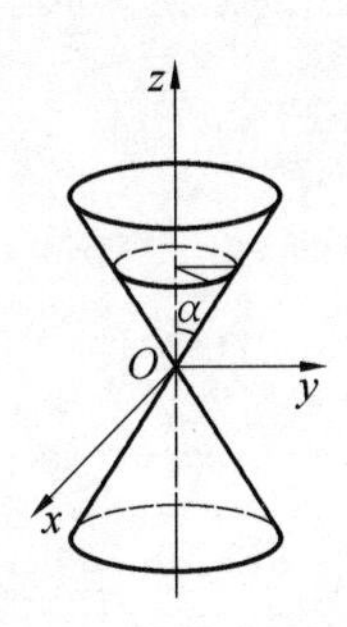

$$z=\pm a\sqrt{x^2+y^2}$$

(12) 单叶双曲面

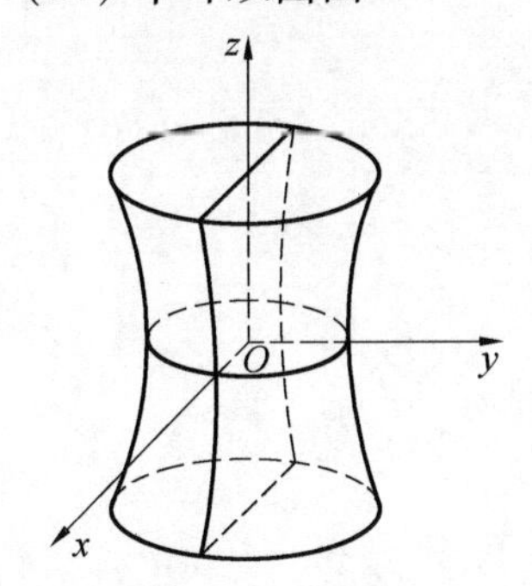

$$\frac{x^2}{a^2}+\frac{y^2}{b^2}-\frac{z^2}{c^2}=1$$

(13) 双叶双曲面

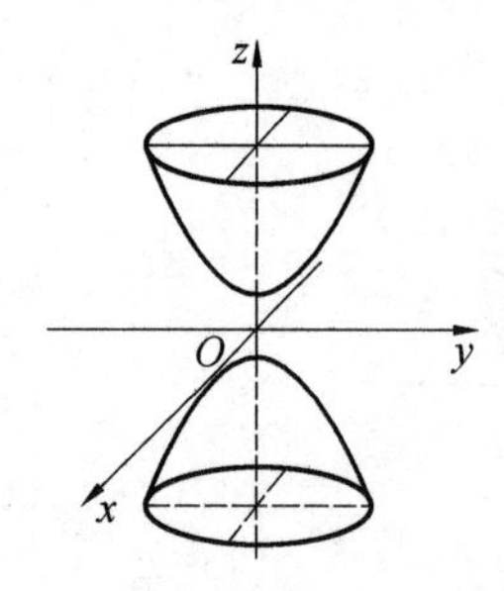

$$\frac{x^2}{a^2}+\frac{y^2}{b^2}-\frac{z^2}{c^2}=-1$$

(14) 二次锥面

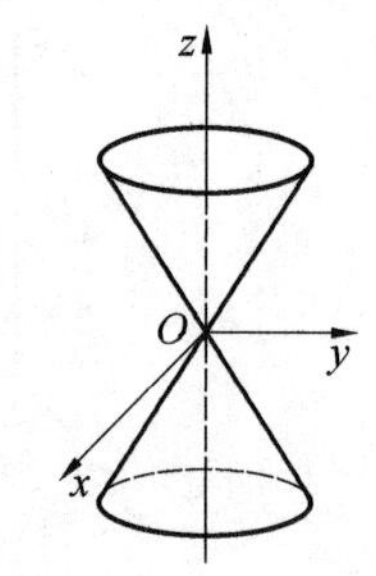

$$\frac{x^2}{a^2}+\frac{y^2}{b^2}-\frac{z^2}{c^2}=0$$

(15) 柱面特例(平面)

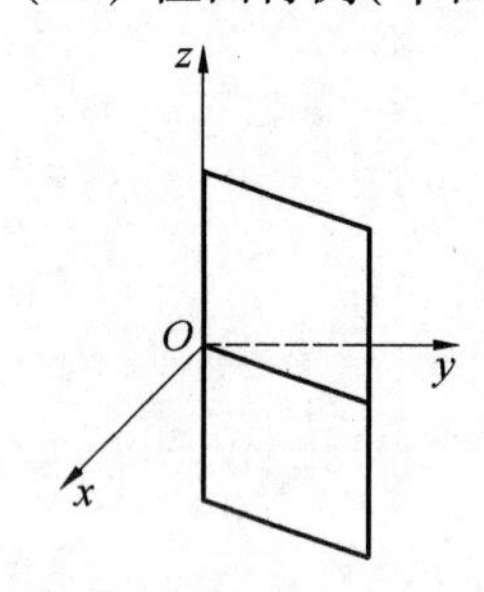

$$x-y=0$$

(16) 曲面

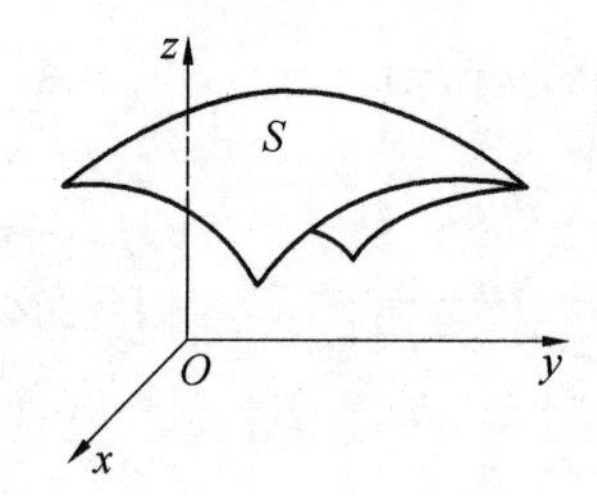

$$F(x,y,z)=0$$

习题答案与提示

第 8 章

习题 8.1

1. $d_0 = 5\sqrt{2}, d_x = \sqrt{41}, d_y = \sqrt{34}, d_z = 5$.

2. $(-2,0,0), (-4,0,0)$.

3. 证明略.

4. $(-2,3,0)$.

5. $|\overrightarrow{MN}| = 3\sqrt{5}, \cos\alpha = \frac{2\sqrt{5}}{15}, \cos\beta = \frac{4\sqrt{5}}{15}, \cos\gamma = -\frac{5\sqrt{5}}{15} = -\frac{\sqrt{5}}{3}, \alpha = \arccos\frac{2\sqrt{5}}{15}$,

$\beta = \arccos\frac{4\sqrt{5}}{15}, \gamma = \arccos(-\frac{\sqrt{5}}{3})$.

6. $\{3,1,5\}, \{1,3,-3\}, \{8,4,11\}$.

7. $\pm\{\frac{\sqrt{3}}{3}, \frac{\sqrt{3}}{3}, \frac{\sqrt{3}}{3}\}$.

8. $\pm\{\frac{6}{11}, \frac{7}{11}, -\frac{6}{11}\}$.

9. $\left\{\frac{\sqrt{2}a}{2},0,0\right\}, \left\{-\frac{\sqrt{2}a}{2},0,0\right\}, \left\{\frac{\sqrt{2}a}{2},0,a\right\}, \left\{-\frac{\sqrt{2}a}{2},0,a\right\}$

$\left\{0,\frac{\sqrt{2}a}{2},0\right\}, \left\{0,-\frac{\sqrt{2}a}{2},0\right\}, \left\{0,\frac{\sqrt{2}a}{2},a\right\}, \left\{0,-\frac{\sqrt{2}a}{2},a\right\}$.

习题 8.2

1. $\boldsymbol{a}\cdot\boldsymbol{b} = 3; \boldsymbol{b}\cdot\boldsymbol{b} = 6$.

2. 证明略.

3. $\theta = \arccos(-\frac{\sqrt{6}}{9})$.

4. $(\frac{\sqrt{2}}{4}, \frac{\sqrt{2}}{4}, \frac{\sqrt{3}}{2})$ 或 $(-\frac{\sqrt{2}}{4}, -\frac{\sqrt{2}}{4}, \frac{\sqrt{3}}{2})$.

5. (1) $\boldsymbol{a}\cdot\boldsymbol{b} = 2$; (2) $\boldsymbol{a}\cdot\boldsymbol{a} = 5$; (3) $(3\boldsymbol{a}-2\boldsymbol{b})\cdot(\boldsymbol{a}+5\boldsymbol{b}) = -219$.

6. $n = 10, m = -3$.

7. (1) $\boldsymbol{a}\times\boldsymbol{b}=3\boldsymbol{i}-7\boldsymbol{j}-5\boldsymbol{k}$; (2) $2\boldsymbol{a}\times7\boldsymbol{b}=42\boldsymbol{i}-98\boldsymbol{j}-70\boldsymbol{k}$; (3) $\boldsymbol{a}\times\boldsymbol{i}=-\boldsymbol{j}-2\boldsymbol{k}$.

8. (1) $(\boldsymbol{a}\cdot\boldsymbol{b})\boldsymbol{c}-(\boldsymbol{a}\cdot\boldsymbol{c})\boldsymbol{b}=\{0,-8,-24\}$;

(2) $(\boldsymbol{a}+\boldsymbol{b})\times(\boldsymbol{b}+\boldsymbol{c})=-\boldsymbol{i}-\boldsymbol{k}$;

(3) $(\boldsymbol{a}\times\boldsymbol{b})\cdot\boldsymbol{c}=2$;

(4) $(\boldsymbol{a}\times\boldsymbol{b})\times\boldsymbol{c}=2\boldsymbol{i}+\boldsymbol{j}+21\boldsymbol{k}$.

9. (1) $\mathrm{prj}_{a}\boldsymbol{b}=\dfrac{3}{\sqrt{14}}$; (2) $\mathrm{prj}_{b}\boldsymbol{a}=\dfrac{3}{\sqrt{6}}$; (3) $\cos\langle\widehat{\boldsymbol{a},\boldsymbol{b}}\rangle=\dfrac{\sqrt{21}}{14}$.

10. (1) $\pm\dfrac{1}{25}\{15,12,16\}$; (2) $S_{\triangle ABC}=\dfrac{25}{2}$.

11. 证明略.

习题 8.3

1. (1) $x-y+2z+1=0$; (2) $3x+2y+6z=12$.

2. (1) yOz 平面; (2) 平行于 xOz 面的平面; (3) 平行于 z 轴的平面;

(4) 通过 z 轴的平面; (5) 平行于 x 轴的平面; (6) 通过原点的平面.

3. $\cos\alpha=\dfrac{2}{3}$, $\cos\beta=-\dfrac{2}{3}$, $\cos\gamma=\dfrac{1}{3}$.

4. $2x-8y+z=1$.

5. $x-y=0$.

6. $2x-y-3z=4$.

7. $\dfrac{x}{-4}+\dfrac{y}{6}+\dfrac{z}{3}=1$; $-4,6,3$.

8. $\theta=\dfrac{\pi}{3}$.

9. $d=3$.

10. (1) $\dfrac{x-1}{2}=\dfrac{y+2}{4}=\dfrac{z-3}{-2}$; (2) $\dfrac{x-4}{2}=\dfrac{y+1}{1}=\dfrac{z-3}{5}$; (3) $\dfrac{x-2}{1}=\dfrac{y+8}{2}=\dfrac{z-3}{-3}$.

11. (1) 参数式方程为$\begin{cases}x=2+t,\\y=3+t,\\z=4+2t\end{cases}$, 一般式方程为$\begin{cases}x-y+1=0,\\2x-z=0;\end{cases}$

(2) 对称式方程为$\dfrac{x-2}{-2}=\dfrac{y-3}{-4}=\dfrac{z-1}{2}$, 一般式方程为$\begin{cases}x+z-3=0,\\2x-y-1=0;\end{cases}$

(3) 对称式方程为$\dfrac{x-3}{1}=\dfrac{y+4}{-2}=\dfrac{z-1}{1}$, 参数式方程为$\begin{cases}x=3+t,\\y=-4-2t.\\z=1+t.\end{cases}$

12. $\theta=\dfrac{\pi}{2}$.

13. $\varphi=0$.

14. $(1,2,2)$.

15. $\begin{cases} 17x + 31y - 37z - 117 = 0, \\ 4x - y + z - 1 = 0. \end{cases}$

习题 8.4

1. $2x - 10y + 2z - 11 = 0$.

2. $(x + 1)^2 + (y + 3)^2 + (z - 2)^2 = 9$.

3. (1) $x^2 + y^2 + (z - 3)^2 = 16$,所以球心在$(0,0,3)$处,半径为 4;

(2) $(x - 6)^2 + (y + 2)^2 + (z - 3)^2 = 49$,所以球心在$(6, -2,3)$处,半径为 7.

4. (1) $z = x^2 + y^2$;

(2) $4x^2 - 9y^2 - 9z^2 = 36$;$4x^2 - 9y^2 + 4z^2 = 36$.

5. (1) xOy 平面上的椭圆$\frac{x^2}{4} + \frac{y^2}{9} = 1$绕 x 轴旋转一周;

(2) xOy 平面上双曲线 $x^2 - \frac{y^2}{4} = 1$ 绕 y 轴旋转一周;

(3) xOy 平面上双曲线 $x^2 - y^2 = 1$ 绕 x 轴旋转一周;

(4) yOz 平面上的直线 $z = y + a$ 绕 z 轴旋转一周.

6. (1) 平面解析几何中$\begin{cases} y = 5x + 1 \\ y = 2x - 3 \end{cases}$表示平面上的一点,空间解析几何中$\begin{cases} y = 5x + 1 \\ y = 2x - 3 \end{cases}$表示直线;

(2) 平面解析几何中$\begin{cases} \frac{x^2}{4} + \frac{y^2}{9} = 1 \\ y = 3 \end{cases}$表示两个点,空间解析几何中$\begin{cases} \frac{x^2}{4} + \frac{y^2}{9} = 1 \\ y = 3 \end{cases}$表示空间曲线.

7. 方程 $3y^2 - z^2 = 16$ 表示母线平行于 x 轴且通过曲线$\begin{cases} 2x^2 + y^2 + z^2 = 16 \\ x^2 - y^2 + z^2 = 0 \end{cases}$的柱面方程.

方程 $3x^2 + 2z^2 = 16$ 表示母线平行于 y 轴且通过曲线$\begin{cases} 2x^2 + y^2 + z^2 = 16 \\ x^2 - y^2 + z^2 = 0 \end{cases}$的柱面方程.

8. (1) $\begin{cases} x = \frac{3}{\sqrt{2}}\cos t, \\ y = \frac{3}{\sqrt{2}}\cos t, \\ z = 3\sin t, \end{cases}$ $(0 \leqslant t \leqslant 2\pi)$;

(2) $\begin{cases} x = 1 + \sqrt{3}\cos\theta \\ y = \sqrt{3}\sin\theta, \\ z = 0 \end{cases}$ $(0 \leqslant \theta \leqslant 2\pi)$.

9. (1) $\begin{cases} (x - \frac{1}{2})^2 + y^2 = \frac{5}{4} \\ z = 0 \end{cases}$;(2) $\begin{cases} 3y^2 - z^2 = 16 \\ x = 0 \end{cases}$;$\begin{cases} 3x^2 + 2z^2 = 16 \\ x = 0 \end{cases}$.

第9章

习题9.1

1. (1) $D=\{(x,y)\mid y^2-2x+1>0\}$;

(2) $D=\{(x,y)\mid y-x>0,x\geqslant 0,x^2+y^2<1\}$;

(3) $D=\{(x,y)\mid y+x\geqslant 0,x-y>0\}$;

(4) $D=\{(x,y)\mid y^2+x^2\neq 0\}$.

2. $t^2f(x,y)$.

3. (1) -1;(2)1;(3)0;(4) $-\dfrac{1}{6}$.

4. 略.

5. (1) 原点;(2) 抛物线 $x=y^2$ 上的点处间断.

习题9.2

1. (1) $\dfrac{\partial z}{\partial x}=3x^2y-y^3,\dfrac{\partial z}{\partial y}=x^3-3x^2y$;

(2) $\dfrac{\partial z}{\partial u}=\dfrac{1}{v}-\dfrac{v}{u^2},\dfrac{\partial z}{\partial v}=\dfrac{1}{u}-\dfrac{u}{v^2}$;

(3) $\dfrac{\partial z}{\partial x}=\dfrac{1}{2x\sqrt{\ln xy}},\dfrac{\partial z}{\partial y}=\dfrac{1}{2y\sqrt{\ln xy}}$;

(4) $\dfrac{\partial z}{\partial x}=y[\cos(xy)-\sin(2xy)]$, $\dfrac{\partial z}{\partial y}=x[\cos(xy)-\sin(2xy)]$;

(5) $\dfrac{\partial z}{\partial x}=\dfrac{2}{y}\csc\dfrac{2x}{y},\dfrac{\partial z}{\partial y}=-\dfrac{2x}{y^2}\csc\dfrac{2x}{y}$;

(6) $\dfrac{\partial z}{\partial x}=y^2(1+xy)^{y-1},\dfrac{\partial z}{\partial y}=(1+xy)^y\left[\ln(1+xy)+\dfrac{xy}{1+xy}\right]$;

(7) $\dfrac{\partial u}{\partial x}=\dfrac{y}{x}x^{\frac{y}{z}-1},\dfrac{\partial u}{\partial y}=\dfrac{1}{z}x^{\frac{y}{z}}\ln x,\dfrac{\partial u}{\partial z}=-\dfrac{y}{z^2}x^{\frac{y}{z}}\ln x$;

(8) $\dfrac{\partial u}{\partial x}=\dfrac{z(x-y)^{z-1}}{1+(x-y)^{2z}},\dfrac{\partial u}{\partial y}=-\dfrac{z(x-y)^{z-1}}{1+(x-y)^{2z}},\dfrac{\partial u}{\partial z}=\dfrac{(x-y)^z\ln(x-y)}{1+(x-y)^{2z}}$.

2. $f_x(x,2)=1$.

3. (1) $\dfrac{\partial^2 z}{\partial x^2}=6x-4y^2,\dfrac{\partial^2 z}{\partial x\partial y}=\dfrac{\partial^2 z}{\partial y\partial x}=-8xy,\dfrac{\partial^2 z}{\partial y^2}=6y-4x^2$;

(2) $\dfrac{\partial^2 z}{\partial x^2}=-\dfrac{2xy}{x^2+y^2},\dfrac{\partial^2 z}{\partial x\partial y}=\dfrac{x^2-y^2}{x^2+y^2},\dfrac{\partial^2 z}{\partial y^2}=\dfrac{2xy}{x^2+y^2}$;

(3) $\dfrac{\partial^2 z}{\partial x^2}=y(y-1)x^{y-2}$, $\dfrac{\partial^2 z}{\partial x\partial y}=x^{y-1}(1+y\ln x),\dfrac{\partial^2 z}{\partial y^2}=x^y(\ln x)^2$;

(4) $\frac{\partial^2 z}{\partial x^2}=-\mathrm{e}^y\cos(x-y)$, $\frac{\partial^2 z}{\partial x\partial y}=-\mathrm{e}^y[\sin(x-y)-\cos(x-y)]$, $\frac{\partial^2 z}{\partial y^2}=2\mathrm{e}^y\sin(x-y)$.

习题 9.3

1. 解 (1) $\mathrm{d}z=(y+\frac{1}{y})\mathrm{d}x+(x-\frac{x}{y^2})\mathrm{d}y$;

(2) $\mathrm{d}z=\frac{2x}{1+x^2+y^2}\mathrm{d}x+\frac{2y}{1+x^2+y^2}\mathrm{d}y$;

(3) $\mathrm{d}z=y^x\ln y\mathrm{d}x+xy^{x-1}\mathrm{d}y$;

(4) $\mathrm{d}u=yzx^{yz-1}\mathrm{d}x+zx^{yz}\ln x\mathrm{d}y+yx^{yz}\ln x\,\mathrm{d}z$.

2. 略

3. $\frac{4}{7}\mathrm{d}x+\frac{2}{7}\mathrm{d}y$.

4. 略.

5. 略.

6. 2.039.

7. 27.6, 1.309.

8. 约减少 2.8 cm.

习题 9.4

1. (1) $\frac{\mathrm{d}z}{\mathrm{d}t}=-\mathrm{e}^t-\mathrm{e}^t$;

(2) $\frac{\mathrm{d}z}{\mathrm{d}t}=\mathrm{e}^{\sin t-2t^3}(\cos t-6t^2)$;

(3) $\frac{\partial z}{\partial x}=-\frac{2y^2}{x^3}[\ln(3y-2x)+\frac{x}{3y-2x}]$, $\frac{\partial z}{\partial y}=\frac{y}{x^2}[2\ln(3y-2x)+\frac{3y}{3y-2x}]$;

(4) $\frac{\partial z}{\partial x}=\mathrm{e}^{x\sin y}\sin y$, $\frac{\partial z}{\partial y}=x\mathrm{e}^{x\sin y}\cos y$.

(5) $\frac{\mathrm{d}z}{\mathrm{d}x}=\frac{\mathrm{e}^x(1+x)}{1+x^2\mathrm{e}^{2x}}$

(6) $\frac{\partial z}{\partial x}=(x^2+y^2)^{xy-1}y[2x^2+(x^2+y^2)\ln(x^2+y^2)]$,

$\frac{\partial z}{\partial y}=(x^2+y^2)^{xy-1}x[2y^2+(x^2+y^2)\ln(x^2+y^2)]$.

2. (1) $\frac{\partial z}{\partial x}=2xf_1+y\mathrm{e}^{xy}f_2$, $\frac{\partial z}{\partial y}=2yf_1+x\mathrm{e}^{xy}f_2$;

(2) $\frac{\partial z}{\partial x}=f_1-\frac{1}{x^2}f_2$, $\frac{\partial z}{\partial y}=-\frac{1}{y^2}f_1+f_2$;

(3) $\frac{\partial u}{\partial x}=\frac{1}{y}f_1$, $\frac{\partial u}{\partial y}=-\frac{x}{y^2}f_1+\frac{1}{z}f_2$, $\frac{\partial u}{\partial z}=-\frac{y}{z^2}f_2$.

3. (1) $\frac{dy}{dx}=-\frac{F_x}{F_y}=\frac{y^2-e^x}{\cos y-2xy}$;

(2) $\frac{\partial z}{\partial x}=-\frac{F_x}{F_z}=-1,\frac{\partial z}{\partial y}=-\frac{F_y}{F_z}=-1$;

(3) $\frac{\partial z}{\partial x}=\frac{z\ln z}{z\ln y-x},\frac{\partial z}{\partial y}=\frac{z^2}{y(x-z\ln y)}$;

(4) $\frac{\partial z}{\partial x}=\frac{yz-\sqrt{xyz}}{2\sqrt{xyz}-xy},\frac{\partial z}{\partial y}=\frac{xz-2\sqrt{xyz}}{\sqrt{xyz}-xy}$;

(5) 略;

(6) $\frac{\partial z}{\partial x}=-\frac{F_x}{F_Z}=\frac{yz}{e^z-xy},\frac{\partial z}{\partial y}=-\frac{F_y}{F_Z}=\frac{xz}{e^z-xy}$.

4. (1) $\frac{dx}{dz}=\frac{z-y}{y-x},\frac{dy}{dz}=\frac{x-z}{y-x}$;

(2) $\frac{dy}{dx}=\frac{z-x}{y-z},\frac{dz}{dx}=\frac{x-y}{y-z}$.

5. 略.

6. 略.

7. 略.

习题 9.5

1. (1)$1-\sqrt{3}$;(2)$1+2\sqrt{3}$;(3)5;(4)$\frac{98}{13}$.

2. $\frac{\sqrt{2}}{3}$.

3. $\frac{6\sqrt{14}}{7}$.

4. $\{3,-2,-6\},\{6,3,0\}$.

5. $\frac{\sqrt{10}}{4}$.

6. $\{2,-4,1\},\sqrt{21}$.

习题 9.6

1. (1) 切平面方程为 $x-z=0$,法线方程为$\begin{cases}x+z=2\\y=1\end{cases}$;

(2) 切平面方程为 $x+2y-4=0$,法线方程为$\begin{cases}2x-y=3\\z=0\end{cases}$;

(3) 切平面方程为 $x-y+2z=\pm 2\sqrt{\frac{2}{3}}$.

2. (1) 切线方程为$\dfrac{x-\frac{\pi}{2}}{2}=\dfrac{y-3}{-2}=\dfrac{z-1}{3}$,法平面方程 $2x-2y+2z=\pi-3$;

(2) 切线方程为$\dfrac{x-1}{12}=\dfrac{y-3}{-4}=\dfrac{z-4}{3}$,法平面方程为 $12x-4y+3z=12$;

(3) 求得曲线上的点为 $M_1(-1,1,-1)$ 及 $M_2(-\dfrac{1}{3},\dfrac{1}{9},-\dfrac{1}{27})$.

3. (1) 极大值 $z(2,-2)=8$;(2) 极小值 $z(1,1)=-1$.

4. (1) 极大值 $z(\dfrac{1}{2},\dfrac{1}{2})=\dfrac{1}{4}$;(2) 极小值 $z(\dfrac{ab^2}{a^2+b^2},\dfrac{a^2b}{a^2+b^2})=\dfrac{a^2b^2}{a^2+b^2}$;

(3) 极大值 $u(\dfrac{1}{3},-\dfrac{2}{3},\dfrac{2}{3})=3$,极小值 $u(-\dfrac{1}{3},\dfrac{2}{3},-\dfrac{2}{3})=-3$.

5. $(-1,1,-1)$,$(-\dfrac{1}{3},\dfrac{1}{9},-\dfrac{1}{27})$.

6. $x+y+\dfrac{1}{2}z-2=0$, $x+y+\dfrac{1}{2}z+2=0$.

7. $(-3,-1,3)$,法线方程$\dfrac{x+3}{1}=\dfrac{y+1}{3}=\dfrac{z-3}{1}$.

8. $(1,-\dfrac{1}{2},\dfrac{1}{2})$.

9. 64.

10. 略.

第 10 章

习题 10.1

1. $M=\iint\limits_D \mu(x,y)\,d\sigma=\iint\limits_D (x^2+y^2)\,d\sigma$.

2. 略.

3. (1) $\iint\limits_D (x+y)^2 d\sigma \geqslant \iint\limits_D (x+y)^3 d\sigma$;

(2) $\iint\limits_D \ln(x+y)\,d\sigma \leqslant \iint\limits_D \ln^2(x+y)\,d\sigma$.

4. (1) $\dfrac{\pi}{e} \leqslant \iint\limits_D e^{-x^2-y^2} d\sigma \leqslant \pi$;

(2) $36\pi \leqslant \iint\limits_D (x^2+4y^2+9)\,d\sigma \leqslant 25\iint\limits_D d\sigma=100\pi$.

习题 10.2

1. (1) $\dfrac{8}{3}$;(2) -2;(3) $\dfrac{64}{15}$;(4) $\dfrac{6}{55}$;(5) $\dfrac{27}{4}$.

2. (1) $-6\pi^2$; (2) $\pi(e^4-1)$; (3) $\dfrac{2\ln 2-1}{4}\pi$.

3. (1) $\int_0^1 dx\int_0^x f(x,y)dy=\int_0^1 dy\int_y^1 f(x,y)dx$;

(2) $\int_0^2 dx\int_{x^2}^{2x} f(x,y)dy=\int_0^4 dy\int_{\frac{y}{2}}^{\sqrt{y}} f(x,y)dx$;

(3) $\int_1^e dx\int_0^{\ln x} f(x,y)dy=\int_0^1 dy\int_{e^y}^{e} f(x,y)dx$;

(4) $\int_0^1 dy\int_0^{2y} f(x,y)dx+\int_1^3 dy\int_0^{3-y} f(x,y)dx=\int_0^2 dx\int_{\frac{x}{2}}^{3-x} f(x,y)dy$.

4. (1) $\dfrac{7}{2}$; (2) $\dfrac{17}{6}$.　5. (1) $\dfrac{9}{4}$; (2) $\dfrac{1}{8}$　6. $\dfrac{\pi^4}{24}$.

习题 10.3

1. (1) $\iiint\limits_{\Omega} f(x,y,z)dv=\int_0^1 dx\int_0^{2-2x} dy\int_0^{\frac{1}{2}(6-6x-3y)} f(x,y,z)dz$;

(2) $\iiint\limits_{\Omega} f(x,y,z)dv=\int_{-1}^1 dx\int_{-\sqrt{1-x^2}}^{\sqrt{1-x^2}} dy\int_{x^2+y^2}^{1} f(x,y,z)dz$;

(3) $\iiint\limits_{\Omega} f(x,y,z)dv=\int_{-1}^1 dx\int_{-\sqrt{1-x^2}}^{\sqrt{1-x^2}} dy\int_{\sqrt{x^2+y^2}}^{\sqrt{2-x^2-y^2}} f(x,y,z)dz$.

2. (1) $\dfrac{1}{10}$; (2) $\dfrac{1}{64}$; (3) $\dfrac{1}{15}\pi$; (4) $\dfrac{8}{5}\pi$.

3. (1) $\dfrac{7}{12}\pi$; (2) $\dfrac{4}{27}\pi$.　4. (1) $\dfrac{4}{5}\pi$; (2) $\dfrac{\pi}{6}a^4$.

5. (1) $\dfrac{32}{3}\pi$; (2) $\dfrac{\pi}{6}$.　6. $k\pi R^4$.

习题 10.4

1. $a^2(\pi-2)$.　2. $\sqrt{2}\pi$.　3. $16R^2$.　4. $(\dfrac{15}{8}a,0)$.　5. $(\dfrac{2}{5}a,\dfrac{2}{5}a)$.

6. (1) $I_x=\dfrac{72}{5}\mu, I_y=\dfrac{96}{7}\mu$; (2) $I_x=\dfrac{ab^3}{3}\mu, I_y=\dfrac{a^3b}{3}\mu$.

习题 10.5

1. $\sqrt{2}$.　2. $\dfrac{16}{3}$.　3. $\sqrt{5}\ln 2$.　4. $1+\sqrt{2}$.　5. $40\pi(4+3\pi^2)$.

6. (1) 1; (2) $\dfrac{1}{2}$.　7. (1) 1; (2) 1; (3) 1.　8. $\dfrac{2}{3}$.　9. -2π.

习题 10.6

1. (1) $-\frac{1}{3}$;(2) $-2\pi ab$;(3) $\sin 3-6$. 2. (1)0;(2) $-2R$.

习题 10.7

1. $\frac{5}{6}\sqrt{3}$. 2. $\frac{\pi}{4}R^3$. 3. $\frac{\sqrt{2}+1}{2}\pi$. 4. $\frac{1}{12}$. 5. $\frac{8}{3}\pi R^4$.

习题 10.8

1. (1)3;(2) $\frac{3}{2}\pi$. 2. (1) $\frac{12}{5}\pi a^5$;(2) 81π. 3. $-\sqrt{3}\pi R^2$. 4. $\frac{1}{8}$.

习题 10.9

1. (1) -2;(2)36. 2. $\mathbf{0}$.

第 11 章

习题 11.1

1. (1) $\frac{(-1)^n}{2^{n-1}}$;(2) $\frac{x^{\frac{n}{2}}}{2\cdot 4\cdot 6\cdot \cdots \cdot (2n)}$;(3) $\frac{n-2}{n+1}$;(4) $(-1)^{n-1}\frac{n^3}{n!}$.

2. (1)$a>1$ 时收敛,$0<a\leqslant 1$ 时发散;(2) 发散;(3) 收敛;(4) 收敛;(5) 发散.

3. 略.

习题 11.2

1. (1) 收敛;(2) 发散;(3) 收敛;(4) 收敛.

2. (1) 发散;(2) 收敛;(3) 收敛;(4) 收敛.
(5) 收敛;(6) 发散;(7) 收敛.

3. (1) 收敛;(2) 发散;(3) 收敛;(4) 收敛.

4. 略.

习题 11.3

1. (1) 条件收敛;(2) 绝对收敛; (3) 发散;(4) 绝对收敛;(5) 条件收敛;(6)$0<p\leqslant 1$ 时条件收敛,$p>1$ 时绝对收敛.

习题 11.4

1. (1)$(-1,1)$;(2) $(-\sqrt{3},\sqrt{3})$;(3) $(-\infty,\infty)$;(4) $[1,3)$.

2. (1) $-\ln(1+x)$；(2) $\dfrac{2x}{(1-x^2)^2}$.

习题 11.5

1. (1) $\sum\limits_{n=1}^{\infty}\dfrac{(-1)^{n-1}(2x)^{2n}}{2(2n)!},(-\infty,\infty)$；

(2) $\sum\limits_{n=1}^{\infty}(-1)^n(n+1)x^n,(-1,1)$；

(3) $\ln 2+\sum\limits_{n=0}^{\infty}\left[\dfrac{(-1)^n-2^{n+1}}{2^{n+1}(n+1)}\right]x^{n+1},[-1,1)$；

(4) $\dfrac{1}{5}\sum\limits_{n=1}^{\infty}\left[\dfrac{(-1)^n}{2^n}-2^n\right]x^n,\left(-\dfrac{1}{2},\dfrac{1}{2}\right)$.

2. $\sum\limits_{n=1}^{\infty}\dfrac{(-1)^n}{(2n+1)(2n+1)!}x^{2n+1},(-\infty,\infty)$.

3. $\dfrac{1}{2}\sum\limits_{n=1}^{\infty}\dfrac{(-1)^n}{(2n)!}\left(x+\dfrac{\pi}{3}\right)^{2n}+\dfrac{\sqrt{3}}{2}\sum\limits_{n=0}^{\infty}\dfrac{(-1)^n}{(2n+1)!}\left(x+\dfrac{\pi}{3}\right)^{2n+1}\quad(-\infty,\infty)$.

4. $\sum\limits_{n=1}^{\infty}\left(\dfrac{1}{2^{n+1}}-\dfrac{1}{3^{n+1}}\right)(x+4)^{2n+1}\quad(-\infty,\infty)$.

习题 11.6

略.

习题 11.7

1. 略.

2. (1) $f(x)=\dfrac{3}{4}\pi-\dfrac{2}{\pi}\sum\limits_{n=1}^{\infty}\dfrac{\cos(2n-1)x}{(2n-1)^2}-\sum\limits_{n=1}^{\infty}\dfrac{1}{n}\sin nx,(-\infty<x<\infty,x\neq 2k\pi,$ $k=0,\pm1,\pm2,\cdots)$；

(2) $f(x)=\dfrac{\pi}{2}-\dfrac{4}{\pi}\sum\limits_{n=1}^{\infty}\dfrac{\cos(2n-1)x}{(2n-1)^2},(-\infty<x<\infty)$；

(3) $f(x)=\dfrac{1}{2}+\dfrac{2}{\pi}\sum\limits_{n=1}^{\infty}\dfrac{1}{n}\sin\dfrac{n\pi}{2}\cos nx,(-\infty<x<\infty,x\neq(2k+1)\pi,k=0,\pm1,$ $\pm2,\cdots)$.

3. (1) $\varphi(t)=\dfrac{3}{2}+\dfrac{4}{\pi^2}\sum\limits_{n=1}^{\infty}\dfrac{1}{(2n-1)^2}\cos\dfrac{(2n-1)\pi}{2}t+\dfrac{\pi}{2}\sum\limits_{n=1}^{\infty}\dfrac{(-1)^n}{n}\sin\dfrac{n\pi}{2},(-\infty<$ $t<\infty,t\neq(2k+1)^2,k=0,\pm1,\pm2,\cdots)$；

(2) $\varphi(t)=\dfrac{4A}{\pi}\sum\limits_{n=1}^{\infty}\dfrac{1}{2n-1}\sin\dfrac{2(2n-1)\pi}{T}t$,

$\left(-\infty<t<\infty,t\neq\dfrac{kT}{2},k=0,\pm1,\pm2,\cdots\right)$.

4. $\frac{2A}{\pi}\sin\frac{2\pi}{T}t,\frac{2A}{\pi}\sin\frac{4\pi}{T}t,\frac{2A}{\pi}\sin\frac{6\pi}{T}t,\frac{2A}{\pi}\sin\frac{8\pi}{T}t,\frac{2A}{\pi}\sin\frac{10\pi}{T}t.$

5. $u(t)=\frac{4E}{\pi}\sum_{n=1}^{\infty}\frac{1}{2n-1}\sin\frac{2(2n-1)\pi}{T}t,t\in\left(-\frac{T}{2},0\right)\cup\left(0,\frac{T}{2}\right).$

6. $f(x)=\frac{2}{\pi}\sum_{n=1}^{\infty}\frac{1-\cos nh}{n}\sin nx,x\in(0,\pi).$

7. $\varphi(t)=\frac{3}{16}T+\frac{T}{\pi^2}\sum_{n=1}^{\infty}\frac{1-\cos\frac{n\pi}{2}}{n^2}\cos\frac{2n\pi}{T}t,t\in\left[0,\frac{T}{2}\right).$

8. $f(x)=\frac{11}{12}+\frac{1}{\pi^2}\sum_{n=1}^{\infty}\frac{(-1)^{n-1}}{n^2}\cos 2n\pi x,x\in\left[0,\frac{1}{2}\right].$

第 12 章

略.

参 考 文 献

[1] 同济大学应用数学系. 高等数学[M]. 北京:高等教育出版社,2007.
[2] 孔繁亮. 高等数学[M]. 哈尔滨:哈尔滨工业大学出版社,2010.
[3] 吴赣昌. 高等数学[M]. 北京:中国人民大学出版社,2011.
[4] 赵树嫄. 微积分[M]. 北京:中国人民大学出版社,2007.
[5] 谢季坚,李启文. 大学数学[M]. 北京:高等教育出版社,2009.
[6] 钱椿林. 高等数学[M]. 北京:电子工业出版社,2009.